北京市职业院校专业创新团队建设计划资助项目
北京劳动保障职业学院国家骨干校建设资助项目

ASP.NET 动态网站开发实战教程

张 梅 陈广祥 苏 希 编著

机 械 工 业 出 版 社

本书以项目任务为载体，全面系统地介绍了在 Visual Studio 2010 集成环境下使用 C#语言进行 ASP. NET 动态网站开发的各种技术。全书共 9 章，分别介绍了创建第一个 ASP. NET 应用程序；C#程序设计基础；Web 窗体的基本控件；ASP. NET 内置对象及应用程序配置；开发 ASP. NET 用户注册登录系统；开发 ASP. NET 留言本程序；开发 ASP. NET 聊天室程序；LINQ to SQL 实现图书信息管理；电子商务购物网站系统。

本书适合作为 ASP. NET 初学者的入门教程，也可作为各类 ASP. NET 培训和广大用户自学与参考的资料。

图书在版编目（CIP）数据

ASP. NET 动态网站开发实战教程/张梅等编著 . —北京：机械工业出版社，2014. 4

北京市职业院校专业创新团队建设计划资助项目　北京劳动保障职业学院国家骨干校建设资助项目

ISBN 978-7-111-46863-9

Ⅰ. ①A…　Ⅱ. ①张…　Ⅲ. ①网页制作工具—程序设计—高等职业教育—教材　Ⅳ. ①TP393. 092

中国版本图书馆 CIP 数据核字（2014）第 111132 号

机械工业出版社（北京市百万庄大街 22 号　邮政编码 100037）
策划编辑：罗　莉　责任编辑：罗　莉
版式设计：赵颖喆　责任校对：樊钟英
封面设计：陈　沛　责任印制：乔　宇
唐山丰电印务有限公司印刷
2014 年 7 月第 1 版第 1 次印刷
184mm × 260mm · 15. 25 印张 · 368 千字
0001—2500册
标准书号：ISBN 978-7-111-46863-9
定价：49.00元

凡购本书，如有缺页、倒页、脱页，由本社发行部调换

电话服务	网络服务
社服务中心：（010）88361066	教 材 网：http://www.cmpedu.com
销 售 一 部：（010）68326294	机工官网：http://www.cmpbook.com
销 售 二 部：（010）88379649	机工官博：http://weibo.com/cmp1952
读者购书热线：（010）88379203	**封面无防伪标均为盗版**

前　言

从技术背景来看，ASP. NET 是美国微软（Microsoft）公司推出的 Web 开发平台，也是目前最先进、特征最丰富、功能最强大的 Web 开发平台。ASP. NET 具有方便、灵活、性能优、生产效率高、安全性高、完整性强等特点，是目前主流的网络编程环境之一。

ASP. NET 支持多种开发语言，并包含了许多先进技术，如 ADO. NET、AJAX 无刷新技术、LINQ 数据库访问技术、母版页、Web Service、主题等。C#语言是一种功能强大、面向对象的编程语言，它从 C 语言和 Visual C + + 派生而来，是 Microsoft 公司 . NET 技术核心开发语言，因此本书选择 C#语言作为项目的开发语言。

本书从初学者的角度出发，采用循序渐进、逐步扩展的模式进行编写，深入浅出地介绍了 ASP. NET 开发 Web 的技术。通过这门课程的学习，能够具备综合运用专业软件为中大型网站设计和开发的能力，为今后的职业发展打下良好基础。

本书共分 9 章，内容如下：

第 1 章介绍 ASP. NET 的运行原理和过程、ASP. NET 开发环境的搭建，以及一个简单的 ASP. NET 应用程序。

第 2 章介绍 C#程序设计基础，主要介绍 C#程序设计的语法，包括处理的数据类型、变量数组的使用、字符串的操作、表达式的构成、条件和循环语句及异常处理。

第 3 章介绍 Web 窗体的基本控件。Web 界面是用户交互的窗体，是 Web 程序的重要组成部分，本章介绍构成 Web 窗体的各种控件及它们的使用方法。

第 4 章介绍 ASP. NET 的内置对象及应用程序配置，介绍了 ASP. NET 最常用的 7 种内置对象和 ASP. NET 的配置文件 Web. Config 的使用方法。

第 5 章介绍开发 ASP. NET 用户注册登录系统，介绍了系统的模块构成及注册登录的实现。

第 6、7 章介绍使用 ASP. NET 开发典型 Web 应用程序。第 6 章介绍开发 ASP. NET 留言本程序，介绍了系统设计、数据库设计和系统实现的各部分；第 7 章介绍使用 ASP. NET 开发聊天室程序，介绍了系统设计、数据库设计和系统实现的各部分。

第 8 章介绍 LINQ to SQL 实现图书信息系统，介绍了系统设计、LINQ to SQL、数据库设计和系统实现的各部分。

第 9 章介绍电子商务购物网站系统的综合实现。本章综合应用前几章的知识，介绍了电子商务购物网站系统的详细实现过程。

本书有下列特点：

（1）本书以任务为主线进行内容的讲解。

(2) 按照循序渐进的学习方式，对学习内容重新进行了整理排列，既各章独立，又使本书整体完整。

(3) 本书包括 ASP. NET 基本内容和综合应用。

对在写作过程中给予帮助的朋友们，在此表示深深的谢意，也感谢机械工业出版社的大力支持。由于编写时间仓促，加之作者水平有限，书中疏漏和错误之处在所难免，望广大专家、读者提出宝贵意见，以便修订时加以改正。

作　者

目　　录

第1章　创建第一个 ASP. NET 应用程序

学习目标与任务

学习目标

本章将向读者介绍 ASP. NET 应用程序的基础知识，主要包括 ASP. NET 简介、ASP. NET 的运行原理和过程、ASP. NET 应用程序的运行环境、创建 ASP. NET 应用程序的步骤。

工作任务

1. 理解 ASP. NET 的运行原理；
2. 掌握 ASP. NET 运行环境的搭建；
3. 创建第一个 ASP. NET 应用程序。

1.1　ASP. NET 简介

ASP（Active Server Pages，动态服务器页面）是一种服务器端脚本编写环境，可以用来创建和运行动态网页或 Web 应用程序。它是由美国微软公司开发的代替 CGI 脚本程序的一种应用，可以与数据库和其他程序进行交互，是一种简单、方便的编程工具。

ASP. NET 是对传统 ASP 技术的重大革新，是建立在 . NET Framework 的公共语言运行库上的编程框架，可用在服务器上生成功能强大的 Web 应用程序。它允许用服务器端控件取代传统的 HTML 元素并充分支持事件驱动机制。第一个版本的 ASP. NET 在 2002 年 1 月 5 日亮相。2010 年，微软公司推出 ASP. NET4. 0 以及 . NET Framework 4. 0。ASP. NET 较 ASP 具有以下优点。

1. 适应性强

ASP. NET 是基于通用语言的编译运行程序，通用语言的基本库、消息机制、数据接口的处理都能无缝地整合到 ASP. NET 的 Web 应用中。同时也是语言独立化（language-independent）的，所以，可以选择一种最适合的语言来编写程序，或者把程序用很多种语言来写。

2. 代码分离

在 ASP 中，一个 Web 页面中混合使用 HTML 与脚本代码，这种混合使用增加了程序代码的阅读、调试、维护的难度。而在 ASP. NET 中，HTML 代码与程序代码分离，提高了页面设计效率，增强了代码的重复利用度，页面和代码的维护难度大大降低。代码后置是微软的一项技术，也是编写 ASP. NET 常用的编码方式。具体方式就是页面文件 . aspx 和代码文件 . aspx. cs 两个文件相互关联构成一个页面。一般情况下，. aspx 中没有代码，只有控件和 HTML 代码，而在 . cs 文件中编写相关的代码。这样做的好处就是代码和页面内容分离，使代码更清晰。

3. 事件模型

ASP. NET 的原始设计构想，就是让开发人员能够像 VB 开发工具那样，可以使用事件驱动式程序开发模式（Event-Driven Programming Model）的方法来开发网页与应用程序。若要以 ASP 技术来做到这件事的话，必须使用大量的辅助信息，像是查询字符串或是窗体字段数据来识别与判断对象的来源、事件流向及调用的函数等。这样需要撰写的代码量相当多，但却可以很巧妙地利用窗体字段和 JavaScript 脚本把事件的传递模型隐藏起来。

4. 来回模式

在 ASP. NET 运行的时候，经常会有网页的来回动作（Post Back）。在传统的 ASP 技术上，判断网页的来回需要由开发人员自行撰写。在 ASP. NET 中，开发人员可以用 Page. IsPostBack 机能来判断是否为第一次运行（当发现 HTTP POST 要求的数据是空值时），它可以保证控件事件只会运行一次。

1.2 ASP. NET 的运行原理和过程

当装载 ASP. NET 的 Web 服务器接收到 HTTP 要求时，HTTP 监听程序（HTTP Listener）会将要求转交给 URL 指定的网站应用程序的工作流程（Worker Process）。ASP. NET 的工作流程处理器（aspnet_isapi. dll，若是 IIS 5. 0 时则为 aspnet_wp. exe）会解析这个 URL，并激活位于 System. Web. Hosting 命名空间中的 ISAPIRuntime 对象，接收 HTTP 要求，并调用 HttpRuntime，运行 HttpRuntime. ProcessRequest( )，在 ProcessRequest( ) 中使用 HttpApplicationFactory 建立新的 HttpApplication（或是指定的 IHttpHandler 处理器），再分派给 Page 中的 ProcessRequest( ) 或是 IHttpHandler 的 ProcessRequest( )，运行之后，再传回到 ISAPIRuntime，以及 aspnet_ isapi. dll，最后交由 HTTPListener 回传给用户端。因为程序有如管线般顺畅的运行，因此称为 HTTP Pipeline Mode。

客户端页面请求与响应示意如图 1-1 所示，ASP. NET 内部运行机制如图 1-2 所示。

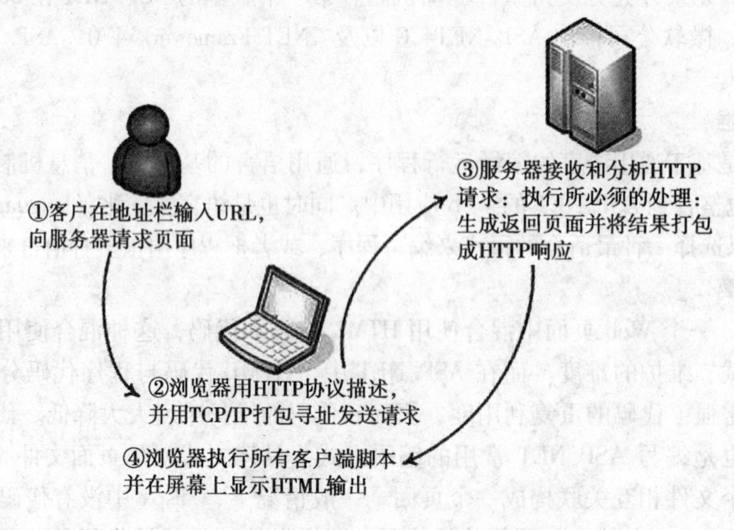

图 1-1 客户端页面请求与响应示意图

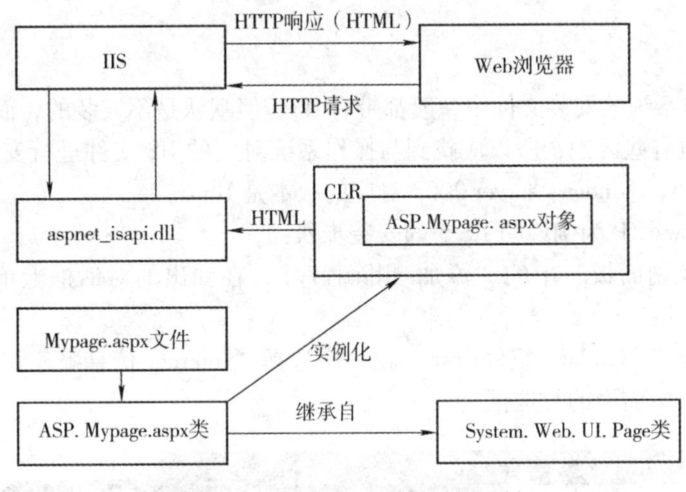

图 1-2 ASP. NET 内部的运行机制

1.3 搭建 ASP. NET 开发运行环境

1.3.1 运行环境

ASP. NET 需要一系列的运行环境支持，因为 ASP. NET 是运行在服务器上的程序，所以下面介绍的这些开发环境均为服务器端环境。

1. 操作系统的支持

ASP. NET 被推荐运行在 Windows 操作系统上，包括以下操作系统：Windows 2000（包含 Professional、Server 和 Advanced Server）、Windows XP Professional、Windows Server 2003。

2. ASP. NET 环境

要正常运行 ASP. NET 还需要安装 . NET 运行环境，即 . Net Framework。ASP. NET 的运行环境是 . Net Framework 4. 0，开发环境是 Visual studio 2010。一般的开发环境安装程序中已经集合了运行环境，安装 Visual Studio 2010 时安装程序会提示用户自动安装 . Net Framework 4. 0。

3. 其他软件要求

ASP. NET 的运行需要 Web 服务器的支持。在 Windows 操作系统下使用的 Web 服务器是 IIS，可以在“控制面板”中查看系统是否安装了此软件。如果没有安装，可以通过“控制面板”→“添加删除程序”，“添加/删除 Windows 组件”来安装。数据库管理软件可以安装 SQL server 2008，另外还要安装微软数据访问组件（MOAC）2. 7 及以上版本。

1.3.2 安装配置 IIS

ASP. NET 需要使用 Web 服务器作为发布平台，一般用 IIS 作为 Web 服务器。IIS 是微软开发的 Web 服务器。它基于 Windows 操作系统，提供了非常简捷的方式来共享信息、建立并部署企业应用程序，以及建立和管理 Web 网站，通过 IIS 可以方便地测试、发布、管理 Web 站点。IIS 操作方便、功能强大，为 ASP. NET 的稳定运行提供了有效保障。

1. 安装 IIS

Windows 操作系统的安装文件中一般都带有 IIS，但默认是不安装的，而且 IIS 根据操作系统版本的不同也有些区别，所以应找到与操作系统对应的 IIS 文件进行安装。Windows XP 对应的版本是 IIS 5，Windows server 2003 对应的版本是 IIS 6。

下面以 Windows XP 为例说明 IIS 5 的安装步骤：

（1）打开“控制面板”中的“添加/删除程序”，在弹出的对话框上单击“添加/删除 Windows 组件”按钮。

（2）在弹出的“ Windows 组件向导”窗口中选择“Internet 信息服务（IIS)”，如图 1-3 所示（注意确保选中前面的复选框）。

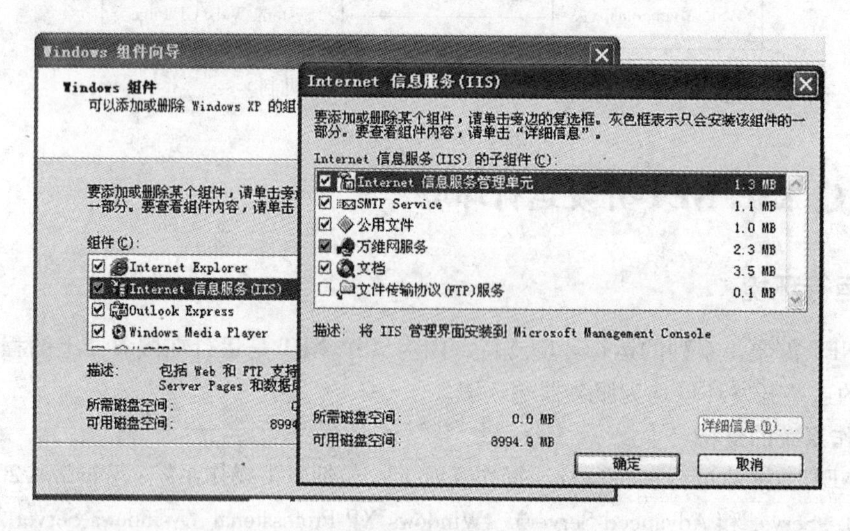

图 1-3 IIS 安装

（3）单击“详细信息”按钮，在弹出的“ Internet 信息服务（IIS)”窗口中可选择安装相关的组件和服务，一般采取默认安装。选中后单击“确定”按钮，单击“下一步”按钮，操作系统会自动寻找安装光盘上所需组件进行安装。如果没有安装光盘，也可以下载微软公司提供的 IIS 安装包到本地磁盘后，再从磁盘安装。出现完成“Windows 组件向导”窗口表示安装完成。

2. 配置 IIS 服务器

IIS 安装完成后，还要为 ASP. NET 应用程序设置站点。IIS 是可视化的操作，只需要在引导下设置即可。

（1）选择“开始”→“设置”→“控制面板”→“管理工具”→“Internet 信息服务”选项，打开 Internet 信息服务（IIS）管理器。单击左边窗口中的本地主机名，展开折叠项目，选择“网站”→“默认网站”，如图 1-4 所示。

（2）在图 1-4 中，右击“默认网站”，在打开的快捷菜单中选择“属性”命令，打开“默认网站 属性”对话框，在“Web 站点”选项卡中设置网站的 IP 地址和端口号，端口号默认 80，可以通过设置不同的端口号实现在一个 IIS 服务器配置多个网站，本案例设置端口号为 81，如图 1-5 所示。

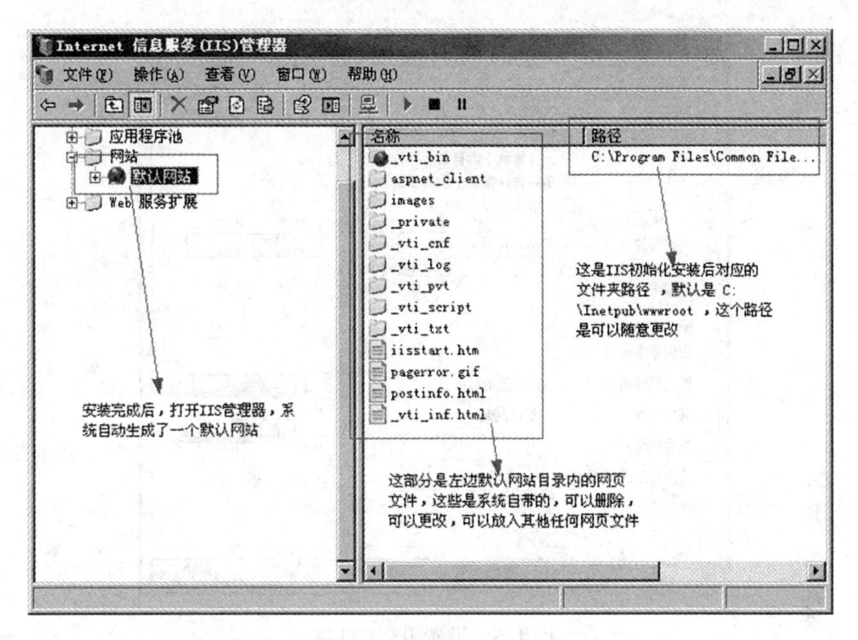

图1-4 IIS默认网站

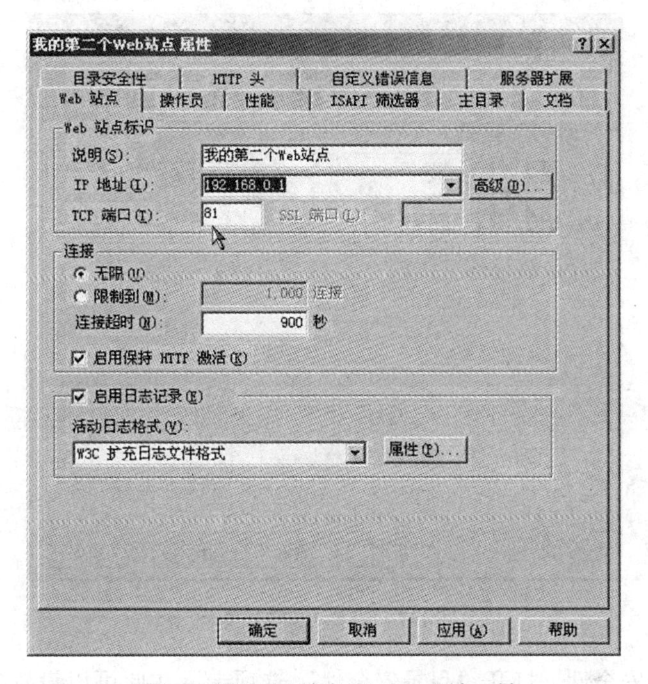

图1-5 设置IIS站点IP地址和端口号

（3）设置主目录。在“主目录”选项卡中可以设置IIS服务器的文件主目录（ASP. NET应用程序所在的根目录），如图1-6所示。

（4）设置默认文档。打开“文档”选项卡，单击“添加”按钮将default. aspx设为默认文档，如图1-7所示。设置默认文档的目的：将主页文件名设置为默认文档后，访问该网站时只写出网址不加主页文件名就可以登录网站。

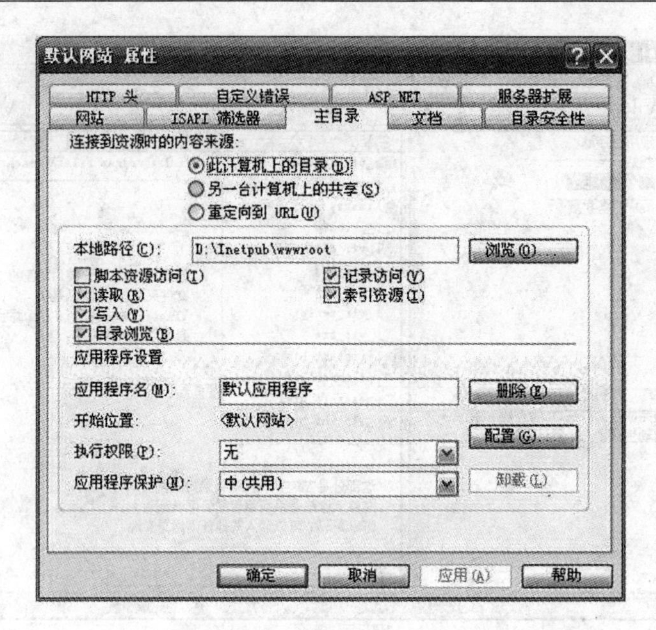

图 1-6 设置 IIS 主目录

图 1-7 设置 IIS 默认文档

(5) 设置目录安全性。打开“目录安全性”选项卡，在此可以设置项目是否允许匿名访问。单击“编辑”按钮，打开“身份验证方法”对话框，如图 1-8 所示，选择“启用匿名访问”，并指定匿名访问使用的账户和密码，勾掉“集成 Windows 身份验证”，则任何人都可以不需要输入用户名和密码访问此网站。

(6) 设置 ASP. NET 版本号

切换到“ASP. NET”选项卡，如图 1-9 所示，单击“ASP. NET 版本”下拉框，选择 ASP. NET 的版本号，在安装完 . NET Framework 4 后，这里可以选择 4. 0. 30319。

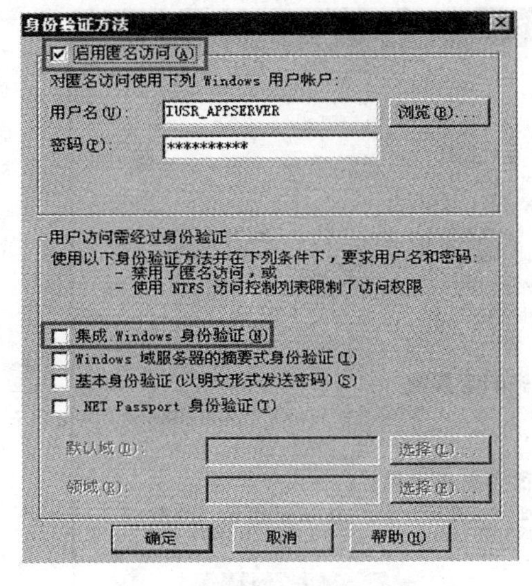

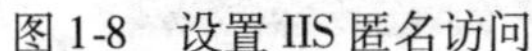

图1-8　设置 IIS 匿名访问

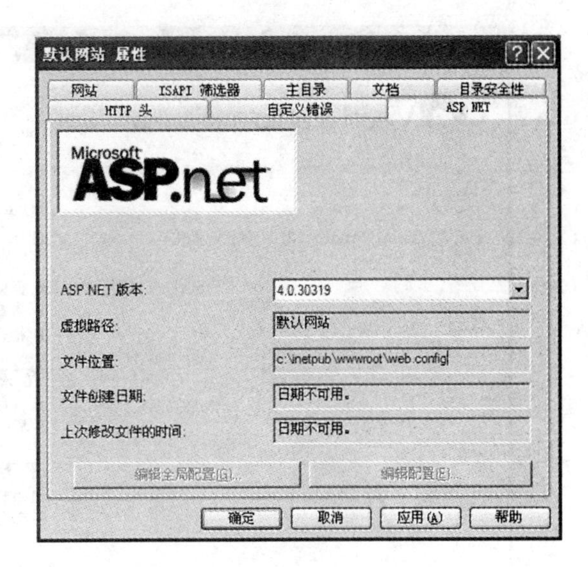

图1-9　设置 ASP. NET 版本号

（7）设置虚拟目录

在 IIS 中有个虚拟目录的概念。当通过浏览器访问时，虚拟目录的路径好像是站点的子文件夹，实际上可能是在另外路径中的文件夹。创建一个虚拟目录的步骤如下：①打开“Internet 信息服务（IIS）管理器”。②鼠标右击需要添加虚拟目录的站点，选择“新建”→“虚拟目录”命令，在向导中填写该虚拟目录的名称和路径，并设置该虚拟路径的访问权限就可以了。

1.3.3　安装 Visual Studio 2010

Visual Studio 2010 目前有 3 个版本：Visual Studio 2010 Professional，Visual Studio 2010 Premium，Visual Studio 2010 Ultimate。其中，前两个用于个人或小型的开发团队开发管理应用程序，Ultimate 版本则为体系结构、设计、开发、数据库开发及应用程序测试等任务的团队提供集成的工具集。在 Windows XP 系统中只能按照 Visual Studio 2010 Professional，下面介绍安装过程。

（1）双击 Visual Studio 2010 Professional 的安装文件 setup. exe，进入安装界面，如图 1-10 所示。根据安装向导提示做相应操作，直到出现图 1-11 所示的安装成功界面。

图1-10　安装向导界面

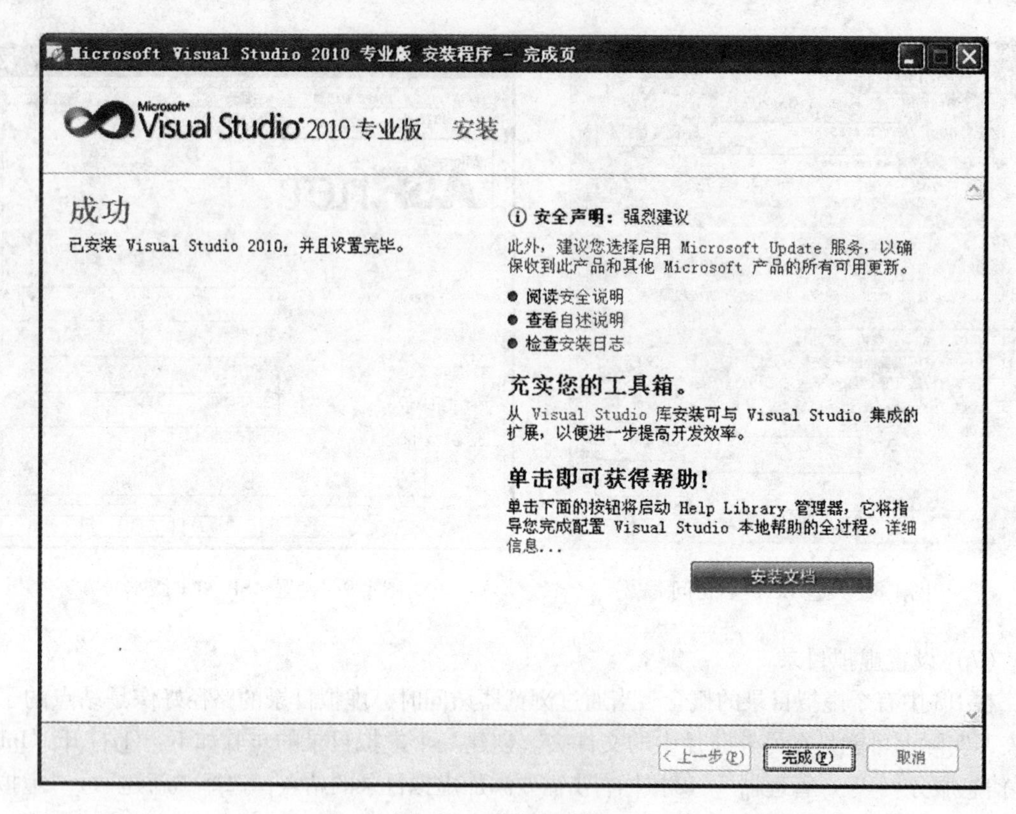

图 1-11　安装完成界面

（2）在图 1-11 中选择“安装文档”按钮，来安装 MSDN 帮助文档；在弹出的“Help Library 管理器”窗口中，选择从磁盘安装所有的帮助文档，单击“更新”按钮以安装 MSDN，安装完成后如图 1-13 所示；单击“设置”按钮，设置首选帮助体验为本地帮助，如图 1-14 所示。这样 Visual Studio 2010 Professional 就成功地安装到本机上了。

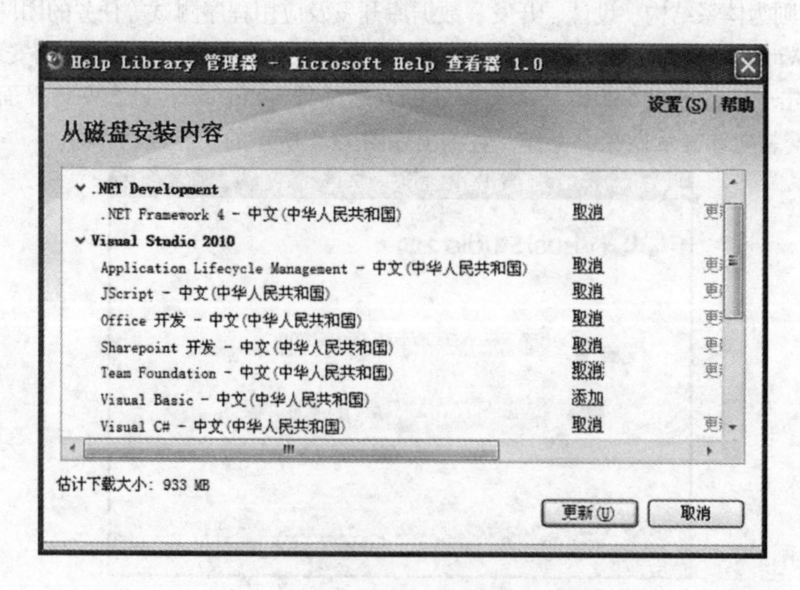

图 1-12　MSDN 安装界面

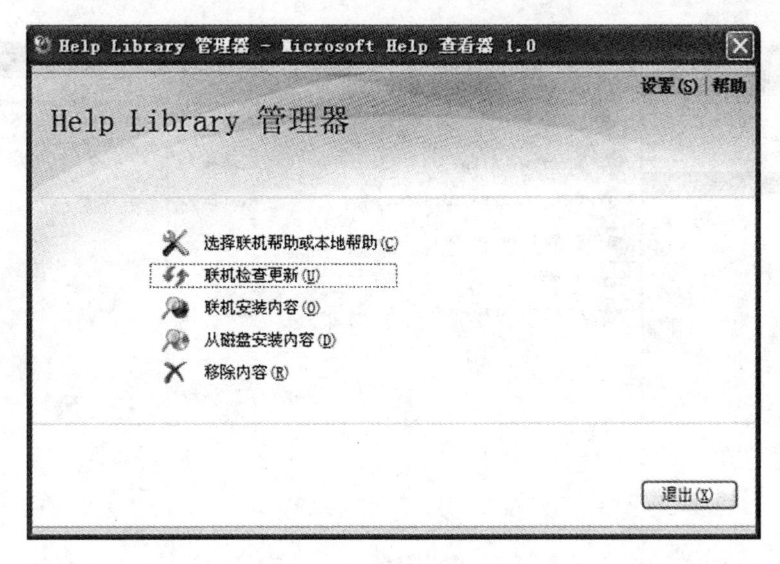

图 1-13 MSDN 安装完成

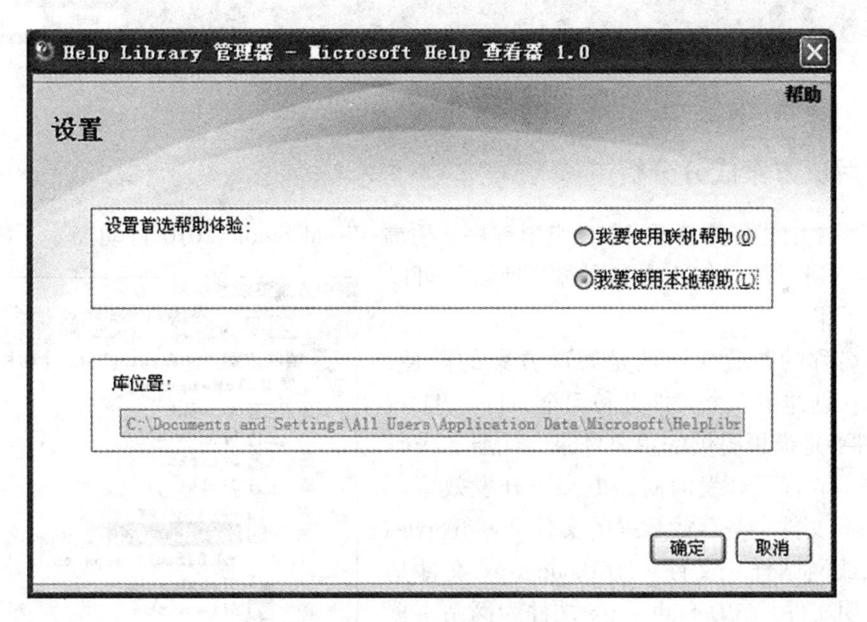

图 1-14 设置首选帮助体验

1.4 创建第一个 ASP. NET 应用程序步骤

1.4.1 创建 ASP. NET 应用程序

打开 Visual Studio 2010，选择“文件”→“新建”→“网站”，在打开的如图 1-15 所示的界面中选择支持语言为 Visual C#，在右边模板窗口中选择“ASP. NET Web Site”模板，在 Web 位置栏指定项目存放位置，单击“确定”按钮即可创建一个新的 Web 应用程序。

图 1-15　创建带模板 Web 应用程序

1.4.2　解决方案成分分析

观察刚才创建好的 ASP. NET 应用程序，看看 Visual Studio 2010 自动产生了哪些内容。通过图 1-16 所示的“解决方案资源管理器”可以看到如下效果。

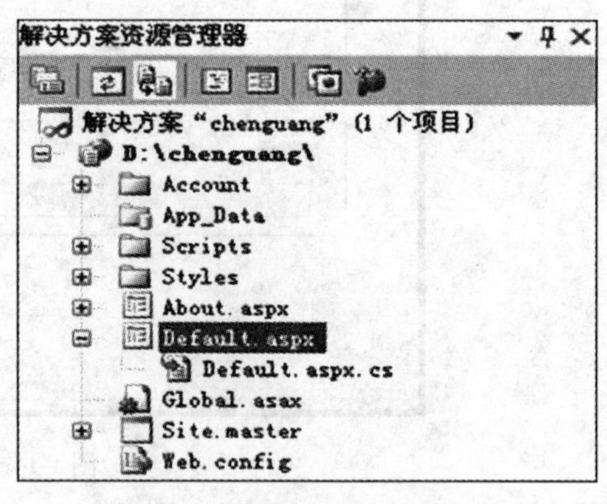

图 1-16　解决方案资源管理器

项目名称的位置显示的是解决方案的路径，下面还默认创建了 3 个文件夹和 5 个文件。①Account 文件夹是模板提供的用户登录、注册、密码修改模块，节省了开发时间，提高了开发效率。、②App_Data 文件夹是存放数据的文件夹。③Styles 文件夹存放网站样式文件。④About. aspx 文件是本网站说明文件。⑤Default. aspx 文件为网站主页文件。其中的 Default. aspx. cs 文件与 Default. aspx 文件有关系，是代码后置的文件。⑥Global. asax 文件包含用于响应 ASP. NET 引发的应用程序级别事件的代码。⑦Site. master 文件是站点母版页文件，母版页文件是一个以 . master 作为后缀的文件，它可以将页面上的公用元素整合在一起。使用母版页，可以为应用程序页面创建一个通用的外观。⑧Web. config 文件是站点配置文件，可以设置是否允许调试等信息。

1.4.3　应用程序运行

选择“调试”菜单→“启动调试”（快捷键 < F5 >），可以调试应用程序。选择“调试”→“开始执行”（快捷键 < Ctrl > + < F5 >），可以直接执行应用程序，某网站运行效果如图 1-17 所示。

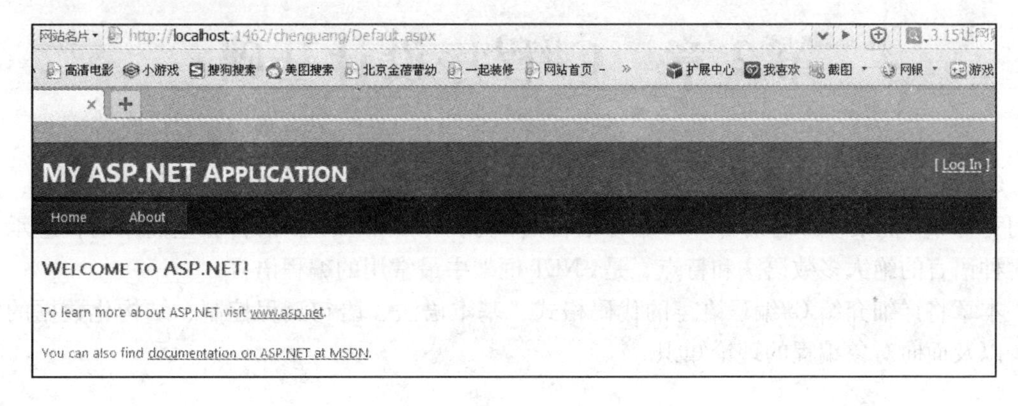

图 1-17　某网站运行效果图

第 2 章　C#程序设计基础

C#编程语言是美国微软公司推出的一款基于 .NET 框架、面向对象的高级编程语言，是专门为 .NET 框架设计的语言。C#编程语言是由 Java、C 和 C++语言派生而来的，继承了这 3 种语言的绝大多数语法和特点，是 .NET 框架中最常用的编程语言。

本章将详细介绍 C#编程语言的代码格式、基本语法、语句流程控制、结构化数据的使用，以及面向对象编程的理论知识。

学习目标与任务

学习目标

1. 掌握 C#编程的代码格式约定；
2. 能够使用 C#基本语法。

工作任务

1. 了解 C#代码格式的约定；
2. 掌握 C#数据类型；
3. 了解常量和变量；
4. 掌握数组、字符串的使用；
5. 掌握表达式、运算符的使用；
6. 了解条件语句控制结构；
7. 掌握循环语句控制结构。

2.1　C#代码格式约定

代码格式也是程序设计中一个非常重要的组成环节，它可以帮助用户组织代码和改进代码，也让代码具有可读性。具有良好可读性的代码能够让更多的开发人员更加轻松地了解和认知代码。按照约定的格式书写代码是一个非常良好的习惯，下面的代码示例说明了应用缩进、大小写敏感、空白区和注释等格式的原则。

```
using System;
using System.Collections.Generic;
using System.Linq;                          //使用 LINQ 命名空间
using System.Text;
namespace mycsharp                          //声明命名空间
{
```

```
class Program                                    //主程序类
    {
        static void Main(string[ ] args)         //静态方法
        {
            Console. WriteLine(" Hello World" );
                                                 //这里输出 Hello World
            Console. WriteLine(" 按任意键退出 . . " ); Console. ReadKey( );
                                                 //这里让用户按键后退出,保持等待状态
        }
    }
}
```

1. 缩进

缩进可以帮助开发人员阅读代码，同样能够给开发人员带来层次感。同一个语句块中的语句应该缩进到同一层次，这是一个非常重要的约定，因为它直接影响到代码的可读性。虽然缩进不是必需的，同样也没有编译器强制，但是为了在不同人员的开发中能够进行良好的协调，这是一个值得去遵守的约定。

2. 大小写敏感

C#是一种对大小写敏感的编程语言。例如，“CSharp”、“cSharp”、“csHaRp”都是不同的字符串，在编程中应当注意。

3. 空白

C#编译器会忽略空白。使用空白能够改善代码的格式，提高代码的可读性。但是值得注意的是，编译器不对引号内的任何空白做忽略，在引号内的空格作为字符串存在。

4. 注释

C#编译器支持开发人员编写注释，以便其他开发人员能够方便地阅读代码。良好的注释习惯能够让代码更加优雅和可读。注释的写法是以符号“/ *”开始，并以符号“ * /”结束，这种形式的注释适合多行注释的情况，单行注释可以用“//”，示例代码如下：

```
/ *
多行注释开始
本例演示了在程序中写注释的方法
多行注释结束
* /
//单行注释,一般对单个语句进行注释
```

2.2　数据类型

表 2-1　C#数据类型

数据类型	说　明	取值范围
byte	无符号 8 位整数	0 ~ 255
sbyte	有符号 8 位整数	-128 ~ 127

（续）

数据类型	说　明	取值范围
short	有符号16位整数	$-32768(-2^{15}) \sim 32767(2^{15}-1)$
ushort	无符号16位整数	$0 \sim 65535(2^{16}-1)$
int	有符号32位整数	$-2147483648(-2^{31}) \sim 2147483647(2^{31}-1)$
uint	无符号32位整数	$0 \sim 4294967259(2^{32}-1)$
long	有符号64位整数	$-9223372036854775808(-2^{63}) \sim 9223372036854775807(2^{63}-1)$
ulong	无符号64位整数	$0 \sim 18445744073709551615(2^{64}-1)$
bool	布尔值	True、false
float	单精度浮点值	存储32位浮点值
double	双精度浮点值	存储64位浮点值
decimal	十进制浮点值	存储128位浮点值
object	其他所有类型的基类	
char	字符型	0~65535之间的单个Unicode字符
string	字符串型	任意长度的Unicode字符序列

C#数据类型见表2-1，数据类型所表示的数字位数与其可容纳的数字数量密切相关。假设一个整数数据类型可以表示n位整数，若其为无符号整数，则最小值为0，最大值为2^n-1，可表示2^n个数；而对于有符号整数，其最小值为-2^{n-1}，最大值为$2^{n-1}-1$。了解数据类型的取值范围后，可以根据实际所操作的数据大小，选择相应的数据类型，防止超出数据类型范围的运算。

另外，在编写程序时，应在精度足够或不溢出的情况下，尽量使用精度较低或占用字节少的数据类型，这样可以提高运算效率，同时降低内存空间的占用。下列代码是一些变量的声明。

```
Byte a =255;
Sbyte b = -128;
Short c = -32768;
Ushort d =65535;
Int e = -2147483648;
Uint f =4294967259
Float g =1.9f;
Double h =3333333333333.3;
Decimail pi =3.1415926m;
Char i = '中'
String j = "中华人民共和国"
```

2.3 变量

在程序的运行中，计算中临时存储的数据都必须用到变量，变量的值也会放置在内存当中，由计算机运算后再保存到变量中。变量是内存中可以读写的内存单元，变量的数据类型决定存储数据的内存单元所占用空间的大小及存储在其中的数据格式。

2.3.1　变量分类

1. 值类型变量

这种类型的变量，直接通过其值使用，不需要对它进行引用。所有的值类型均隐式地派生自 System.ValueType，并且值类型不能派生出新的类。值的类型不能为 null，但是可空类型允许将 null 值赋给值类型。下列代码是声明并初始化一个值类型的变量。

```
int s;                          //声明整型变量
s = 3;                          //初始化变量
```

2. 引用类型变量

引用类型的变量又称为对象，可存储实际数据的引用。常见的引用类型有 class、interface、delegate、object 和 string。多个引用变量可以附加于一个对象，而且某些引用可以不附加于任何对象，如果声明了一个引用类型的变量却不给它赋给任何对象，那么它的默认值就是 null。相比之下，值类型的值不能为 null。

2.3.2　变量命名规则和命名习惯

声明变量并不是随意声明的，变量的声明有自己的规则。在 C#中，应用程序包含许多关键字，包括 int 等是不能够声明为变量名的，如 int int 是不允许的。当使用关键字做变量名时，编译器会混淆该变量是变量还是关键字，从而编译出错。所以在进行变量的声明和定义时，需要注意变量名称是否与现有的关键字重名，表 2-2 列出了 C#中的关键字。

命名规则就是给变量取名的一种规则，一般来说，命名规则就是为了让开发人员给变量或者命名空间取个好名，不仅要好记，还要说明一些特性。在 C#里面，一些常用的命名习惯如下。

■ Pascal 大小写形式：所有单词的第一个字母大写，其他字母小写。

■ Camel 大小写形式：除了第一个单词，所有单词的第一个字母大写，其他字母小写。

表 2-2　C#关键字列表

AddHandler	AddressOf	Alias	And	Ansi	As
Assembly	Auto	BitAnd	BitNot	BitOr	BitXor
Boolean	ByRef	Byte	ByVal	Call	Case
Catch	CBool	CByte	CChar	CDate	CDec
CDbl	Char	CInt	Class	CLng	CObj
Const	CShort	CSng	CStr	CType	Date
Decimal	Declare	Default	Delegate	Dim	Do
Double	Each	Else	ElseIf	End	Enum
Erase	Error	Event	Exit	ExternalSource	False
Finally	For	Friend	Function	Get	GetType

（续）

Goto	Handles	If	Implements	Imports	In
Inherits	Integer	Interface	Is	Let	Lib
Like	Long	Loop	Me	Mod	Module
MustInherit	MustOverride	MyClass	Namespace	MyBase	New
Next	Not	Nothing	NotInheritable	NotOverridable	Object
On	Option	Optional	Or	Overloads	Overridable
Overrides	ParamArray	Preserve	Private	Property	Protected
Public	RaiseEvent	ReadOnly	ReDim	Region	REM
RemoveHandler	Resume	Return	Select	Set	Shadows
Shared	Short	Single	Static	Step	Stop
String	Structure	Sub	SyncLock	Then	Throw
To	True	Try	TypeOf	Unicode	Until
Variant	When	While	With	WithEvents	WriteOnly
Xor	eval	extends	instanceof	package	var

2.3.3 变量声明、初始化

要声明一个变量就需要为这个变量找到一个数据类型，在 C#中，数据类型由 .NET Framework 和 C#语言来决定，表 2-3 列举了一些预定义的数据类型。声明变量的语法非常简单，即在数据类型之后编写变量名，如一个人的年龄（age）和一辆车的颜色（color），声明代码如下：

```
int userAge;              //声明整型变量存储用户年龄
string  userName;         //声明字符串型变量存储用户姓名
```

变量在声明后还需要初始化，初始化代码如下：

```
age =21;            //声明初始化,年龄 21 岁
color = "red";      //声明初始化,车的颜色为红色
```

当然，声明和初始化变量可以合并为一个步骤简化编程开发，示例代码如下：

```
int age =1;               //声明并初始化
string color = "red";     //声明初始化
float a =1.1;             //错误的声明浮点类型变量
```

当运行了以上代码后会提示错误信息：不能隐式地将 double 类型转换为 float 类型；请使用“F”后缀创建此类型。

从错误中可以看出，将变量后缀增加一个“F”即可解决此问题，代码如下：

```
float a =1.1F;                //正确地声明浮点类型变量
```

这是因为若无其他指定，C#编译器将默认所有带小数点的数字都是 double 类型。如果要声明成其他类型，可以通过后缀来指定数据类型，表 2-3 列出可用的后缀。

表 2-3　可用的后缀表

后　缀	描　述
U	无符号
L	长整型
UL	无符号长整型
F	浮点型
D	双精度浮点型
M	十进制
L	长整型

2.3.4　变量类型转换

在应用程序开发当中，很多的情况都需要对数据类型进行转换，以保证程序的正常运行。类型转换是数据类型和数据类型之间的转换，在.NET中，存在着大量的类型转换，常见的类型转换代码如下：

```
int i = 1;                     //声明整型变量
Console.WriteLine(i);          //隐式转换输出
```

在上述代码中，i是整型变量，而WriteLine方法的参数是object类型，但是WriteLine方法依旧能够正确输出，是因为系统将i的类型在输出的时候转换成了字符型。在.NET框架中，有隐式转换和显式转换，隐式转换是一种由CLR自动执行的类型转换，如上述代码中的就是一种隐式的转换（开发人员不明确指定的转换）。该转换由CLR自动的将int类型转换成了string型。在.NET中，CLR支持许多数据类型的隐式转换，CLR支持的类型转换列表见表2-4。

表 2-4　CLR 支持的转换列表

从该类型	到该类型
sbyte	short, int, long, float, double, decimal
byte	short, ushort, int, uint, long, ulong, float, double, decimal
short	int, long, float, double, decimal
ushort	int, uint, long, ulong, float, double, decimal
int	long, float, double, decimal
uint	long, ulong, float, double, decimal
long, ulong	float, double, decimal
float	double
char	ushort, int, uint, long, ulong, float, double, decimal

显式转换是一种明确要求编译器执行的类型转换。在程序开发过程中，虽然很多地方能够使用隐式转换，但是隐式转换有可能存在风险，显式转换能够通过程序捕捉进行错误提

示。虽然隐式也会提示错误，但是显式转换能够让开发人员更加清楚地了解代码中存在的风险并自定义错误提示以保证任何风险都能够及早避免，示例代码如下：

```
int i =1;                  //声明整型变量 i
float j = (float)i;        //显式转换为浮点型
```

上述代码说明了显式转换的基本语法格式。

注意：显式的转换可能导致数据的部分丢失，如3.1415 转换为整型的时候会变成3。

2.4 常量

常量是变量的一种特殊类型，只不过是只读的存储数据的内存单元。常量是一般在程序开发当中不经常更改的变量，如 π 值、税率或者是数组的长度等。使用常量一般能够让代码更具可读性、更加健壮、便于维护。在程序开发当中，好的常量使用技巧对程序开发和维护都有好的影响。声明变量的方法，只需要在普通的变量格式前加上 const 关键字即可，示例代码如下：

```
const double pi =3.1415926;                      //常量 pi,π
static void Main(string[ ] args)                 //程序入口方法
{
    double r =2;                                 //声明 double 类型常量
    double round =2 * pi * r * r;                //使用常量
    Console.WriteLine(round.ToString());         //输出变量值
}
```

使用 const 声明的变量能够在程序中使用，但是值得注意的是，使用 const 声明的变量不能够在后面的代码中对该变量进行重新赋值。

2.5 数组

数组是把具有相同类型的若干变量按有序的形式组织起来的一种形式，这些按序排列的同类数据元素的集合称为数组。在 C#语言中，数组属于构造数据类型，数组变量是引用类型变量。一个数组可以分解为多个数组元素，这些数组元素可以是基本数据类型或是构造类型。因此按数组元素的类型不同，数组又可分为数值数组、字符数组、指针数组、结构数组、对象数组等各种类别。数组下标从 0 开始。

2.5.1 数组的声明、初始化

数组的声明方法是在数据类型和变量名之间插入一组方括号，示例格式如下：

```
String [ ] groups;                       //声明一个名为 groups 的 string 类型的数组
string[ ] groups = {"asp.net","c#","control","mvc","wcf","wpf","linq"};
                                         //初始化数组
```

值得注意的是，与平常的逻辑不同的是，数组的开始并不是 1，而是 0。以上初始化了 groups 数组，所以 groups [1] 的值应该是“c#”而不是“asp. net”，相比之下，group [0]

的值才应该是“asp. net”。

2.5.2 数组的常用属性和方法

. NET 框架为开发人员提供了方便的方法来对数组进行运算，专注于逻辑处理的开发人员不需要手动实现对数组的操作。这些常用的方法如下：

■ Length 方法用来获取数组中元素的个数。

■ Reverse 方法用来反转数组中的元素，可以针对整个数组，或数组的一部分进行操作。

■ Clone 方法用来复制一个数组。

对于数组的操作，可以使用相应的方法进行数据的遍历、查询和反转。以下示例代码实现数组内容的遍历输出。

```
using System;
using System.Collections.Generic;
using System.Linq;
using System.Text;                                    //声明文本命名空间
namespace myFirstArray                                //主应用程序类
{
    class Program
    {
        static void Main(string[ ] args)
        {
            string[ ] groups = {"asp.net","c#","control","mvc","wcf","wpf","linq"};
                                                      //初始化一个数组
            int count = groups.Length;                //获取数组的长度
            for (int i =0; i < count; i ++)           //遍历输出数组元素
            {
                Console.WriteLine(groups[i]);         //输出数组中的元素
            };
        }
    }
}
```

2.6 字符串

字符串或串（String）是由数字、字母、下划线组成的一串字符。一般记为 s = "a1a2…an"（n≥0）。它是编程语言中表示文本的数据类型。字符串是计算机应用程序开发中常用的变量，在文本输出、字符串索引、字符串排序中都需要使用字符串。

字符串的声明方式和其他的数据类型声明方式相同，字符串变量的值必须在双引号(" ")之间，示例代码如下所示。

```
string str = "Hello World!";                //声明字符串
```

2.6.1 字符串格式化

当开发人员试图在字符串中间输入一些特殊符号的时候，会发现编译器报错，示例代码如下：

```
string str = "Hello "World!";
```

在 Visual Studio 2008 中编写上述代码，运行时编译器报错“常量中有换行符”，因为字符串中的“ " ”符号被当成是字符串的结束符号。为了解决这个问题，就需要用到转义字符。示例代码如下：

```
string str = "Hello \"World!";          //使用转义字符"\"
```

如果字符串初始化为逐字符串，编译器会严格的按照原有的样式输出，无论是转义字符中的换行符还是制表符，都会按照原样输出。逐字符串的声明只需要在双引号前加上字符“@”即可，示例代码如下：

```
string str = @"文件地址:D:\Users\Administrator\Documents \t";       //逐字符串
```

在字符串操作时，很多地方需要用到字符串格式化，使用 Console. WriteLine 方法就能够实现字符串格式化，字符串格式化代码如下：

```
string str = "chenguang";
string str2 = "C#";
Console.WriteLine("Hi! Myname is {0},I love {1}",str,str2);  //格式化多个字符串输出
```

上述代码中的 Console. WriteLine 方法，前一个传递的参数中的 {0} 被后一个传递的参数 str 替换。例子中的“{0}”被称为占位符，用于标识一个参数，括号中的数字指定了参数的索引。

2.6.2 字符串操作

在 C#中，为字符串提供了快捷和方便的操作，使用 C#提供的类能够进行字符串的比较、字符串的连接、字符串的拆分等操作，方便了开发人员进行字符串的操作。

1. 比较字符串

如果需要比较字符串，有两种方式：一种是值比较，一种是引用比较。值比较可以直接使用运算符“==”进行比较，示例代码如下：

```
string str = "chenguang";                  //声明字符串
string str2 = "C#";                        //声明字符串
if (str == str2)                           //使用"=="比较字符串
{
  Console.WriteLine("字符串相等");          //输出不相等信息
}
else
{
  Console.WriteLine("字符串不相等");        //输出相等信息
}
```

当判断两个字符串是否指向同一个对象时，可以使用CompareTo方法判定两个字符串是否指向同一个对象，示例代码如下：

```
string str = "Guojing";                    //声明字符串
string str2 = "C#";                        //声明字符串
  if (str.CompareTo(str2) > 0)             //使用Compare比较字符串
{
  Console.WriteLine("字符不串相等");        //输出不相等信息
}
else
{
  Console.WriteLine("字符串相等");          //输出相等信息
}
```

2. 字符串连接

当一个字符串被创建，对字符串的操作方法实际上是对字符串对象的操作。其返回的也是新的字符串对象，字符串使用符号“+”进行连接，示例代码如下：

```
string str = "Guojing is A C# ";           //声明字符串
string str2 = "Programmer";                //声明字符串
Console.WriteLine(str + str2);             //连接字符串
```

3. 常用字符串函数

IndexOf() 取子串函数。返回字符串中从参数位置开始查找到的字符串，若搜索不到查询的字符串，则返回-1。

Split() 字符串分割函数。按照参数符号对字符串进行分割。

ToUpper() 将字符串更改为大写。

ToLower() 将字符串更改为小写。

Replace() 将字符串中某个元素替换成另外一个元素。

Length() 获得字符串的长度。

IsNullOrEmpty() 判断字符串是否为空。

示例代码如下：

```
string str = "BeiJing,Shanghai,GuangZhou,WuHan,ShenYang";//初始化字符串
str = str.Replace("ShenYang", "ShanXi");                  //使用Replace方法
string[] p = str.Split(',');                              //分割字符串元素放在数组中
Console.WriteLine(str.IndexOf("WuHan").ToString());       //拆分字符串
if (String.IsNullOrEmpty(str))                            //使用String类的静态方法
{
    Console.WriteLine(str.ToUpper());                     //转换成大写
    Console.WriteLine(str.ToLower());                     //转换成小写
}
```

2.7 表达式和运算符

表达式，是由数字、算符、数字分组符号（括号）、自由变量和约束变量等以能求得数值的有意义排列方法所得的组合。表达式是运算符和操作符的序列。运算符是个简明的符号，包括实际中的加减乘除，它告诉编译器在语句中实际发生的操作，而操作数为操作执行的对象。运算符和操作数组成完整的表达式。

2.7.1 运算符类型

在大部分情况下，对运算符类型的分类都是根据运算符所使用的操作数的个数来分类的，一般可以分为如下3类。

一元运算符：只使用一个操作数，如（!）；自增运算符（++）等，如i++。

二元运算符：使用两个操作数，如最常用的加减法，如i+j。

三元运算符：三元运算符只有一个（?:）。

除了按操作数个数来分以外，运算符还可以按照操作数执行的操作类型来分，见表2-5。

表2-5　常用的运算符

运算符类型	运　算　符
元运算符	(x), x.y, f (x), a [x], x++, x--, new, typeof, sizeof, checked, uncheck
算术运算符	+, -, *, /,%
位运算符	<<, >>, &, |, ^, ~
关系运算符	<, >, <=, >=, is, as
逻辑运算符	&, |, ^
条件运算符	&&, ||,?
赋值运算符	=, +=, -=, *=, /=, <<=, >>=, &=, ^=, |=

1. 算术运算符

算术运算符用于创建和执行数学表达式，以实现加、减、乘、除等基本操作，示例代码如下：

```
int a =1;        //声明整型变量
int b =2;        //声明整型变量
int c = a + b;   //使用+运算符
int d = b - a;   //使用-运算符
inte = b / a;    //使用/运算符
int g = b * a    //使用*运算符
int f = b% a     // 使用整除运算符
```

注意：当除数为0，系统会抛出DivideByZeroException异常，在程序开发中应该避免出现逻辑错误，因为编译器不会检查逻辑错误，只有在运行中才会提示相应的逻辑错误并抛出异常。

2. 关系运算符

关系运算符用于创建一个表达式，该表达式用来比较两个对象并返回布尔值。示例代码如下：

```
string a = "nihao";                    //声明字符串变量 a
string b = "nihao";                    //声明字符串变量 b
if (a = = b)                           //使用比较运算符
{
    Console. WriteLine("相等");//输出比较相等信息
}
else
{
    Console. WriteLine("不相等");//输出比较不相等信息
}
```

关系运算符如“>”，“<”，“>=”，“<=”等同样是比较两个对象并返回布尔值。

初学者很容易错误的使用关系运算符中的“= =”，因为初学者通常会将等于运算符编写为“=”，示例代码如下所示。

```
if(a = b)
```

在这里，运算符“=”不等于“= =”。“=”的意义是给一个变量赋值，而“= =”是比较两个变量的值是否相等。

3. 逻辑运算符

逻辑运算符和布尔类型组成逻辑表达式。NOT 运算符“!”使用单个操作数，用于转换布尔值，即取非。C#的与运算符是“&&”。该运算符使用两个操作数做与运算，当有一个操作数的布尔值为 false 时，则返回 false。C#中也使用“||”运算符来执行或运算，当有一个操作数的布尔值为 true 时，则返回 true。在逻辑运算符中还包括异或运算符“^”，该运算符确定操作数是否相同，若操作数的布尔值相同，则表达式将返回 false。示例代码如下：

```
bool myBool = true;                    //创建布尔变量
bool notTrue = ! myBool;               //使用逻辑运算符
bool result1 = myBool && notTrue;  //与计算
bool result2 = myBool || notTrue;  //或计算
bool result3 = myBool ^ notTrue;   //异或计算

int result4 = 1;
if (Convert. ToBoolean(result4))    //使用 Convert 静态对象
{
    Console. WriteLine("true");     //输出布尔值
}
else
{
    Console. WriteLine("false");    //输出布尔值
}
```

注意：虽然 C#不支持隐式的转换 int 到 bool 类型，但是 Convert. ToBoolean 静态方法提供了实现，任何非 0 的参数都将返回 true。

4. 位运算符

位运算符通常使用位模式来操作整数类型，这些位运算符非常实用。位运算符包括“<<”、“>>”、“&”、“|”、“^”和“~”。左移位运算符“<<”将整型中的位左移指定位数，每一次左移，整型变量的值将乘以 2，左移操作将舍弃移出的所有位，并用 0 来填充移入的位。同样，右移运算符“>>”也将操作数右移，每一次右移，整型变量的值将除以“2”。“&”运算符通过逐位执行逻辑与运算，从而生成新的操作数，与运算中，两个对应的值，若有一个值为 0，则全部为 0。或运算符“|”的使用方法和原理和与运算符“&”基本相同，其区别在于使用的是或运算，当有一个值为 1，则结果为 1。异或运算符“^”的用法和与位运算符类似，其区别在于当两个值相同时，执行计算的结果为 0，否则为 1。取补运算符“~”将生成整型类型的补码。如原值中的 1 将变为 0，而 0 则变为 1。位运算符原理如图 2-1 ~ 图 2-5 所示。

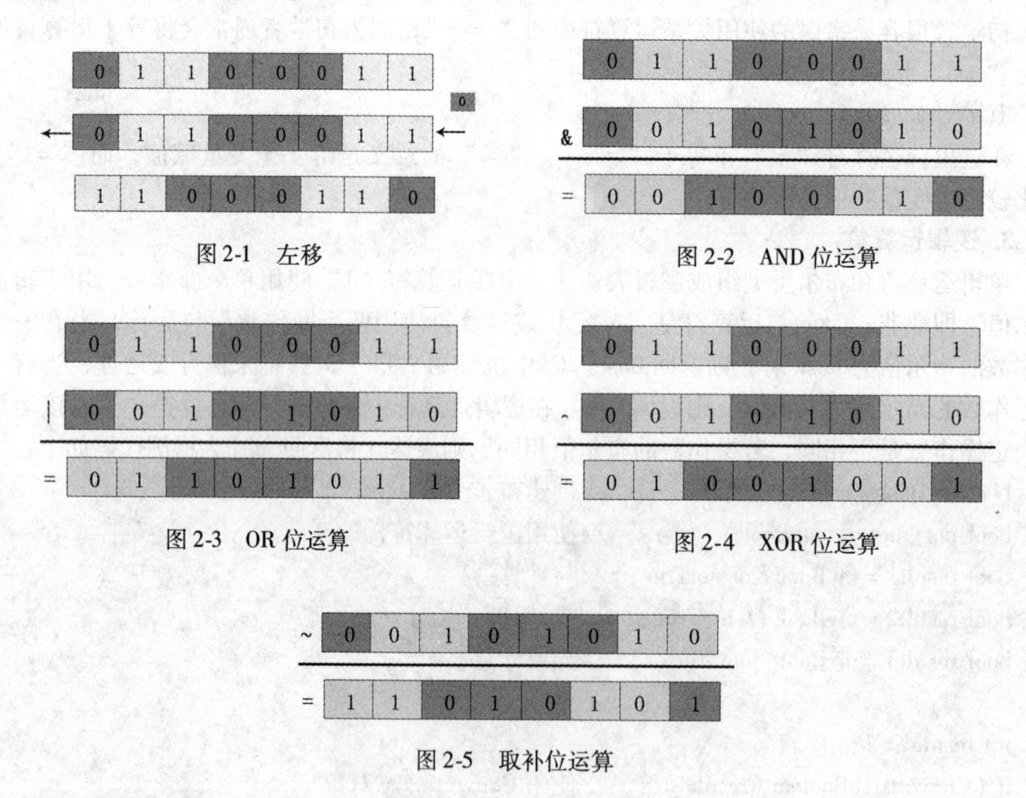

图 2-1　左移

图 2-2　AND 位运算

图 2-3　OR 位运算

图 2-4　XOR 位运算

图 2-5　取补位运算

5. 条件运算符

条件运算符“?:”需要 3 个操作数，示例代码如下：

```
bool ifisTrue = true;                                  //创建布尔值
string result = ifisTrue ? "true" : "false";           //使用三元条件运算符
Console. WriteLine( result. ToString( ) );             //输出布尔值
```

上述代码中，使用了条件运算符“?:”。条件运算符“?:”会执行第一个条件，若条件成立，则返回运算符“:”前的一个操作数的数值，否则返回运算符“:”后的操作数的数值。上述代码中，变量 ifisTrue 为 true，则返回“true”。

2.7.2　运算符的优先级

开发人员需要经常创建表达式来执行应用程序的计算，简单的有加减法，复杂的有矩阵、数据结构等，在创建表达式时，往往需要一个或多个运算符。在多个运算符之间的运算操作时，编译器会按照运算符的优先级来控制表达式的运算顺序，然后再计算求值。表达式中常用的运算符的运算顺序见表 2-6。

表 2-6　运算符优先级

运算符类型	运　算　符
元运算符	x,y,f(x),a[x],x++,x--,new,typeof,checked,unchecked
一元运算符	+,-,!,~,++x,--x,(T)x
算术运算符	*,/,%
位运算符	<<,>>,&,|,^,~
关系运算符	<,>,<=,>=,is,as
逻辑运算符	&,^,|
条件运算符	&&,||,?
赋值运算符	=,+=,-=,*=,/=,<<=,>>=,&=,^=,|=

2.8　条件语句

一个表达式的返回值都可以用来判断真假，除非没有任何返回值的 void 型和返回无法判断真假的结构。当表达式的值不等于 0 时，它就是“真”，否则就是假。因此，当一个表达式在程序中被用于检验其真/假值时，就称为一个条件。

在程序设计中经常遇到选择性的问题，如根据当前时间判定来向用户问“下午好”还是“上午好”。这时就需要在程序中使用条件语句。if、switch 是最常用的条件语句，if 类条件语句包括 if、if　else、if else if 等语句。

2.8.1　if 语句

if 语句的语法如下：

```
if(布尔值){程序语句}
```

当布尔值为 true，则会执行程序语句；当布尔值为 false 时，程序会跳过执行的语句执行。

if else 语句的语法如下：

```
if(布尔值){程序语句1} else {程序语句2}
```

同样，当布尔值为 true，则程序执行程序语句 1；但当布尔值为 false 时，程序则执行程序语句 2。

当需要进行多个条件判断是，可以编写 if　else if 语句执行更多条件操作，示例代码如下：

```
if (ChengJi  >=90)            //根据学生成绩判断优秀、良好、中等、及格、不及格
        {
            console.writeline("优秀");
        }
        else if (ChengJi  >=80)
        {
            console.writeline("良好");
        }
        else if (ChengJi  >=70)
        {
            console.writeline("中等");
        }
        else if (ChengJi >=60)
        {
            console.writeline("及格");
        }
        else
        {
            console.writeline("不及格");
        }
```

上述代码根据学生学习成绩判断优秀、良好、中等、及格、不及格。

2.8.2 switch 语句

switch 语句根据某个传递的参数的值来选择执行代码。在 if 语句中，if 语句只能测试单个条件，如果需要测试多个条件，则需要书写冗长的代码。而 switch 语句能有效的避免冗长的代码并能测试多个条件。switch 语句的语法如下：

```
switch (参数的值)
{
    case 参数的对应值1：操作1；break；
    case 参数的对应值2：操作2；break；
    case 参数的对应值3：操作3；break；
}
```

从上述语法格式中可以看出，当参数的值为某个 case 对应的值的时候，switch 语句就会执行对应的 case 的值后的操作，并以 break 结尾跳出 switch 语句。若没有对应的参数时，可以定义 default 条件，执行默认代码，示例代码如下：

```
int x;
switch (x)
//switch 语句
{
```

```
        case 0: Console.WriteLine("this is 0"); break;
    //x=0 时执行
        case 1: Console.WriteLine("this is 1"); break;
    //x=1 时执行
        case 2: Console.WriteLine("this is 2"); break;
    //x=2 时执行
        default:Console.WriteLine("这是默认情况");break;
    }
```

注意：在 switch 语句中，default 语句并不是必需的，但是编写 default 可以为条件设置默认语句。

2.9　循环语句

在不少实际问题中有许多具有规律性的重复操作，因此在程序中就需要重复执行某些语句。一组被重复执行的语句称之为循环体，能否继续重复，决定循环的终止条件。循环语句是由循环体及循环的终止条件两部分组成的。循环能够减少代码量，避免重复输入相同的代码行，也能够提高应用程序的可读性。常见的循环语句有 for、while、do、for each。

2.9.1　for 循环

for 循环一般用于已知重复执行次数的循环，是程序开发中常用的循环条件之一，当 for 循环表达式中的条件为 true 时，就会一直循环代码块。因为循环的次数是在执行循环语句之前计算的，所以 for 循环又称作预测式循环。当表达式中的条件为 false 时，for 循环会结束循环并跳出。for 循环语法格式如下：

```
for(初始化表达式,条件表达式,迭代表达式)
    {循环语句}
```

for 循环的优点就是 for 循环的条件都位于同一位置。同样，循环的条件可以使用复杂的布尔表达式表示。for 循环表达式包含 3 个部分，即初始化表达式、条件表达式和迭代表达式。当 for 循环执行时，将按照以下顺序执行。

■ 在 for 循环开始时，首先运行初始化表达式。
■ 初始化表达式初始化后，则判断表达式条件。
■ 若表达式条件成立，则执行循环语句。
■ 循环语句执行完毕后，迭代表达式执行。
■ 迭代表达式执行完毕后，再判断表达式条件并循环。

下列代码是输出 0~99 的值。

```
for (int i=0; i < 100; i++)//循环 100 次
{
    Console.WriteLine(i);//输出 i 变量的值
}
```

注意： for 循环既可做增量操作，也可以做减量操作，如可以写为 for（int i=10；i>0；i--），说明 for 循环的结构非常灵活，同样 for 循环的条件，迭代表达式也不仅局限于此。

2.9.2 while 循环

while 语句同 for 语句一样都可以执行循环，但是 while 的使用更加灵活，可以在代码块执行前判断条件，也可以在代码块执行一次后再行判断条件。while 语句的使用方法基本上和 if 语句相同，其区别就在于，if 语句一般需要先知道循环次数，而 while 语句即便不知道循环次数也可以使用。while 语句基本语法如下：

```
while(布尔值)
    {执行语句}
```

while 语句包括两个部分，布尔值和执行语句，while 语句执行步骤一般如下所示。

■ 判断布尔值。

■ 若布尔值为 true 则执行语句，否则跳过。

下列代码是将一个数值每次减 1，直到这个数值等于 1 为止。

```
x=100;              //声明整型变量
while (x!=1)        //判断 x 不等于 1
{
    x--;            //x 自减操作
}
```

在 while 语句中，可以使用 continue 语句来执行下一次迭代而不执行完所有的执行语句，当执行到 continue 关键字时则跳出并继续执行 while 循环而不执行 continue 关键字后的语句。也可以使用 break 关键字在某个条件下跳出并终止循环，继续执行循环后的语句，示例代码如下：

```
x=100;
while (x !=1)
{
     x--;
    Console.WriteLine(x);
    If(x = =99)
    {continue;}
    if (x = =5)
    {
        break;
    }
}
```

2.9.3 do while 循环

do while 循环和 while 循环十分相似，区别在于 do while 循环会执行一次执行语句，然后再判断 while 中的条件。这种循环成为后测试循环，当程序需要执行一次语句再循环的时候，do while 语句是非常实用的。do while 语句语法格式如下：

```
do
{执行语句}
while(布尔值);
```

do while 语句包含两个部分，执行语句和布尔值。与 while 循环语句不同的是，执行步骤首先执行一次执行语句，具体步骤如下所示。

■ 执行一次执行语句；

■ 判断布尔值；

■ 若布尔值为 true，则继续执行，否则跳出循环。

do while 语句示例代码如下：

```
int x = 90;                    //声明整型变量
do                             //首先执行一次代码块
{
    x ++;                      //x 自增一次
    Console.WriteLine(x);      //输出 x 的值
}
while (x < 100);               //判断 x 是不是小于 100
```

2.9.4　for each 循环

for 循环语句常用的另一种用法就是对数组进行操作，C#还提供了 for each 循环语句，如果想重复集合或者数组中的所有条目，使用 for each 是很好的解决方案。for each 语句语法格式如下：

```
for each (局部变量 in 集合)
    执行语句;
```

for each 语句执行顺序如下：

■ 集合中是否存在元素；

■ 若存在，则用集合中的第一个元素初始化局部变量；

■ 执行控制语句；

■ 集合中是否还有剩余元素，若存在，则将剩余的第一个元素初始化局部变量；

■ 若不存在，结束循环。

for each 语句示例代码如下：

```
string[ ] str = { "hello", "world", "nice", "to", "meet", "you" };  //定义数组变量
for each (string s in str)              //如果存在元素则执行循环
{
    Console.WriteLine(s);               //输出元素
}
```

注意：在使用 foreach 语句的时候，局部变量的数据类型应该与集合或数组的数据类型相同，否则编译器会报错。

2.10 异常处理

在传统的 ASP 开发过程中，要发现错误是非常复杂和困难的，常常错误发生后，很难找到错误的代码行。C#为处理程序执行期间可能出现的异常情况提供内置支持，这些异常由正常控制流之外的代码处理。常用的异常语句包括 throw、try、catch 等。

2.10.1 throw 异常语句

throw 语句用于发出在程序执行期间出现的异常情况的信号。引发异常的是一个对象，该对象的类是从 System. Exception 派生的。通常 throw 语句与 try-catch 或 try-final 语句一起使用。示例代码如下：

```
int x =1;                              //声明整型变量 x
int y =0;                              //声明整型变量 y
if (y = =0)                            //如果 y 等于 0
{
    throw new ArgumentException();     //抛出异常
}
Console. WriteLine("除数不能为 0");     //输出错误信息
```

上述代码使用 throw 语句引发异常并向用户输出了异常信息。

2.10.2 try-catch 异常语句

try-catch 语句由一个 try 和一个或多个 catch 子句构成，这些子句可以指定不同的异常处理应用程序。当 try 块中的代码异常，则会执行 catch 块的保护代码，在应用程序开发当中，try-catch 语句能够处理异常并返回给用户友好的错误提示。示例代码如下：

```
int x =1;                                   //声明整型变量 x
int y =0;                                   //声明整型变量 y
try                                         //尝试处理代码块
{
    x =x / y;                               //出现异常
}
catch                                       //捕获异常
{
    Console. WriteLine("除数不能为空");      //抛出异常
}
```

上述代码试图用一个整型变量除以一个值为 0 的整型变量，不使用 try-catch 捕捉异常，则系统会抛出异常跳转到开发环境或代码块；使用 try-catch，系统同样会抛出异常，但是开发人员能够通过程序捕捉异常并自定义输出异常。同样，它也可以接收从 System. Exception 派生的对象传递过来的参数。示例代码如下：

```
int x = 1;                    //声明整型变量
int y = 0;                    //声明整型变量
try                           //尝试处理代码块
{
    x = x / y;                //进行除法计算
}
catch(Exception ee)           //使用 Exception 对象
{
    Console.WriteLine("除数不能为空,具体错误信息如下所示\n");  //输出错误信息
    Console.WriteLine(ee.ToString());                        //捕获代码
}
```

在运行结果中，程序详细地输出了异常的信息，此错误的信息由程序捕捉，并不会停止应用程序。

注意：try-catch 能够捕捉应用程序中的错误信息，但是 try-catch 会对程序的性能造成影响，在程序开发当中，应避免不必要的 try-catch 语句的出现。

2.10.3 try-finally 异常语句

catch 用于处理应用程序语句中出现的异常，而 finally 语句用于清除 try 块中分配的任何资源，以及运行应用程序中任何发生异常也必须执行的代码。finally 语句经常和 catch 语句搭配使用。示例代码如下：

```
int x = 1;                                    //声明整型变量 x
int y = 0;                                    //声明整型变量 y
try                                           //尝试处理代码块
{
    x = x / y;                                //进行除法计算
}
finally                                       //继续执行程序块
{
    Console.WriteLine("系统已自动停止"); //依旧输出错误信息
}
```

上述代码试图用一个整型变量除以一个值为 0 的整型变量，当异常发生时，系统会抛出异常，但是 finally 语句也被执行。

2.10.4 try-catch-finally 异常语句

try-catch-finally 语句能够使应用程序更加健壮。try-finally 语句依旧会抛出异常，而 try-catch-finally 语句能够捕获异常并执行 finally 语句中的控制语句，try-catch-finally 语句结构和很灵活。示例代码如下：

```
int x = 1;                    //声明整型变量 x
int y = 0;                    //声明整型变量 y
```

```
try                                    //尝试处理代码块
{
    x = x / y;                         //进行除法计算
}
catch (Exception ee)                   //捕获异常信息
{
    Console.WriteLine("除数不能为空,具体错误信息如下所示");          //抛出异常
    Console.WriteLine(ee.ToString());          //输出异常信息
}
finally                                        //继续执行程序块
{
    Console.WriteLine("系统已自动停止"); //继续执行程序
}
```

第3章　Web窗体的基本控件

在传统的ASP开发中，让开发人员最为烦恼的是代码的重用性太低，以及事件代码和页面代码不能很好的分开。而在ASP. NET中，控件的大量使用不仅解决了代码重用性的问题，对于初学者而言，控件还简单易用并能够轻松上手、投入开发。本章讲解了ASP. NET中常用的基本控件，这些控件能够极大地提高开发人员的效率。对于开发人员而言，能够直接拖动控件来完成应用目的，为ASP. NET应用程序的开发提供了极大的便利。

学习目标与任务

学习目标

本章主要介绍简单控件、文本框控件、按钮控件、单选控件和单选组控件、复选控件和复选组控件、面板控件、占位控件、日历控件、广告控件、文件上传控件、XML控件、表控件、向导控件、验证控件、导航控件等控件的使用，学习者学完本章应达到以下几点要求。

1. 了解控件的分类；
2. 掌握简单控件、文本控件的使用；
3. 掌握按钮控件的使用，学会编写按钮事件过程；
4. 能够灵活运用单选、复选控件、列表控件、验证控件、文件上传控件；
5. 了解面板控件、占位控件、日历控件、广告控件、视图控件等控件的使用。

工作任务

1. 能够使用简单控件、文本控件、按钮控件、单选、复选控件、列表控件等基本控件完成用户基本信息注册页面的设计；
2. 能够使用验证控件完成用户基本信息注册页面的验证要求；
3. 能够使用文件上传控件完成用户照片文件的上传要求。

3.1　控件的属性

每个控件都有一些公共属性，如字体颜色、边框的颜色、样式等。在Visual Studio 2008中，当开发人员将鼠标选择了相应的控件后，属性栏中会简单地介绍该属性的作用。如图3-1所示。

属性栏用来设置控件的属性，当控件在页面被初始化时，这些将被应用到控件。控件的属性也可以通过编程的方法在页面相应代码区域编写，示例代码如下：

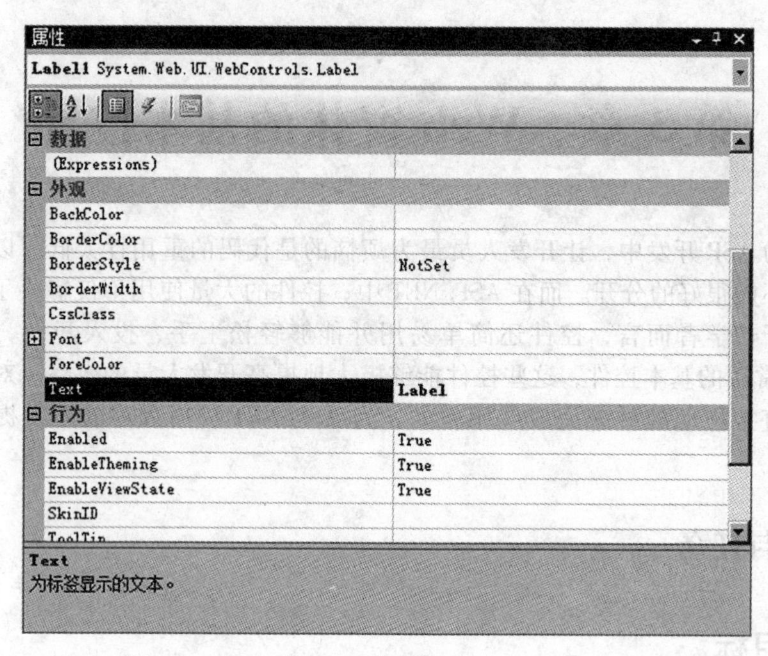

图 3-1　控件的属性

```
protected void Page_Load(object sender, EventArgs e)
{
    Label1. Visible = false;      //在 Page_Load 中设置 Label1 的可见性
}
```

上述代码编写了一个 Page_Load（页面加载事件），当页面初次被加载时，会执行 Page_Load 中的代码。这里通过编程的方法对控件的属性进行更改，当页面加载时，控件的属性会被应用并呈现在浏览器。

3.2　简单控件

ASP. NET 提供了诸多控件，这些控件包括简单控件、数据库控件、登录控件等强大的控件。在 ASP. NET 中，简单控件是最基础也是经常被使用的控件，简单控件包括标签控件 Label、超链接控件 HyperLink 及图像控件 Image 等。

3.2.1　标签控件

在 Web 应用中，希望显示的文本不能被用户更改，或者当触发事件时，某一段文本能够在运行时更改，则可以使用标签控件 Label。开发人员可以非常方便地将标签控件拖放到页面，拖放到页面后，该页面将自动生成一段标签控件的声明代码。示例代码如下：

```
<asp:Label ID = "Label1" runat = "server" Text = "Label"> </asp:Label>
```

上述代码中，声明了一个标签控件，并将这个标签控件的 ID 属性设置为默认值 Label1。由于该控件是服务器端控件，所以在控件属性中包含 runat = "server" 属性。该代码还将标签控件的文本初始化为 Label，开发人员能够配置该属性进行不同文本内容的呈现。

同样，标签控件的属性能够在相应的.cs代码中初始化，示例代码如下：

```
protected void Page_PreInit(object sender, EventArgs e)
{
    Label1.Text = "Hello World";                //标签赋值
}
```

上述代码在页面初始化时为Label1的文本属性设置为"Hello World"。

注意：如果开发人员只是为了显示一般的文本或者HTML效果，不推荐使用Label控件，因为当服务器控件过多，会导致性能问题。使用静态的HTML文本能够让页面解析速度更快。

3.2.2 超链接控件

超链接控件相当于实现了HTML代码中的“<a href=“”></a>”效果。当然，超链接控件有自己的特点，当拖动一个超链接控件到页面时，系统会自动生成控件声明代码。示例代码如下：

```
<asp:HyperLink ID="HyperLink1" runat="server">HyperLink</asp:HyperLink>
```

上述代码声明了一个超链接控件，相对于HTML代码形式，超链接控件可以通过传递指定的参数来访问不同的页面。当触发了一个事件后，超链接的属性可以被改变。超链接控件通常使用的两个属性如下：

ImageUrl，要显示图像的URL。

NavigateUrl，要跳转的URL。

1. ImageUrl属性

设置ImageUrl属性可以设置这个超链接是以文本形式显示还是以图片形式显示，示例代码如下：

```
<asp:HyperLink ID="HyperLink1" runat="server"
    ImageUrl="http://www.chinasward.com/images/cms.jpg">
    HyperLink
</asp:HyperLink>
```

上述代码将文本形式显示的超链接变为了图片形式的超链接，虽然表现形式不同，但是不管是图片形式还是文本形式，全都实现相同的效果。

2. Navigate属性

Navigate属性可以为无论是文本形式还是图片形式的超链接设置超链接属性，即将跳转的页面示例代码如下：

```
<asp:HyperLink ID="HyperLink1" runat="server"
    ImageUrl="http://www.chinasward.com/images/cms.jpg"
    NavigateUrl="http://www.chinasward.com">
    HyperLink
</asp:HyperLink>
```

上述代码使用了图片超链接的形式。其中图片“http://www.chinasward.com/images/cms.jpg”，当单击此超链接控件后，浏览器将跳到URL为“http://www.chinasward.com”

的页面。

3. 动态跳转

在前面的小节讲解了超链接控件的优点，超链接控件的优点在于能够对控件进行编程，来按照用户的意愿跳转到相应的页面。以下代码实现了当用户选择 qq 时，会跳转到腾讯网站，如果选择 sohu，则会跳转到 sohu 页面，示例代码如下：

```
protected void DropDownList1_SelectedIndexChanged(object sender, EventArgs e)
{
    if (DropDownList1.Text == "qq")                          //如果选择 qq
    {
        HyperLink1.Text = "qq";                              //文本为 qq
        HyperLink1.NavigateUrl = "http://www.qq.com";        //URL 为 qq.com
    }
    else                                                     //选择 sohu
    {
        HyperLink1.Text = "sohu";                            //文本为 sohu
        HyperLink1.NavigateUrl = "http://www.sohu.com";      //URL 为 sohu.com
    }
}
```

上述代码使用了 DropDownList 控件，当用户选择不同的值时，对 HyperLink1 控件进行操作。当用户选择 qq 时，则为 HyperLink1 控件配置，链接为 http://www.qq.com，否则配置链接为 http://www.sohu.com。

3.2.3 图像控件

图像控件用来在 Web 窗体中显示图像，图像控件常用的属性如下：

■ AlternateText，在图像无法显示时显示的备用文本。

■ ImageAlign，图像的对齐方式。

■ ImageUrl，要显示图像的 URL。

当图片无法显示的时候，图片将被替换成 AlternateText 属性中的文字，ImageAlign 属性用来控制图片的对齐方式，而 ImageUrl 属性用来设置图像连接地址。同样，HTML 中也可以使用 <img src="" alt="">来替代图像控件，图像控件具有可控性的优点，就是通过编程来控制图像控件，图像控件基本声明代码如下：

```
<asp:Image ID="Image1" runat="server" />
```

除了显示图形以外，Image 控件的其他属性还允许为图像指定各种文本，各属性如下：

■ ToolTip，浏览器显示在工具提示中的文本。

■ GenerateEmptyAlternateText，如果将此属性设置为 true，则呈现的图片的 alt 属性将设置为空。

开发人员能够为 Image 控件配置相应的属性以便在浏览时呈现不同的样式，创建一个 Image 控件也可以直接通过编写 HTML 代码进行呈现，示例代码如下：

```
<asp:Image ID="Image1" runat="server"
AlternateText="图片连接失效" ImageUrl="http://www.chinasward.com/images/cms.jpg" />
```

上述代码设置了一个图片，并当图片失效的时候提示图片连接失效。

注意：当双击图像控件时，系统并没有生成事件所需要的代码段，这说明 Image 控件不支持任何事件。

3.3 文本框控件

在 Web 开发中，Web 应用程序通常需要和用户进行交互，如用户注册、登录、发帖等，那么就需要文本框控件（TextBox）来接收用户输入的信息。开发人员还可以使用文本框控件制作高级的文本编辑器用于 HTML，以及文本的输入输出。

3.3.1 文本框控件的属性

通常情况下，默认的文本控件（TextBox）是一个单行的文本框，用户只能在文本框中输入一行内容。通过修改该属性，则可以将文本框设置为多行/或者是以密码形式显示，文本框控件常用的控件属性如下：

■ AutoPostBack，在文本修改以后，是否自动重传。

■ Columns，文本框的宽度。

■ EnableViewState，控件是否自动保存其状态以用于往返过程。

■ MaxLength，用户输入的最大字符数。

■ ReadOnly，是否为只读。

■ Rows，作为多行文本框时所显示的行数。

■ TextMode，文本框的模式，设置单行，多行或者密码。

■ Wrap，文本框是否换行。

1. AutoPostBack（自动回传）**属性**

在网页的交互中，如果用户提交了表单，或者执行了相应的方法，那么该页面将会发送到服务器上，服务器将执行表单的操作或者执行相应方法后，再呈现给用户，如按钮控件、下拉菜单控件等。如果将某个控件的 AutoPostBack 属性设置为 true 时，则如果该控件的属性被修改，那么同样会使页面自动发回到服务器。

2. EnableViewState（控件状态）**属性**

ViewState 是 ASP.NET 中用来保存 Web 控件回传状态的一种机制，它是由 ASP.NET 页面框架管理的一个隐藏字段。在回传发生时，ViewState 数据同样将回传到服务器，ASP.NET 框架解析 ViewState 字符串并为页面中的各个控件填充该属性。而填充后，控件通过使用 ViewState 将数据重新恢复到以前的状态。

在使用某些特殊的控件时，如数据库控件来显示数据库，每次打开页面执行一次数据库往返过程是非常不明智的。开发人员可以绑定数据，在加载页面时仅对页面设置一次，在后续的回传中，控件将自动从 ViewState 中重新填充，减少了数据库的往返次数，从而不使用过多的服务器资源。在默认情况下，EnableViewState 的属性值通常为 true。

3. 其他属性

上面的两个属性是比较重要的属性，以下的属性也经常使用。

■ MaxLength，在注册时可以限制用户输入的字符串长度。

■ ReadOnly，如果将此属性设置为 true，那么文本框内的值是无法被修改的。

■ TextMode，此属性可以设置文本框的模式，如单行、多行和密码形式。默认情况下，不设置 TextMode 属性，那么文本框默认为单行。

3.3.2 文本框控件的使用

在默认情况下，文本框为单行类型，同时文本框模式也包括多行和密码，示例代码如下：

```
<asp:TextBox ID="TextBox1" runat="server"></asp:TextBox>
<br/>
<br/>
<asp:TextBox ID="TextBox2" runat="server" Height="101px" TextMode="MultiLine"
    Width="325px"></asp:TextBox>
<br/>
<br/>
<asp:TextBox ID="TextBox3" runat="server" TextMode="Password"></asp:TextBox>
```

上述代码演示了 3 种文本框的使用方法，上述代码运行后的结果如图 3-2 所示。

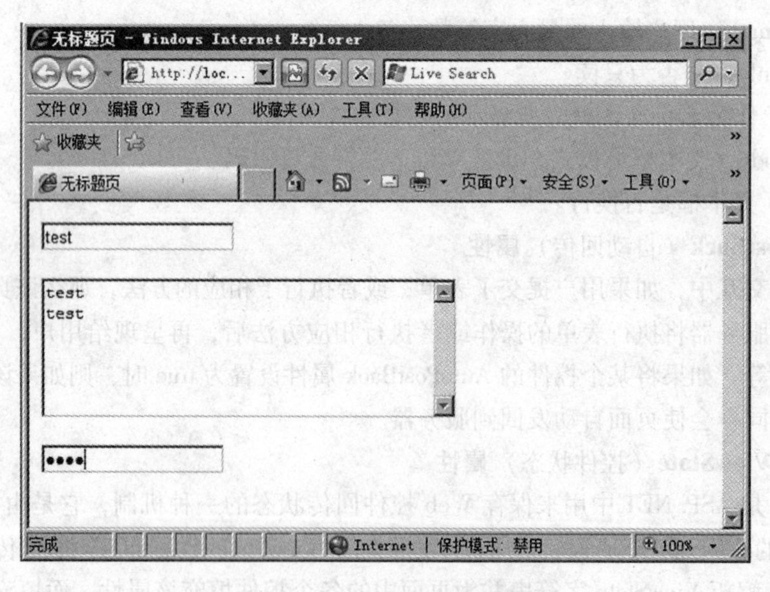

图 3-2 文本框的 3 种形式

文本框无论是在 Web 应用程序开发还是 Windows 应用程序开发中都是非常重要的。文本框在用户交互中能够起到非常重要的作用。在文本框的使用中，通常需要获取用户在文本框中输入的值或者检查文本框属性是否被改写。当获取用户的值的时候，必须通过一段代码来控制。文本框控件 HTML 页面示例代码如下：

```
<form id="form1" runat="server">
<div>
    <asp:Label ID="Label1" runat="server" Text="Label"></asp:Label>
    <br />
    <asp:TextBox ID="TextBox1" runat="server"></asp:TextBox>
    <br />
    <asp:Button ID="Button1" runat="server" onclick="Button1_Click" Text="Button" />
    <br />
</div>
</form>
```

上述代码声明了一个文本框控件和一个按钮控件，当用户单击按钮控件时，就需要实现标签控件的文本改变。为了实现相应的效果，可以通过编写cs文件代码进行逻辑处理。示例代码如下：

```
namespace _5_3                //页面命名空间
{
    public partial class _Default : System.Web.UI.Page
    {
        protected void Page_Load(object sender, EventArgs e)//页面加载时触发
        {
        }
        protected void Button1_Click(object sender, EventArgs e)//双击按钮时触发的事件
        {
            Label1.Text = TextBox1.Text;//标签控件的值等于文本框控件的值
        }
    }
}
```

在上述代码中，当双击按钮时，就会触发一个按钮事件，这个事件就是将文本框内的值赋值到标签内，运行结果如图3-3所示。

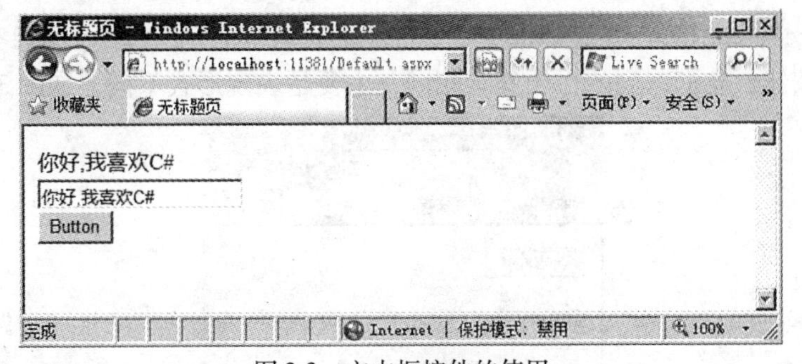

图3-3　文本框控件的使用

同样，双击文本框控件，会触发TextChange事件。而当运行时，当文本框控件中的字符变化后，并没有自动回传，是因为默认情况下，文本框的AutoPostBack属性被设置为false。当AutoPostBack属性被设置为true时，文本框的属性变化，则会发生回传。示例代码如下：

```
protected void TextBox1_TextChanged(object sender, EventArgs e)    //文本框事件
{
    Label1. AutoPostBack = true;                                   //自动重传属性为真
}
```

上述代码中，为 TextBox1 添加了 TextChanged 事件。在 TextChanged 事件中，并不是每一次文本框的内容发生了变化之后，就会重传到服务器，这一点和 WinForm 是不同的，因为这样会大大的降低页面的效率。而当用户将文本框中的焦点移出，导致 TextBox 失去焦点时，才会发生重传。

3.4 按钮控件

在 Web 应用程序和用户交互时，常常需要提交表单、获取表单信息等操作。这时，按钮控件是非常必要的。按钮控件能够触发事件，或者将网页中的信息回传给服务器。在 ASP. NET 中，包含 3 类按钮控件，分别为 Button、LinkButton、ImageButton。

3.4.1 按钮控件的通用属性

按钮控件用于事件的提交，按钮控件包含一些通用属性，按钮控件的常用通用属性如下：

- Causes Validation，按钮是否导致激发验证检查。
- CommandArgument，与此按钮关联的命令参数。
- CommandName，与此按钮关联的命令。
- ValidationGroup，使用该属性可以指定单击按钮时调用页面上的哪些验证程序；如果未建立任何验证组，则会调用页面上的所有验证程序。

下面的语句声明了 3 种按钮，示例代码如下：

```
<asp:Button ID = "Button1" runat = "server" Text = "Button"/ >    //普通的按钮
<br / >
<asp:LinkButton ID = "LinkButton1" runat = "server" >LinkButton </asp:LinkButton >
                                                                    //Link 类型的按钮
<br / >
<asp:ImageButton ID = "ImageButton1" runat = "server" / >         //图像类型的按钮
```

对于 3 种按钮，它们起到的作用基本相同，主要是表现形式不同，如图 3-4 所示。

图 3-4　3 种按钮类型

3.4.2　Click 单击事件

以上三种按钮控件对应的事件通常是 Click 单击和 Command 命令事件。在 Click 单击事件中，通常用于编写用户单击按钮时所需要执行的事件。示例代码如下：

```
protected void Button1_Click(object sender, EventArgs e)
{
    Label1.Text = "普通按钮被触发";                //输出信息
}
protected void LinkButton1_Click(object sender, EventArgs e)
{
    Label1.Text = "连接按钮被触发";                //输出信息
}
protected void ImageButton1_Click(object sender, ImageClickEventArgs e)
{
    Label1.Text = "图片按钮被触发";                //输出信息
}
```

上述代码分别为 3 种按钮生成了事件，其代码都是将 Label1 的文本设置为相应的文本，运行结果如图 3-5 所示。

3.4.3　Command 命令事件

按钮控件中，Click 事件并不能传递参数，所以处理的事件相对简单。而 Command 事件可以传递参数，负责传递参数的是按钮控件的 CommandArgument 和 CommandName 属性。如图 3-6 所示。

图 3-5　按钮的 Click 事件

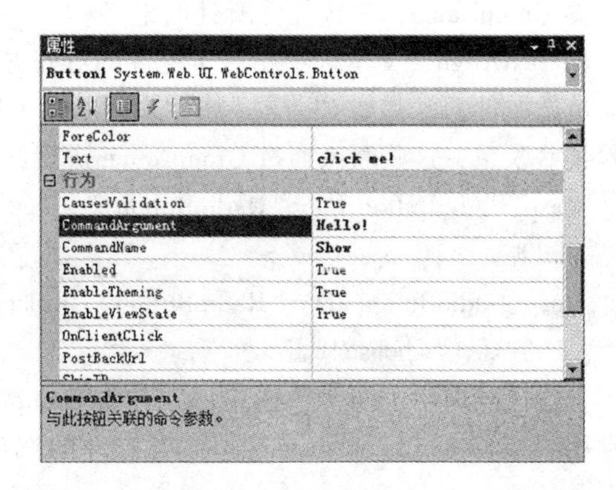

图 3-6　CommandArgument 和 CommandName 属性

将 CommandArgument 和 CommandName 属性分别设置为 Hello! 和 Show，单击 ⚡ 创建一个 Command 事件并在事件中编写相应代码。示例代码如下：

```
protected void Button1_Command(object sender, CommandEventArgs e)
{
```

```
    if (e.CommandName == "Show")                    //如果 CommandNmae 属性的值为 Show,则运行下面代码
    {
        Label1.Text = e.CommandArgument.ToString(); //CommandArgument 属性的值赋给 Label1
    }
}
```

注意：当按钮同时包含 Click 和 Command 事件时，通常情况下会执行 Command 事件。

Command 有一些 Click 不具备的好处，就是传递参数。可以对按钮的 CommandArgument 和 CommandName 属性分别设置，通过判断 CommandArgument 和 CommandName 属性来执行相应的方法。这样一个按钮控件就能够实现不同的方法，使得多个按钮与一个处理代码关联或者一个按钮根据不同的值进行不同的处理和响应。相比 Click 单击事件而言，Command 命令事件具有更高的可控性。

3.5 单选控件和单选组控件

在投票等系统中，通常需要使用单选控件和单选组控件。顾名思义，在单选控件和单选组控件的项目中，只能在有限种选择中进行一个项目的选择。在进行投票等应用开发并且只能在选项中选择单项时，单选控件和单选组控件都是最佳的选择。

3.5.1 单选控件

单选控件 RadioButton 可以为用户选择某一个选项，单选控件常用属性如下：

■ Checked，控件是否被选中。

■ GroupName，单选控件所处的组名。

■ TextAlign，文本标签相对于控件的对齐方式。

单选控件通常需要 Checked 属性来判断某个选项是否被选中，多个单选控件之间可能存在着某些联系，这些联系通过 GroupName 进行约束和联系，示例代码如下：

```
<asp:RadioButton ID="RadioButton1" runat="server" GroupName="choose"
    Text="Choose1" />
<asp:RadioButton ID="RadioButton2" runat="server" GroupName="choose"
    Text="Choose2" />
```

上述代码声明了两个单选控件，并将 GroupName 属性都设置为“choose”。单选控件中最常用的事件是 CheckedChanged，当控件的选中状态改变时，则触发该事件。示例代码如下：

```
protected void RadioButton1_CheckedChanged(object sender, EventArgs e)
{
    Label1.Text = "第一个被选中";
}
protected void RadioButton2_CheckedChanged(object sender, EventArgs e)
```

```
{
    Label1.Text = "第二个被选中";
}
```

在上述代码中，当选中状态被改变时，则触发相应的事件。其运行结果如图 3-7 所示。

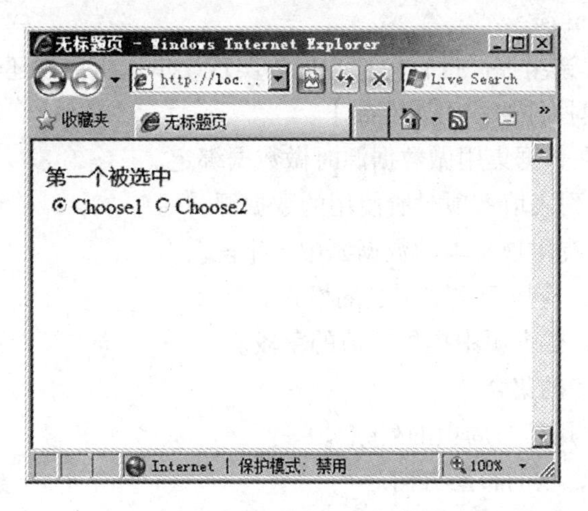

图 3-7　单选控件的运行结果

与 TextBox 文本框控件相同的是，单选控件不会自动进行页面回传，必须将 AutoPostBack 属性设置为 true 时才能在焦点丢失时触发相应的 CheckedChanged 事件。

3.5.2　单选组控件

与单选控件相同，单选组控件 RadioButtonList 也是只能选择一个项目的控件，而与单选控件不同的是，单选组控件没有 GroupName 属性，但是却能够列出多个单选项目。另外，单选组控件所生成的代码也比单选控件实现的相对较少。单选组控件添加项如图 3-8 所示。

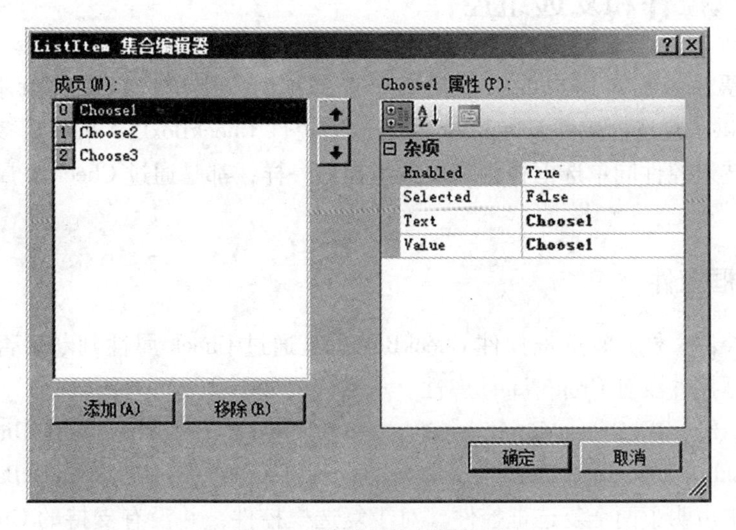

图 3-8　单选组控件添加项

添加项目后，系统自动在 .aspx 页面声明服务器控件代码，代码如下：

```
<asp:RadioButtonList ID="RadioButtonList1" runat="server">
    <asp:ListItem>Choose1</asp:ListItem>
    <asp:ListItem>Choose2</asp:ListItem>
    <asp:ListItem>Choose3</asp:ListItem>
</asp:RadioButtonList>
```

上述代码使用了单选组控件进行单选功能的实现，单选组控件还包括一些属性用于样式和重复的配置。单选组控件的常用属性如下：

- DataMember，在数据集用做数据源时做数据绑定。
- DataSource，向列表填入项时所使用的数据源。
- DataTextFiled，提供项文本的数据源中的字段。
- DataTextFormat，应用于文本字段的格式。
- DataValueFiled，数据源中提供项值的字段。
- Items，列表中项的集合。
- RepeatColumn，用于布局项的列数。
- RepeatDirection，项的布局方向。
- RepeatLayout，是否在某个表或者流中重复。

同单选控件一样，双击单选组控件时系统会自动生成该事件的声明，同样可以在该事件中确定代码。当选择一项内容时，提示用户所选择的内容，示例代码如下：

```
protected void RadioButtonList1_SelectedIndexChanged(object sender, EventArgs e)
{
    Label1.Text = RadioButtonList1.Text;    //文本标签段的值等于选择的控件的值
}
```

3.6 复选框控件和复选组控件

当一个投票系统需要用户能够选择多个选择项时，则单选框控件就不符合要求了。ASP. NET 还提供了复选框控件 CheckBox 和复选组控件 CheckBoxList 来满足多选的要求。复选框控件和复选组控件同单选框控件和单选组控件一样，都是通过 Checked 属性来判断是否被选择。

3.6.1 复选框控件

同单选框控件一样，复选框控件 CheckBox 也是通过 Check 属性判断是否被选择，而不同的是，复选框控件没有 GroupName 属性。示例代码如下：

```
<asp:CheckBox ID="CheckBox1" runat="server" Text="Check1" AutoPostBack="true" />
<asp:CheckBox ID="CheckBox2" runat="server" Text="Check2" AutoPostBack="true"/>
```

上述代码中声明了两个复选框控件。对于复选框控件，并没有支持的 GroupName 属性。当双击复选框控件时，系统会自动生成方法。当复选框控件的选中状态被改变后，会激发该事件。示例代码如下：

```
protected void CheckBox1_CheckedChanged(object sender, EventArgs e)
{
    Label1. Text = "选框 1 被选中";                    //当选框 1 被选中时
}
protected void CheckBox2_CheckedChanged(object sender, EventArgs e)
{
    Label1. Text = "选框 2 被选中,并且字体变大";    //当选框 2 被选中时
    Label1. Font. Size = FontUnit. XXLarge;
}
```

上述代码分别为两个选框设置了事件，设置了当选择复选框 1 时，则文本标签输出“选框 1 被选中”，如图 3-9 所示。当选择复选框 2 时，则输出“选框 2 被选中，并且字体变大”，运行结果如图 3-10 所示。

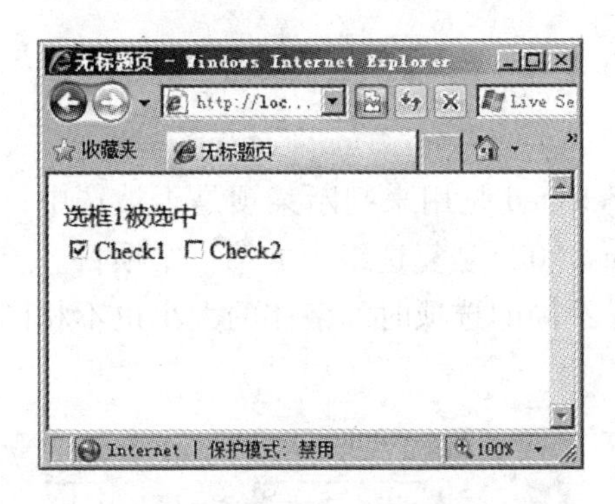

图 3-9　选框 1 被选中

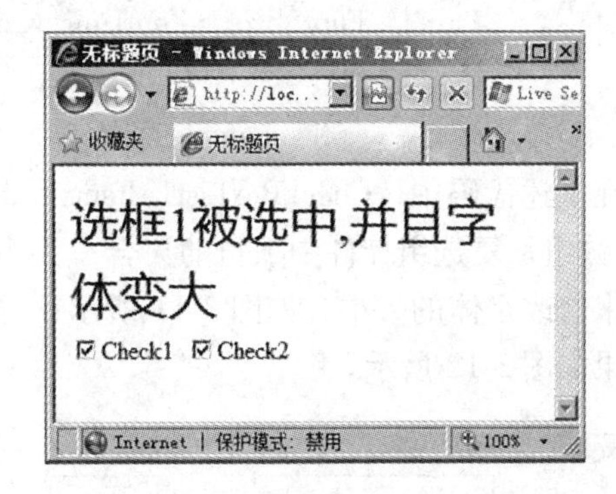

图 3-10　选框 2 被选中

对于复选框而言，用户可以在复选框控件中选择多个选项，所以就没有必要为复选框控件进行分组。在单选框控件中，相同组名的控件只能选择一项用于约束多个单选框中的选项，而复选框就没有约束的必要。

3.6.2　复选组控件

同单选组控件相同，为了方便复选控件的使用，.NET 服务器控件中同样包括了复选组控件 CheckBoxList，拖动一个复选组控件到页面可以同单选组控件一样添加复选组列表。添加在页面后，系统生成代码如下：

```
<asp:CheckBoxList ID = "CheckBoxList1" runat = "server" AutoPostBack = "True"
    onselectedindexchanged = "CheckBoxList1_SelectedIndexChanged" >
    <asp:ListItem Value = "Choose1" >Choose1 </asp:ListItem >
    <asp:ListItem Value = "Choose2" >Choose2 </asp:ListItem >
    <asp:ListItem Value = "Choose3" >Choose3 </asp:ListItem >
</asp:CheckBoxList >
```

在上述代码中，同样增加了 3 个项目提供给用户选择，复选组控件最常用的是 SelectedIndexChanged 事件。当控件中某项的选中状态被改变时，则会触发该事件。示例代码如下：

```
protected void CheckBoxList1_SelectedIndexChanged(object sender, EventArgs e)
{
    if (CheckBoxList1.Items[0].Selected)            //判断某项是否被选中
    {
        Label1.Font.Size = FontUnit.XXLarge;        //更改字体大小
    }
    if (CheckBoxList1.Items[1].Selected)            //判断是否被选中
    {
        Label1.Font.Size = FontUnit.XLarge;         //更改字体大小
    }
    if (CheckBoxList1.Items[2].Selected)
    {
        Label1.Font.Size = FontUnit.XSmall;
    }
}
```

在上述代码中，CheckBoxList1.Items［0］.Selected 是用来判断某项是否被选中，其中 Items 数组是复选组控件中项目的集合，其中 Items［0］是复选组中的第一个项目。上述代码用来修改字体的大小，如图 3-11 所示；当选择不同的选项时，字体的大小也不相同，运行结果如图 3-12 所示。

图 3-11　选择出现大号字体

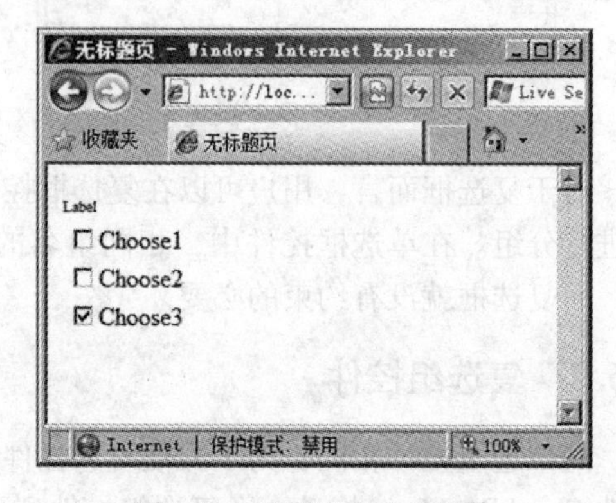

图 3-12　选择出现小号字体

正如图 3-11、图 3-12 所示，当用户选择不同的选项时，Label 标签字体的大小会随之改变。

注意：复选组控件与单选组控件不同的是，不能够直接获取复选组控件某个选中项目的值，因为复选组控件返回的是第一个选择项的返回值，只能够通过 Items 集合来获取选择某个或多个选中的项目值。

3.7 列表控件

在 Web 开发中，经常会需要使用列表控件，让用户的输入更加简单。例如，在用户注册时，用户的所在地是有限的集合，而且用户不喜欢经常键入，这样就可以使用列表控件。同样列表控件还能够简化用户输入并且防止用户输入在实际中不存在的数据，如性别的选择等。

3.7.1 列表控件 DropDownList

列表控件 DropDownList 能在一个控件中为用户提供多个选项，同时又能够避免用户输入错误的选项。例如，在用户注册时，可以选择性别是男或者女，就可以使用 DropDownList 列表控件，同时又避免了用户输入其他的信息。因为性别除了男就是女，输入其他的信息说明这个信息是错误或者是无效的。下列语句声明了一个 DropDownList 列表控件，示例代码如下：

```
<asp:DropDownList ID = "DropDownList1" runat = "server" >
    <asp:ListItem >1 </asp:ListItem >
    <asp:ListItem >2 </asp:ListItem >
    <asp:ListItem >3 </asp:ListItem >
    <asp:ListItem >4 </asp:ListItem >
    <asp:ListItem >5 </asp:ListItem >
    <asp:ListItem >6 </asp:ListItem >
    <asp:ListItem >7 </asp:ListItem >
</asp:DropDownList >
```

上述代码创建了一个 DropDownList 列表控件，并手动增加了列表项。同时 DropDownList 列表控件也可以绑定数据源控件。DropDownList 列表控件最常用的事件是 SelectedIndexChanged，当 DropDownList 列表控件选择项发生变化时，则会触发该事件。示例代码如下：

```
protected void DropDownList1_SelectedIndexChanged1(object sender, EventArgs e)
{
    Label1.Text = "你选择了第" + DropDownList1.Text + "项";
}
```

上述代码中，当选择的项目发生变化时则会触发该事件，如图 3-13 所示。当用户再次进行选择时，系统会将更改标签 1 中的文本，如图 3-14 所示。

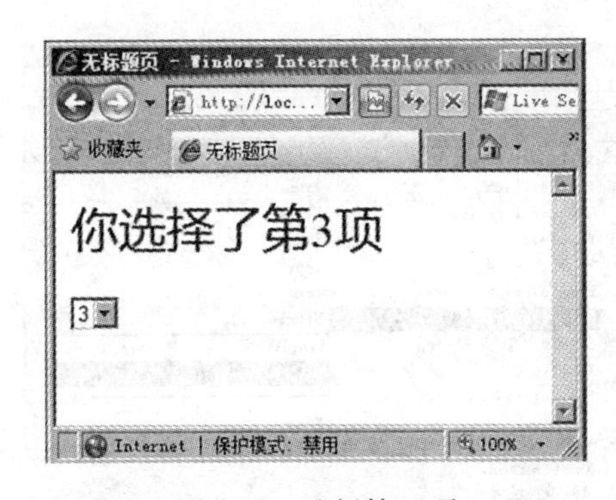

图 3-13 选择第三项

图 3-14 选择第一项

当用户选择相应的项目时，就会触发 SelectedIndexChanged 事件，开发人员可以通过捕捉相应的用户选中的控件进行编程处理，这里就捕捉了用户选择的数字进行字体大小的更改。

3.7.2 列表控件 ListBox

相对于 DropDownList 控件而言，ListBox 控件可以指定用户是否允许多项选择。设置 SelectionMode 属性为 Single 时，表明只允许用户从列表框中选择一个项目，而当 SelectionMode 属性的值为 Multiple 时，用户可以按住 <Ctrl> 键或者使用 <Shift> 组合键从列表中选择多个数据项。当创建一个 ListBox 列表控件后，开发人员能够在控件中添加所需的项目，添加完成后示例代码如下：

```
<asp:ListBox ID = "ListBox1" runat = "server" Width = "137px" AutoPostBack = "True" >
    <asp:ListItem >1 </asp:ListItem >
    <asp:ListItem >2 </asp:ListItem >
    <asp:ListItem >3 </asp:ListItem >
    <asp:ListItem >4 </asp:ListItem >
    <asp:ListItem >5 </asp:ListItem >
    <asp:ListItem >6 </asp:ListItem >
</asp:ListBox >
```

从结构上看，列表控件 ListBox 的 HTML 样式代码和 DropDownList 控件十分相似。同样，SelectedIndexChanged 也是列表控件 ListBox 中最常用的事件，双击列表控件 ListBox，系统会自动生成相应的代码。同样，开发人员可以为 ListBox 控件中的选项改变后的事件进行编程处理。示例代码如下：

```
protected void ListBox1_SelectedIndexChanged(object sender, EventArgs e)
{
    Label1.Text = "你选择了第" + ListBox1.Text + "项";
}
```

上述代码中，当 ListBox 控件选择项发生改变后，该事件就会被触发并修改相应 Label 标签中文本，如图 3-15 所示。

上面的程序同样实现了 DropDownList 中程序的效果。不同的是，如果需要实现让用户选择多个 ListBox 项，只需要设置 SelectionMode 属性为“Multiple”即可，如图 3-16 所示。

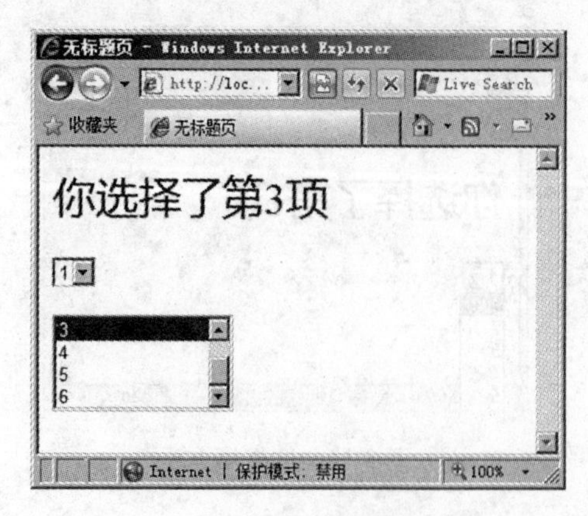

图 3-15 改变 ListBox 控件选择项

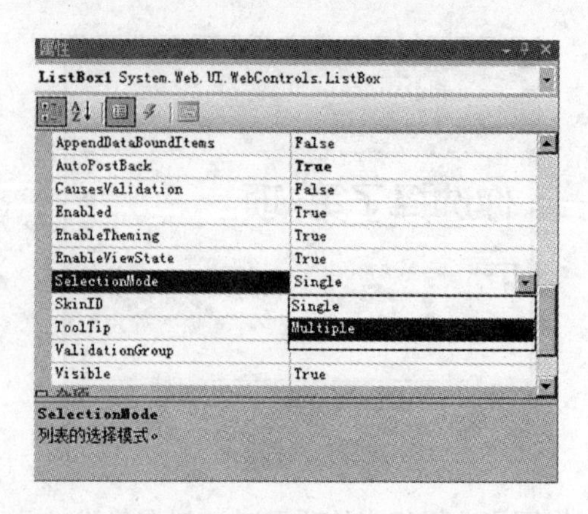

图 3-16 SelectionMode 属性

当设置了 SelectionMode 属性后，用户可以按住 < Ctrl > 键或者使用 < Shift > 组合键选择多项。同样，开发人员也可以编写处理选择多项时的事件。示例代码如下：

```
protected void ListBox1_SelectedIndexChanged1(object sender, EventArgs e)
{
    Label1.Text + = ",你选择了第" + ListBox1.Text + "项";
}
```

上述代码使用了"+ ="运算符，在触发 SelectedIndexChanged 事件后，应用程序将为 Label1 标签赋值，如图3-17 所示。用户每选一项的时候，就会触发该事件，如图3-18 所示。

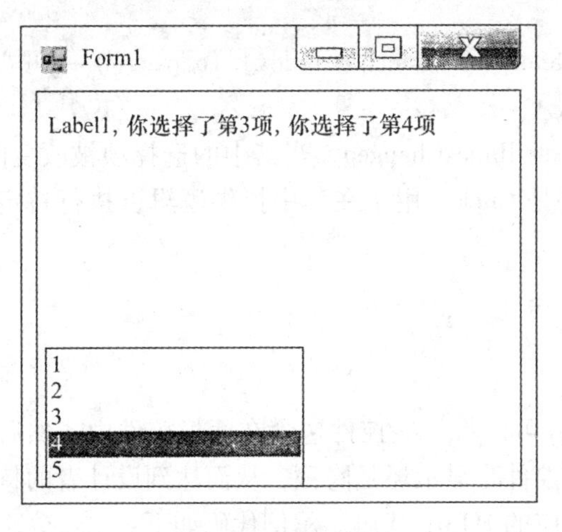

图3-17　单选效果

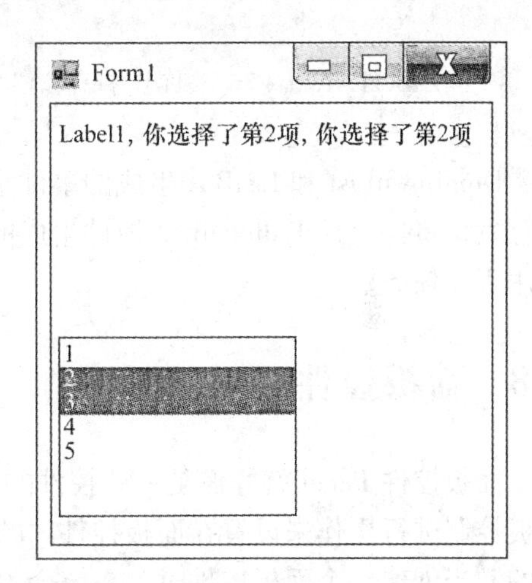

图3-18　多选效果

从运行结果可以看出，当单选时，选择项返回值和选择的项相同，而当选择多项的时候，返回值同第一项相同。所以，在选择多项时，也需要使用 Items 集合获取和遍历多个项目。

3.7.3　列表控件 BulletedList

列表控制 BulletedList 与上述列表控件不同的是，BulleteList 控件可呈现项目符号或编号。对 BulleteList 属性的设置为呈现项目符号，则当 BulletedList 被呈现在页面时，列表前端则会显示项目符号或者特殊符号，效果如图3-19 所示。

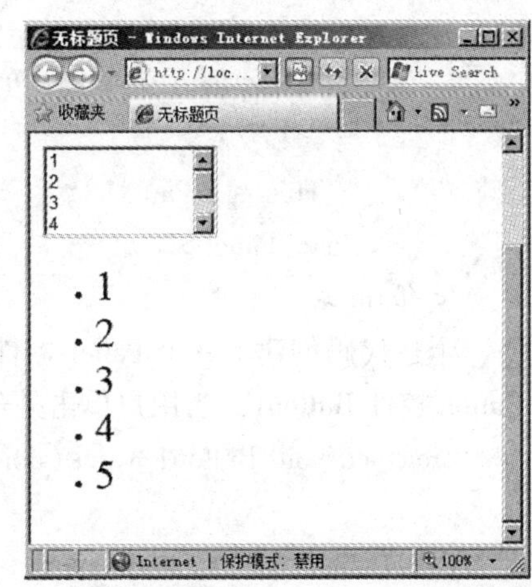

图3-19　BulletedList 显示效果

BulletedList 可以通过设置 BulletStyle 属性来编辑列表前的符号样式，常用的 BulletStyle 项目符号编号样式如下：

■ Circle，项目符号设置为○。

■ CustomImage，项目符号为自定义图片。

■ Disc，项目符号设置为●。

■ LowerAlpha，项目符号为小写字母格式，如 a、b、c 等。

■ LowerRoman，项目符号为罗马数字格式，如 i、ii 等。

■ NotSet，表示不设置，此时将以 Disc 样式为默认样式。

■ Numbered，项目符号为 1、2、3、4 等。

■ Square，项目符号为黑方块■。

■ UpperAlpha，项目符号为大写字母格式，如 A、B、C 等。

■ UpperRoman，项目符号为大写罗马数字格式，如Ⅰ、Ⅱ、Ⅲ等。

同样，BulletedList 控件也同 DropDownList 及 ListBox 控件一样，可以添加事件。不同的是生成的事件是 Click 事件。示例代码如下：

```
protected void BulletedList1_Click(object sender, BulletedListEventArgs e)
{
    Label1.Text += ",你选择了第" + BulletedList1.Items[e.Index].ToString() + "项";
}
```

DropDownList 和 ListBox 生成的事件是 SelectedIndexChanged，当其中的选择项被改变时，则触发该事件。而 BulletedList 控件生成的事件是 Click，用于在其中提供逻辑以执行特定的应用程序任务。

3.8 面板控件

面板控件 Panel 就好像是一些控件的容器，可以将一些控件包含在面板控件内，然后对面板控制进行操作来设置在面板控件内的所有控件是显示还是隐藏，从而达到设计者的特殊目的。当创建一个面板控件时，系统会生成相应的 HTML 代码。示例代码如下：

```
<asp:Panel ID="Panel1" runat="server">
</asp:Panel>
```

面板控件的常用功能就是显示或隐藏一组控件，示例 HTML 代码如下：

```
<form id="form1" runat="server">
    <asp:Button ID="Button1" runat="server" Text="Show" />
    <asp:Panel ID="Panel1" runat="server" Visible="False">
        <asp:Label ID="Label1" runat="server" Text="Name:" style="font-size: xx-
            large"></asp:Label>
        <asp:TextBox ID="TextBox1" runat="server"></asp:TextBox>
        <br />
        This is a Panel!
    </asp:Panel>
</form>
```

上述代码创建了一个 Panel 控件，Panel 控件默认属性为隐藏，并在控件外创建了一个 Button 控件 Button1，当用户单击外部的按钮控件后将显示 Panel 控件，cs 代码如下：

```
protected void Button1_Click(object sender, EventArgs e)
{
    Panel1.Visible = true;                //Panel 控件显示可见
}
```

当页面初次被载入时，Panel 控件以及 Panel 控件内部的服务器控件都为隐藏，如图 3-20 所示。当用户单击 Button1 时，则 Panel 控件可见性为可见，则页面中的 Panel 控件以及 Panel 控件中的所有服务器控件也都为可见，如图 3-21 所示。

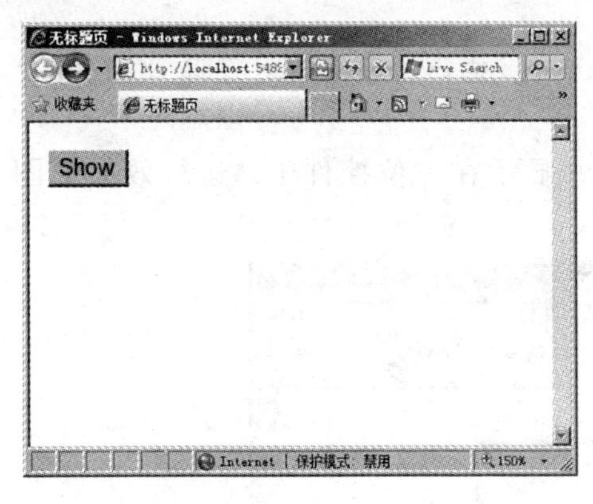

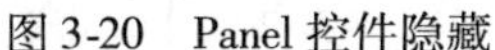
图 3-20　Panel 控件隐藏

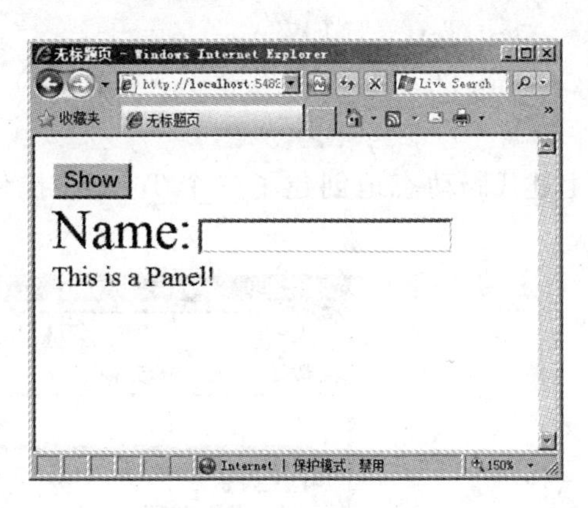

图 3-21　Panel 控件可见

将 TextBox 控件和 Button 控件放到 Panel 控件中，可以为 Panel 控件的 DefaultButton 属性设置为面板中某个按钮的 ID 来定义一个默认的按钮。当用户在面板中输入完毕，可以直接按 <Enter> 键来传送表单。并且，当设置了 Panel 控件的高度和宽度时，当 Panel 控件中的内容高度或宽度超过时，还能够自动出现滚动条。

Panel 控件还包含一个 GroupText 属性，当 Panel 控件的 GroupText 属性被设置时，Panel 将会被创建一个带标题的分组框，效果如图 3-22 所示。

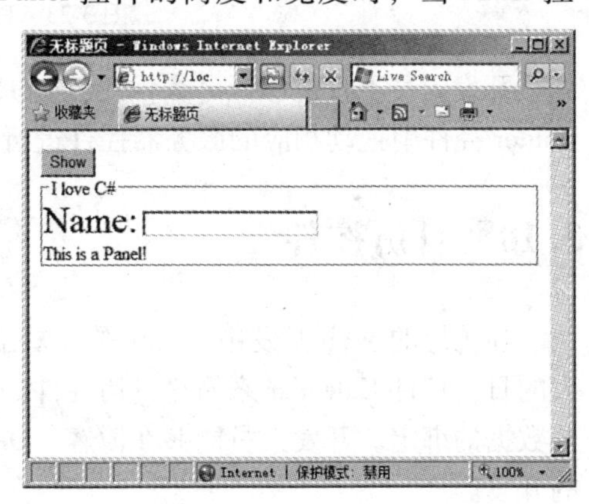

图 3-22　Panel 控件的 GroupText 属性

GroupText 属性能够进行 Panel 控件的样式呈现，通过编写 GroupText 属性能够更加清晰地让用户了解 Panel 控件中服务器控件的类别。例如，当有一组服务器用于填写用户的信息时，可以将 Panel 控件的 GroupText 属性编写成为“用户信息”，让用户知道该区域是用于填写用户信息的。

3.9　占位控件

在传统的 ASP 开发中，通常在开发页面的时候，每个页面有很多相同的元素，如导航栏、GIF 图片等。使用 ASP 进行应用程序开发通常使用 include 语句在各个页面包含其他页面的代码，这样的方法虽然解决了相同元素的很多问题，但是代码不够美观，而且时常会出现问题。ASP. NET 中可以使用占位控件 PlaceHolder 来解决这个问题，与面板控件 Panel 控件相同的是，占位控件 PlaceHolder 也是控件的容器，但是在 HTML 页面呈现中本身并不产生 HTML。创建一个 PlaceHolder 控件代码如下：

```
<asp:PlaceHolder ID="PlaceHolder1" runat="server"></asp:PlaceHolder>
```

在 cs 页面中，允许用户动态地在 PlaceHolder 上创建控件，cs 页面代码如下：

```
protected void Page_Load(object sender, EventArgs e)
{
    TextBox text = new TextBox();                    //创建一个 TextBox 对象
    text.Text = "NEW";
    this.PlaceHolder1.Controls.Add(text);            //为占位控件动态增加一个控件
}
```

上述代码动态地创建了一个 TextBox 控件并显示在占位控件中，运行效果如图 3-23 所示。

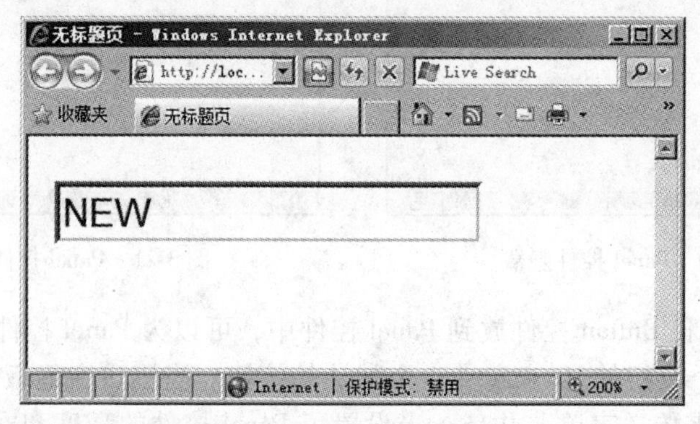

图 3-23 PlaceHolder 控件的使用

开发人员不仅能够通过编程在 PlaceHolder 控件中添加控件，开发人员同样可以在 PlaceHolder 控件中拖动相应的服务器控件进行控件呈现和分组。

3.10 日历控件

在传统的 Web 开发中，日历是最复杂也是最难实现的功能，好在 ASP. NET 中提供了强大的日历控件 Calendar 来简化日历控件的开发。日历控件能够实现日历的翻页、日历的选取及数据的绑定。开发人员能够在博客、OA 等应用的开发中使用日历控件从而减少日历应用的开发。

3.10.1 日历控件的样式

日历控件通常在博客、论坛等程序中使用，日历控件不仅显示了一个日历，用户还能够通过日历控件进行时间的选取。在 ASP. NET 中，日历控件还能够和数据库进行交互操作，实现复杂的数据绑定。开发人员能够将日历控件拖动在主窗口中，在主窗口的代码视图下会自动生成日历控件的 HTML 代码。示例代码如下：

```
<asp:Calendar ID="Calendar1" runat="server"></asp:Calendar>
```

ASP. NET 通过上述简单的代码就创建了一个强大的日历控件，其运行效果如图 3-24 所示。

日历控件通常用于显示日历，日历控件允许用户选择日期和移动到下一页或上一页。通过设置日历控件的属性，可以更改日历控件的外观。常用的日历控件的属性如下：

■ DayHeaderStype，日历中显示一周中每一天的名称和部分的样式。

图3-24 日历控件运行效果

■ DayStyle，所显示的月份中各天的样式。

■ NextPrevStyle，标题栏左右两端的月导航所在部分的样式。

■ OtherMonthDayStyle，上一个月和下一个月的样式。

■ SelectedDayStyle，选定日期的样式。

■ SelectorStyle，位于日历控件左侧，包含用于选择一周或整个月的连接的列样式。

■ ShowDayHeader，显示或隐藏一周中的每一天的部分。

■ ShowGridLines，显示或隐藏一个月中的每一天之间的网格线。

■ ShowNextPrevMonth，显示或隐藏到下一个月或上一个月的导航控件。

■ ShowTitle，显示或隐藏标题部分。

■ TitleStyle，位于日历顶部，包含月份名称和月导航连接的标题栏样式。

■ TodayDayStyle，当前日期的样式。

■ WeekendDayStyle，周末日期的样式。

Visual Studio 还为开发人员提供了默认的日历样式，从而能够选择自动套用格式进行样式控制，如图3-25所示。

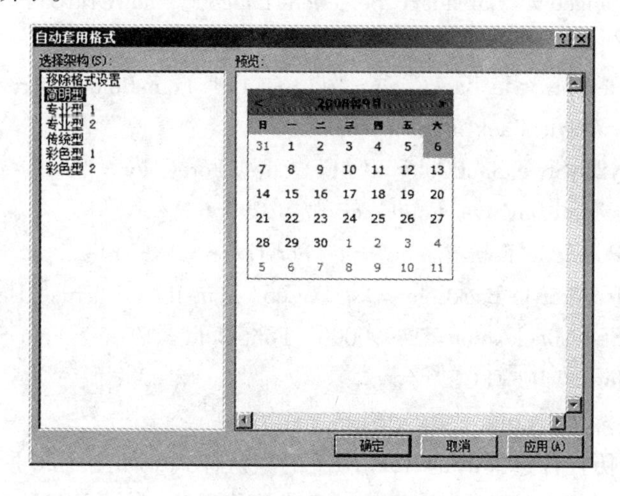

图3-25 使用系统样式

除了上述样式可以设置以外，ASP. NET 还为用户设计了若干样式，若开发人员觉得设置样式非常困难，则可以使用系统默认的样式进行日历控件的样式呈现。

3. 10. 2　日历控件的事件

同所有的控件相同，日历控件也包含自身的事件，常用的日历控件的事件包括：

DayRender，当日期被显示时触发该事件。

SelectionChanged，当用户选择日期时触发该事件。

VisibleMonthChanged，当所显示的月份被更改时触发该事件。

在创建日历控件中每个日期单元格时，则会触发 DayRender 事件。当用户选择日历中的日期时，则会触发 SelectionChanged 事件。同样，当双击日历控件时，会自动生成该事件的代码块。当对当前月份进行切换，则会激发 VisibleMonthChanged 事件。开发人员可以通过一个标签来接收当前事件，当选择日历中的某一天，则此标签显示当前日期。示例代码如下：

```
protected void Calendar1_SelectionChanged( object sender, EventArgs e)
{
    Label1. Text =
    "现在的时间是:" + Calendar1. SelectedDate. Year. ToString( ) + "年"
     + Calendar1. SelectedDate. Month. ToString( ) + "月"
     + Calendar1. SelectedDate. Day. ToString( ) + "号"
     + Calendar1. SelectedDate. Hour. ToString( ) + "点";
}
```

在上述代码中，当用户选择了日历中的某一天时，则标签中的文本会变为当前的日期文本，如“现在的时间是 xx”之类。在进行逻辑编程的同时，也需要对日历控件的样式做稍许更改。日历控件的 HTML 代码如下：

```
<asp:Calendar ID = "Calendar1" runat = "server" BackColor = "#FFFFCC"
    BorderColor = "#FFCC66" BorderWidth = "1px" DayNameFormat = "Shortest"
    Font-Names = "Verdana" Font-Size = "8pt" ForeColor = "#663399" Height = "200px"
    onselectionchanged = "Calendar1_SelectionChanged" ShowGridLines = "True"
    Width = "220px" >
        <SelectedDayStyle BackColor = "#CCCCFF" Font-Bold = "True" />
        <SelectorStyle BackColor = "#FFCC66" />
        <TodayDayStyle BackColor = "#FFCC66" ForeColor = "White" />
        <OtherMonthDayStyle ForeColor = "#CC9966" />
        <NextPrevStyle Font-Size = "9pt" ForeColor = "#FFFFCC" />
        <DayHeaderStyle BackColor = "#FFCC66" Font-Bold = "True" Height = "1px" />
        <TitleStyle BackColor = "#990000" Font-Bold = "True" Font-Size = "9pt"
        ForeColor = "#FFFFCC" />
</asp:Calendar>
```

上述代码中的日历控件选择的是 ASP. NET 的默认样式，如图 3-26 所示。当确定了日历控件样式后，并编写了相应的 SelectionChanged 事件代码后，就可以通过日历控件获取当前时间，或者对当前时间进行编程，如图 3-27 所示。

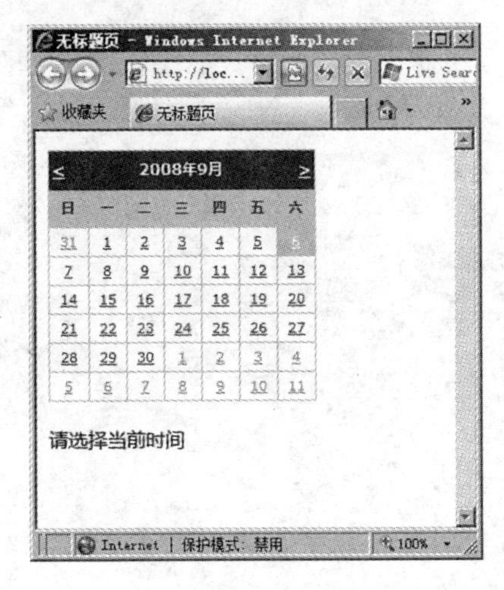

图 3-26　日历控件

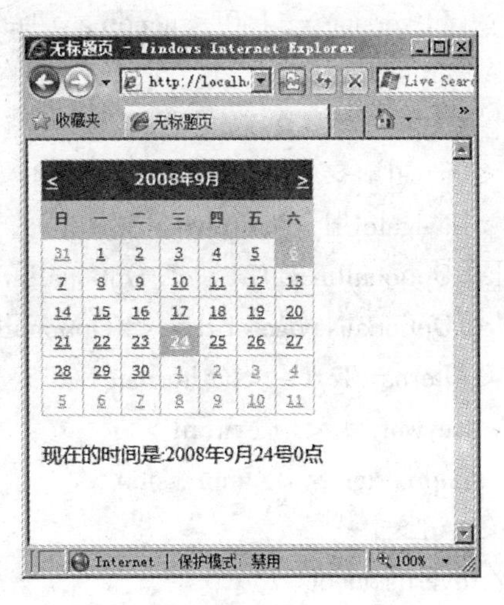

图 3-27　选择一个日期

3.11　广告控件

ASP. NET 为开发人员提供了广告控件，可为页面在加载时提供一个或一组广告。广告控件可以从固定的数据源中读取（如 XML 或数据源控件），并从中自动读取出广告信息。当页面每刷新一次时，广告显示的内容也同样会被刷新。

广告控件必须放置在 Form 或 Panel 控件及模板内。广告控件需要包含图像的地址的 XML 文件，并且该文件用来指定每个广告的导航连接。广告控件最常用的属性就是 AdvertisementFile，使用它来配置相应的 XML 文件，所以必须首先按照标准格式创建一个 XML 文件，如图 3-28 所示。

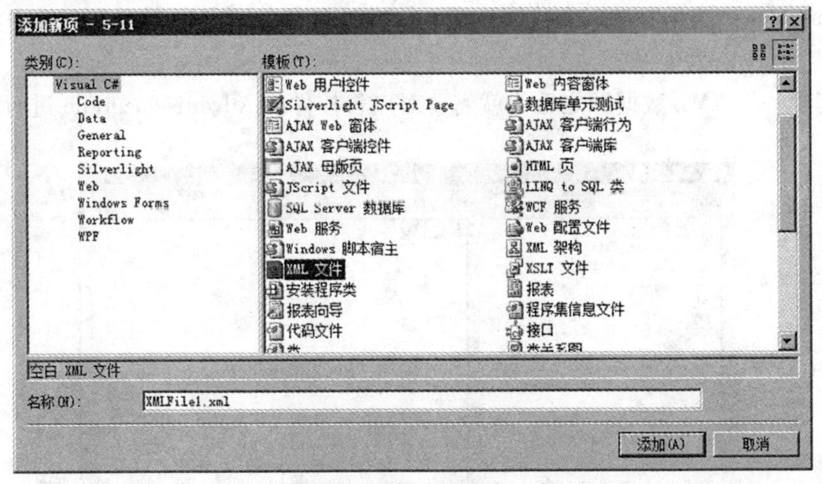

图 3-28　创建一个 XML 文件

创建了 XML 文件之后，开发人员并不能按照自己的意愿进行 XML 文档的编写，如果要正确地被广告控件解析形成广告，就需要按照广告控件要求的标准的 XML 格式来编写代码，示例代码如下：

```
<? xml version="1.0" encoding="utf-8" ?>
<Advertisements>
  [ <Ad>
  <ImageUrl> </ImageUrl>
  <NavigateUrl> </NavigateUrl>
  [ <OptionalImageUrl> </OptionalImageUrl> ] *
  [ <OptionalNavigateUrl> </OptionalNavigateUrl> ] *
  <AlternateText> </AlternateText>
  <Keyword> </Keyword>
  <Impression> </Impression>
  </Ad> ] *
</Advertisements>
```

上述代码实现了一个标准的广告控件的 XML 数据源格式，其中各标签意义如下：

■ ImageUrl：指定一个图片文件的相对路径或绝对路径，当没有 ImageKey 元素与 OptionalImageUrl 匹配时则显示该图片。

■ NavigateUrl：当用户单击广告时单没有 NaivigateUrlKey 元素与 OptionalNavigateUrl 元素匹配时，会将用户发送到该页面。

■ OptionalImageUrl：指定一个图片文件的相对路径或绝对路径，对于 ImageKey 元素与 OptionalImageUrl 匹配时则显示该图片。

■ OptionalNavigateUrl：当用户单击广告时单有 NaivigateUrlKey 元素与 OptionalNavigateUrl 元素匹配时，会将用户发送到该页面。

■ AlternateText：该元素用来替代 IMG 中的 ALT 元素。

■ KeyWord：KeyWord 用来指定广告的类别。

■ Impression：该元素是一个数值，指示轮换时间表中该广告相对于文件中的其他广告的权重。

当创建了一个 XML 数据源之后，就需要对广告控件的 AdvertisementFile 进行更改，如图 3-29 所示。

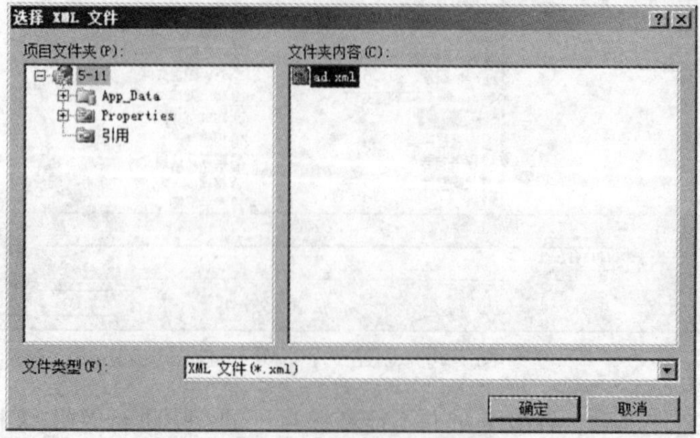

图 3-29 指定相应的数据源

配置好数据源之后，就需要在广告控件的数据源XML文件中加入自己的代码了，XML广告文件示例代码如下：

```
<?xml version="1.0" encoding="utf-8"?>
<Advertisements>
  <Ad>
  <ImageUrl>http://www.shangducms.com/images/cms.jpg</ImageUrl>
  <NavigateUrl>http://www.shangducms.com</NavigateUrl>
  <AlternateText>我的网站</AlternateText>
  <Keyword>software</Keyword>
  <Impression>100</Impression>
  </Ad>
  <Ad>
    <ImageUrl>http://www.shangducms.com/images/hello.jpg</ImageUrl>
    <NavigateUrl>http://www.shangducms.com</NavigateUrl>
    <AlternateText>我的网站</AlternateText>
    <Keyword>software</Keyword>
    <Impression>100</Impression>
  </Ad>
</Advertisements>
```

运行程序，广告对应的图像在页面每次加载的时候被呈现，如图3-30所示。页面每次刷新时，广告控件呈现的广告内容都会被刷新，如图3-31所示。

图3-30　一个广告被呈现

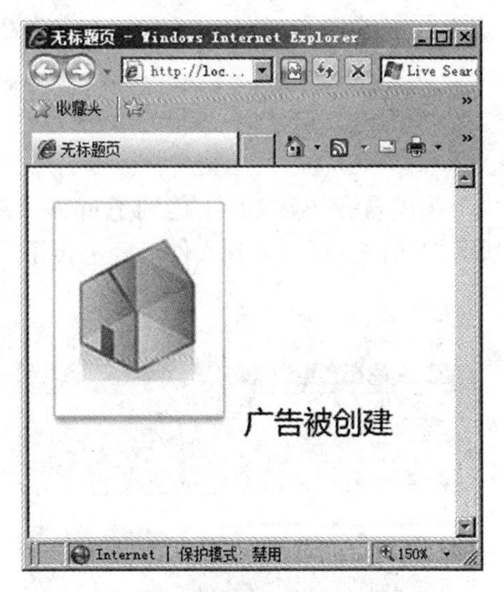

图3-31　刷新后更换广告内容

3.12　文件上传控件

在网站开发中，如果需要加强用户与应用程序之间的交互，就需要上传文件。例如在论坛中，用户需要上传文件分享信息或在博客中上传视频分享快乐等。上传文件在 ASP 中是一个复杂的问题，需要通过组件才能够实现文件的上传。在 ASP. NET 中，开发环境默认地提供了文件上传控件 FileUpload 来简化文件上传的开发。当开发人员使用文件上传控件时，将会显示一个文本框，用户可以键入或通过“浏览”按键浏览和选择希望上传到服务器的文件。创建一个文件上传控件系统生成的 HTML 代码如下。

```
<asp:FileUpload ID = "FileUpload1" runat = "server" />
```

文件上传控件可视化设置属性较少，大部分都是通过代码控制完成的。当用户选择了一个文件并提交页面后，该文件作为请求的一部分上传，文件将被完整地缓存在服务器内存中。当文件完成上传，页面才开始运行，在代码运行的过程中，可以检查文件的特征，然后保存该文件。同时，上传控件在选择文件后，并不会立即执行操作，需要其他的控件来完成操作，例如按钮控件（Button）。实现文件上传的 HTML 核心代码如下：

```
<body>
    <form id = "form1" runat = "server">
      <div>
        <asp:FileUpload ID = "FileUpload1" runat = "server" />
        <asp:Button ID = "Button1" runat = "server" Text = "选择好了,开始上传" />
    </div>
    </form>
</body>
```

上述代码通过一个 Button 控件来操作文件上传控件，当用户单击按钮控件后就能够将上传控件中选中的控件上传到服务器空间中，示例代码如下：

```
protected void Button1_Click(object sender, EventArgs e)
{
    FileUpload1.PostedFile.SaveAs(Server.MapPath("upload/beta.jpg"));//上传文件另存为
}
```

上述代码将一个文件上传到了 upload 文件夹内，并保存为 jpg 格式，如图 3-32 所示。打开服务器文件，可以看到文件已经上传了，如图 3-33 所示。

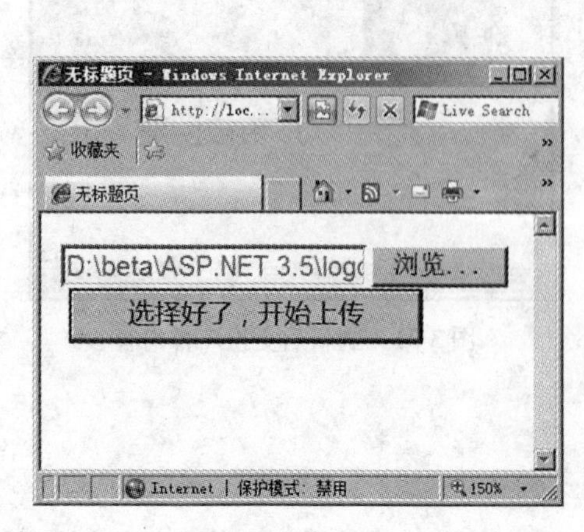

图 3-32　上传文件

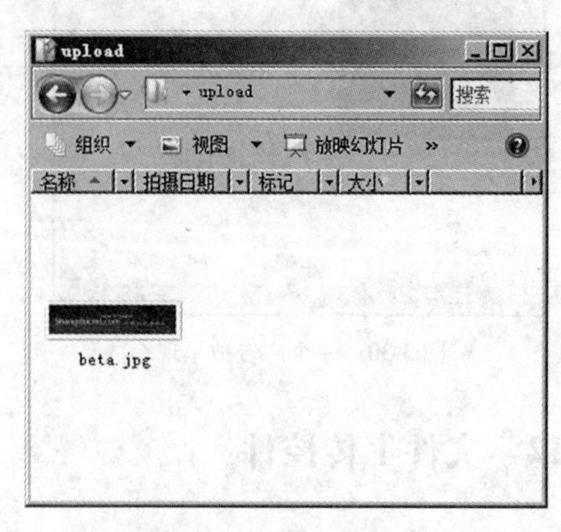

图 3-33　文件已经被上传

上述代码将文件保存在UPLOAD文件夹中，并保存为JPG格式。但是通常情况下，用户上传的并不全部都是JPG格式，也有可能是DOC等其他格式的文件，在这段代码中，并没有对其他格式进行处理而全部保存为了JPG格式。同时，也没有对上传的文件进行过滤，存在着极大的安全风险，开发人员可以将相应的文件上传的cs更改，以便限制用户上传的文件类型，示例代码如下：

```
protected void Button1_Click(object sender, EventArgs e)
{
    if (FileUpload1.HasFile)                          //如果存在文件
    {
        string fileExtension = System.IO.Path.GetExtension(FileUpload1.FileName);
                                                      //获取文件扩展名
        if (fileExtension != ".jpg")                  //如果扩展名不等于jpg时
        {
            Label1.Text = "文件上传类型不正确,请上传jpg格式";
                                                      //提示用户重新上传
        }
        else
        {
            FileUpload1.PostedFile.SaveAs(Server.MapPath("upload/beta.jpg"));
                                                      //文件保存
            Label1.Text = "文件上传成功";              //提示用户成功
        }
    }
}
```

上述代码中决定了用户只能上传JPG格式，如果用户上传的文件不是JPG格式，那么用户将被提示上传的文件类型有误并停止用户的文件上传，如图3-34所示。如果文件的类型为JPG格式，用户就能够上传文件到服务器的相应目录中，运行上传控件进行文件上传，运行结果如图3-35所示。

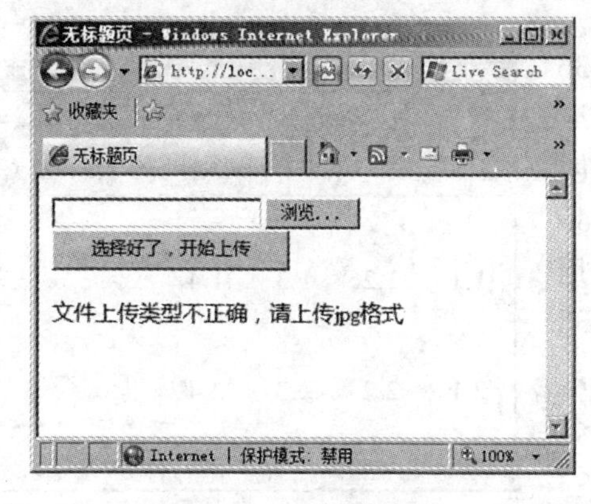

图3-34　文件类型错误

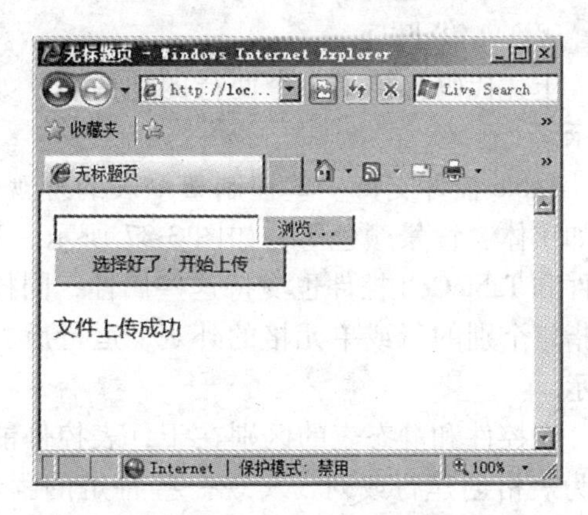

图3-35　文件类型正确

值得注意的是，上传的文件在 . NET 中，默认上传文件最大为 4M 左右，不能上传超过该限制的任何内容。当然，开发人员可以通过配置 . NET 相应的配置文件来更改此限制，但是推荐不要更改此限制，否则可能造成潜在的安全威胁。

注意：如果需要更改默认上传文件大小的值，通常可以直接修改存放在 C：\ WINDOWS \ Microsoft. NET \ FrameWork \ V2. 0. 50727 \ CONFIG 的 ASP. NET 2. 0 配置文件，通过修改文件中的 maxRequestLength 标签的值，或者可以通过 web. config 来覆盖配置文件。

3. 13 表控件

在 ASP. NET 中，也提供了表控件（Table）来提供可编程的表格服务器控件。表中的行可以通过 TableRow 创建，而表中的列通过 TableCell 来实现，当创建一个表控件时，系统生成代码如下：

```
<asp:Table ID = "Table1" runat = "server" Height = "121px" Width = "177px" >
</asp:Table >
```

上述代码自动生成了一个表控件代码，但是没有生成表控件中的行和列，必须通过 TableRow 创建行，通过 TableCell 来创建列，示例代码如下所示：

```
<asp:Table ID = "Table1" runat = "server" Height = "121px" Width = "177px" >
<asp:TableRow >
  <asp:TableCell >1. 1 </asp:TableCell >
  <asp:TableCell >1. 2 </asp:TableCell >
  <asp:TableCell >1. 3 </asp:TableCell >
  <asp:TableCell >1. 4 </asp:TableCell >
</asp:TableRow >
<asp:TableRow >
  <asp:TableCell >2. 1 </asp:TableCell >
  <asp:TableCell >2. 2 </asp:TableCell >
  <asp:TableCell >2. 3 </asp:TableCell >
  <asp:TableCell >2. 4 </asp:TableCell >
</asp:TableRow >
</asp:Table >
```

上述代码创建了一个两行四列的表，如图 3-36 所示。

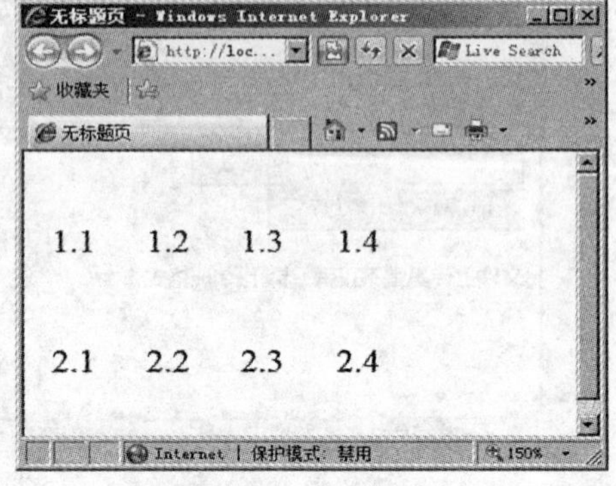

图 3-36 表控件

Table 控件支持一些控制整个表的外观的属性，例如字体、背景颜色等，如图 3-37 所示。TableRow 控件和 TableCell 控件也支持这些属性，同样可以用来指定个别的行或单元格的外观，运行后如图 3-38 所示。

表控件和静态表的区别在于，表控件能够动态地为表格创建行或列，实现一些特定的程序需求。Web 服务器控件中，Table 控件中的行是 TableRow

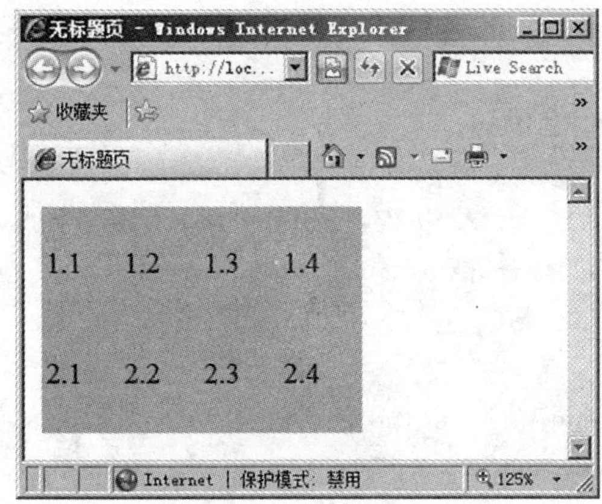

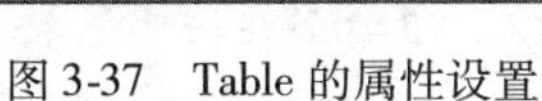
图3-37 Table的属性设置

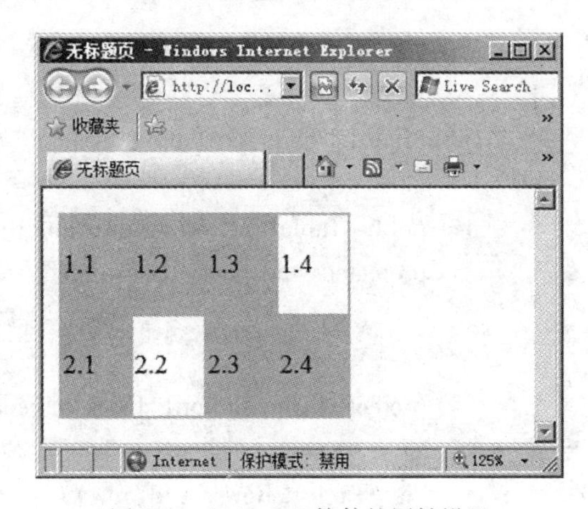

图3-38 TableCell控件的属性设置

对象，Table控件中的列是TableCell对象。可以声明这两个对象并初始化，可以为表控件增加行或列，实现动态创建表的程序，HTML核心代码如下：

```
<body style = "font-style: italic" >
    <form id = "form1" runat = "server" >
    <div >
        <asp:Table ID = "Table1" runat = "server" Height = "121px" Width = "177px"
            BackColor = "Silver" >
        <asp:TableRow >
         <asp:TableCell >1. 1 </asp:TableCell >
         <asp:TableCell >1. 2 </asp:TableCell >
         <asp:TableCell >1. 3 </asp:TableCell >
         <asp:TableCell BackColor = "White" >1. 4 </asp:TableCell >
        </asp:TableRow >
        <asp:TableRow >
         <asp:TableCell >2. 1 </asp:TableCell >
         <asp:TableCell BackColor = "White" >2. 2 </asp:TableCell >
         <asp:TableCell >2. 3 </asp:TableCell >
         <asp:TableCell >2. 4 </asp:TableCell >
        </asp:TableRow >
        </asp:Table >
        <br / >
        <asp:Button ID = "Button1" runat = "server" onclick = "Button1_Click" Text =
              "增加一行" / >
        </div >
    </form >
</body >
```

上述代码中，创建了一个两行一列的表格，同时创建了一个Button按钮控件来实现增加一行的效果，cs核心代码如下：

```
namespace_5_14
{
    public partial class _Default : System. Web. UI. Page
    {
        public TableRow row = new TableRow( );      //定义一个 TableRow 对象
        protected void Page_Load( object sender, EventArgs e)
        {
        }
        protected void Button1_Click( object sender, EventArgs e)
        {
            Table1. Rows. Add( row) ;                 //创建一个新行
            for (int i =0; i < 4; i ++ )              //遍历四次创建新列
            {
                TableCell cell = new TableCell( );  //定义一个 TableCell 对象
                cell. Text = "3. " + i. ToString( ); //编写 TableCell 对象的文本
                row. Cells. Add( cell) ;            //增加列
            }
        }
    }
}
```

上述代码动态地创建了一行，并动态地在该行创建了四列，如图 3-39 所示。单击“增加一列”按钮，系统会在表格中创建新行，运行效果如图 3-40 所示。

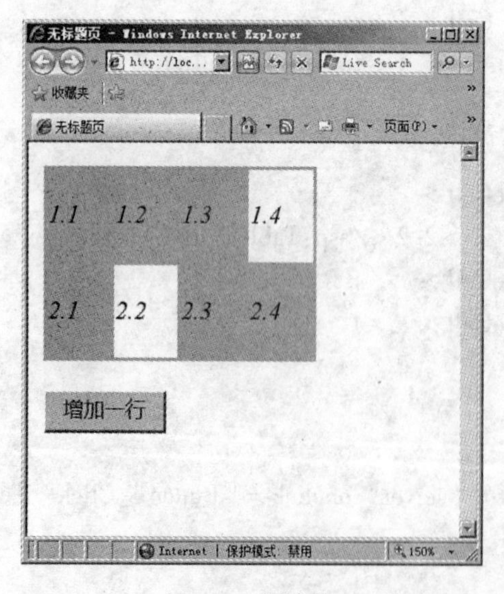

图 3-39 原表格

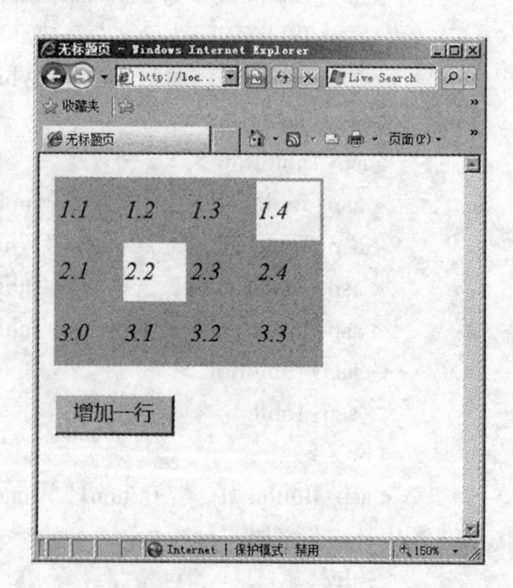

图 3-40 动态创建行和列

在动态创建行和列的时候，也能够修改行和列的样式等属性，创建自定义样式的表格。通常，表不仅用来显示表格的信息，还是一种传统的布局网页的形式，创建网页表格有如下几种形式：

■ HTML 格式的表格，如 <table>标记显示的静态表格。

■ HtmlTable 控件，将传统的 <table>控件通过添加 runat = server 属性将其转换为服务器控件。

■ Table 表格控件，就是本节介绍的表格控件。

虽然创建表格有以上3种创建方法，但是推荐开发人员使用静态表格时，若不需要对表格做任何逻辑事物处理，最好使用 HTML 格式的表格，因为这样可以极大地降低页面逻辑、增强性能。

3.14　向导控件

在 WinForm 开发中，安装程序会一步一步的提示用户安装，或者在应用程序配置中，同样也有向导提示用户，让应用程序安装和配置变得更加地简单。与之相同的是，在 ASP.NET 中，也提供了一个向导控件，便于在搜集用户信息或提示用户填写相关的表单时使用。

3.14.1　向导控件的样式

当创建了一个向导控件时，系统会自动生成向导控件的 HTML 代码，示例代码如下：

```
<asp:Wizard ID = "Wizard1"  runat = "server" >
    <WizardSteps >
        <asp:WizardStep runat = "server"  title = "Step 1" >
        </asp:WizardStep >
        <asp:WizardStep runat = "server"  title = "Step 2" >
        </asp:WizardStep >
    </WizardSteps >
</asp:Wizard >
```

上述代码生成了 Wizard 控件，并在 Wizard 控件中自动生成了 WizardSteps 标签，这个标签规范了向导控件中的步骤，如图 3-41 所示。在向导控件中，系统会生成 WizardSteps 控件来显示每一个步骤，如图 3-42 所示。

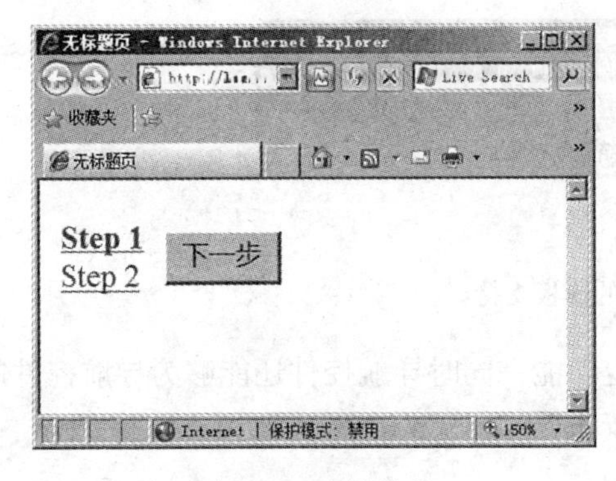

图 3-41　向导控件

图 3-42　完成后的向导控件

向导控件能够根据步骤自动更换选项，如当还没有执行到最后一步时，会出现“上一步”或“下一步”按钮以便用户使用，当向导执行完毕时，则会显示完成按钮，极大的简化了开发人员的向导开发过程。

向导控件还支持自动显示标题和控件的当前步骤。标题使用 HeaderText 属性自定义，同时还可以配置 DisplayCancelButton 属性显示一个取消按钮，如图 3-43 所示。不仅如此，当需要让向导控件支持向导步骤的添加时，只需配置 WizardSteps 属性即可，如图 3-44 所示。

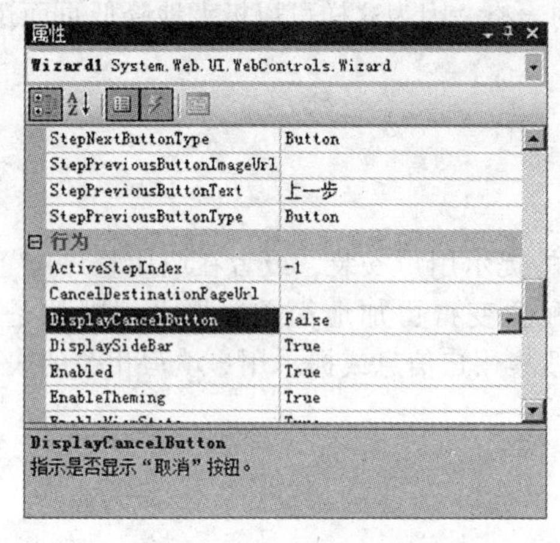

图 3-43 显示“取消”按钮

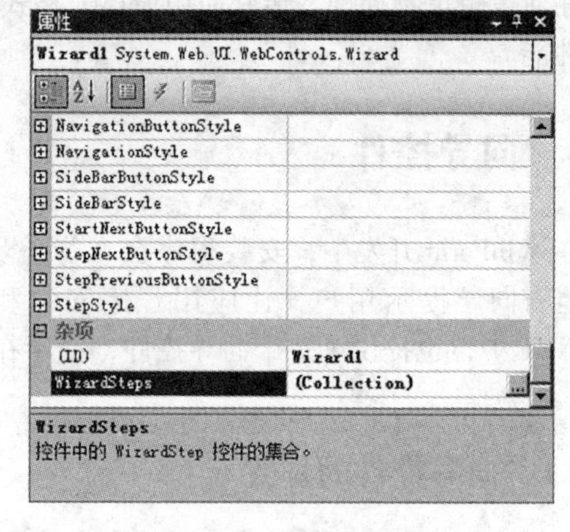

图 3-44 配置步骤

Wizard 向导控件还支持一些模板。用户可以配置相应的属性来配置向导控件的模板。用户可以通过编辑 StartNavigationTemplate 属性、FinishNavigationTemplate 属性、StepNavigationTemplate 属性以及 SideBarTemplate 属性来进行自定义控件的界面设定。这些属性的意义如下：

■ StartNavigationTemplate，该属性指定为 Wizard 控件的 Start 步骤中的导航区域显示自定义内容。

■ FinishNavigationTemplate，该属性为 Wizard 控件的 Finish 步骤中的导航区域指定自定义内容。

■ StepNavigationTemplate，该属性为 Wizard 控件的 Step 步骤中的导航区域指定自定义内容。

■ SideBarTemplate，该属性为 Wizard 控件的侧栏区域中指定自定义内容。

以上属性都可以通过可视化功能来编辑或修改，如图 3-45 所示。

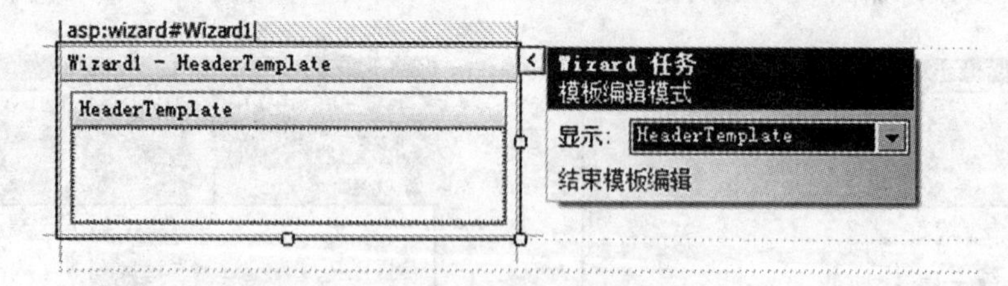

图 3-45 导航控件的模板支持

导航控件还能够自定义模板来实现更多的特定功能，同时导航控件还能够为导航控件的其他区域定义进行样式控制，如导航列表和导航按钮等。

3.14.2 导航控件的事件

当双击一个导航控件时，导航控件会自动生成 FinishButtonClick 事件。该事件是当用户完成导航控件时被触发。导航控件页面HTML核心代码如下：

```
<body>
    <form id="form1" runat="server">
    <asp:Wizard ID="Wizard1" runat="server" ActiveStepIndex="2"
        DisplayCancelButton="True" onfinishbuttonclick="Wizard1_FinishButtonClick">
        <WizardSteps>
            <asp:WizardStep runat="server" title="Step 1">
                执行的是第一步</asp:WizardStep>
            <asp:WizardStep runat="server" title="Step 2">
                执行的是第二步</asp:WizardStep>
            <asp:WizardStep runat="server" Title="Step3">
                感谢您的使用</asp:WizardStep>
        </WizardSteps>
    </asp:Wizard>
    <div>
        <asp:Label ID="Label1" runat="server" Text="Label"></asp:Label>
    </div>
    </form>
</body>
```

上述代码为向导控件进行了初始化，并提示用户正在执行的步骤，当用户执行完毕后，会提示感谢您的使用并在相应的文本标签控件中显示“向导控件执行完毕”。当单击导航控件时，会触发FinishButtonClick事件，通过编写FinishButtonClick事件能够为导航控件进行编码控制，示例代码如下：

```
protected void Wizard1_FinishButtonClick(object sender, WizardNavigationEventArgs e)
{
    Label1.Text="向导控件执行完毕";
}
```

在执行的过程中，标签文本会显示执行的步骤，如图3-46所示。当运行完毕时，Label标签控件会显示“向导控件执行完毕”，同时向导控件中的文本也会呈现“感谢您的使用”字样。运行结果如图3-47所示。

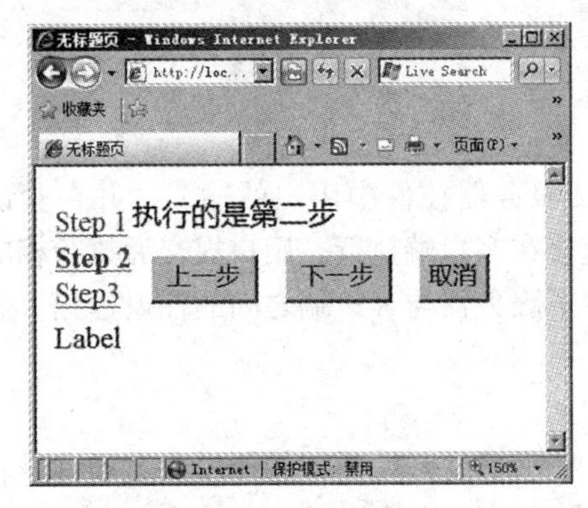

图3-46　执行第二步

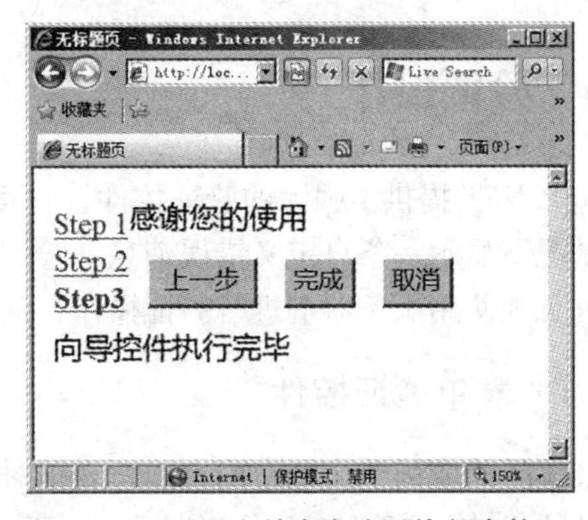

图3-47　用户单击完成后执行事件

向导控件不仅能够使用 FinishButtonClick 事件，同样也可以使用 PreviousButtonClick 和 FinishButtonClick 事件来自定义“上一步”按钮和“下一步”按钮的行为，同样也可以编写 CancelButtonClick 事件定义单击【取消】按钮时需要执行的操作。

3.15 XML 控件

XML 控件可以读取 XML 并将其写入该控件所在的 ASP. NET 网页。XML 控件能够将 XSL 转换应用到 XML，还能够将最终转换的内容输出呈现在该页中。当创建一个 XML 控件时，系统会生成 XML 控件的 HTML 代码，示例代码如下：

```
<asp:Xml ID="Xml1" runat="server"></asp:Xml>
```

上述代码实现了简单的 XML 控件，XML 控件还包括两个常用的属性，这两个属性分别如下：

- DocumentSource，应用转换的 XML 文件。
- TransformSource，用于转换 XML 数据的 XSL 文件。

开发人员可以通过 XML 控件的 DocumentSource 属性提供的 XML、XSL 文件的路径来进行加载，并将相应的代码呈现到控件上，示例代码如下：

```
<asp:Xml ID="Xml1" runat="server" DocumentSource="~/XMLFile1.xml"></asp:Xml>
```

上述代码为 XML 控件指定了 DocumentSource 属性，通过加载 XML 文档进行相应的代码呈现，运行后如图 3-48 所示。

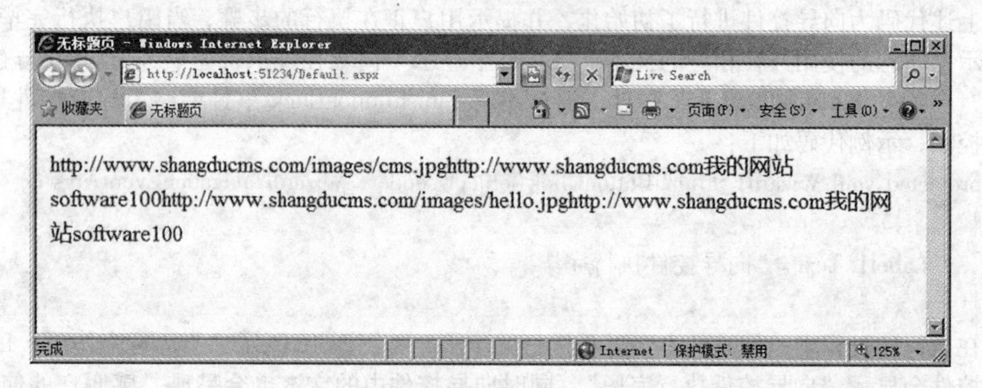

图 3-48 加载 XML 文档

3.16 验证控件

ASP. NET 提供了强大的验证控件，它可以验证服务器控件中用户的输入，并在验证失败的情况下显示一条自定义错误消息。验证控件直接在客户端执行，用户提交后执行相应的验证，无须使用服务器端进行验证操作，从而减少了服务器与客户端之间的往返过程。

3.16.1 表单验证控件

在实际的应用中，如在用户填写表单时，有一些项目是必填项，例如用户名和密码。在传统的 ASP 中，当用户填写表单后，页面需要被发送到服务器并判断表单中的某项 HTML

控件的值是否为空，如果为空，则返回错误信息。在 ASP. NET 中，系统提供了 RequiredFieldValidator 验证控件进行验证。使用 RequiredFieldValidator 控件能够指定某个用户在特定的控件中必须提供相应的信息，如果不填写相应的信息，RequiredFieldValidator 控件就会提示错误信息，RequiredFieldValidator 控件示例代码如下：

```
<body>
    <form id="form1" runat="server">
    <div>
        姓名：<asp:TextBox ID="TextBox1" runat="server"></asp:TextBox>
            <asp:RequiredFieldValidator ID="RequiredFieldValidator1" runat="server"
          ControlToValidate="TextBox1" ErrorMessage="必填字段不能为空"></
              asp:RequiredFieldValidator>
        <br />
        密码：<asp:TextBox ID="TextBox2" runat="server"></asp:TextBox>
        <br />
        <asp:Button ID="Button1" runat="server" Text="Button" />
        <br />
    </div>
    </form>
</body>
```

在进行验证时，RequiredFieldValidator 控件必须绑定一个服务器控件，在上述代码中，验证控件 RequiredFieldValidator 控件的服务器控件绑定为 TextBox1，当 TextBox1 中的值为空时，则会提示自定义错误信息“必填字段不能为空”，如图 3-49 所示。

当姓名选项未填写时，会提示必填字段不能为空，并且该验证在客户端执行。当发生此错误时，用户会立即看到该错误提示而不会立即进行页面提交，当用户填写完成并再次单击按钮控件时，页面才会向服务器提交。

图 3-49　RequiredFieldValidator 验证控件

3.16.2　比较验证控件

比较验证控件对照特定的数据类型来验证用户的输入。因为当用户输入用户信息时，难免会输入错误信息，如当需要了解用户的生日时，用户很可能输入了其他的字符串。CompareValidator 比较验证控件能够比较控件中的值是否符合开发人员的需要。CompareValidator 控件的特有属性如下：

■ ControlToCompare，以字符串形式输入的表达式。要与另一控件的值进行比较。

■ Operator，要使用的比较。

■ Type，要比较两个值的数据类型。

■ ValueToCompare，以字符串形式输入的表达式。

当使用 CompareValidator 控件时，可以方便的判断用户是否正确输入，示例代码如下：

```
<body>
    <form id="form1" runat="server">
    <div>
        请输入生日:
        <asp:TextBox ID="TextBox1" runat="server"></asp:TextBox>
        <br />
        毕业日期:
        <asp:TextBox ID="TextBox2" runat="server"></asp:TextBox>
    <asp:CompareValidator ID="CompareValidator1" runat="server"
            ControlToCompare="TextBox2" ControlToValidate="TextBox1"
            CultureInvariantValues="True" ErrorMessage="输入格式错误! 请改正!"
            Operator="GreaterThan"
            Type="Date">
    </asp:CompareValidator>
        <br />
        <asp:Button ID="Button1" runat="server" Text="Button" />
        <br />
    </div>
    </form>
</body>
```

上述代码判断 TextBox1 的输入格式是否正确，当输入的格式错误时，会提示错误，如图 3-50 所示。

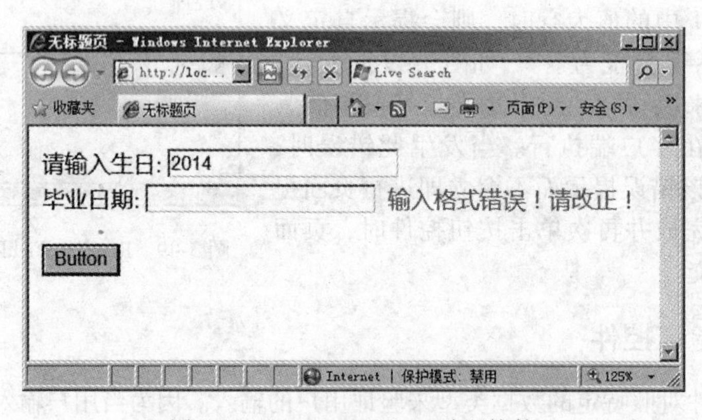

图 3-50 CompareValidator 验证控件

CompareValidator 验证控件不仅能够验证输入的格式是否正确，还可以验证两个控件之间的值是否相等。如果两个控件之间的值不相等，CompareValidator 验证控件同样会将自定义错误信息呈现在用户的客户端浏览器中。

3.16.3 范围验证控件

范围验证控件（RangeValidator）可以检查用户的输入是否在指定的上限与下限之间。通常情况下用于检查数字、日期、货币等。范围验证（RangeValidator）控件的常用属性如下：

- MinimumValue，指定有效范围的最小值。
- MaximumValue，指定有效范围的最大值。
- Type，指定要比较的值的数据类型。

通常情况下，为了控制用户输入的范围，可以使用该控件。当输入用户的生日时，如果今年是2013年，那么用户就不应该输入2014年，同样基本上没有人的寿命会超过100，所以对输入的日期的下限也需要进行规定，示例代码如下：

```
<div>
    请输入生日：<asp:TextBox ID="TextBox1" runat="server"></asp:TextBox>
    <asp:RangeValidator ID="RangeValidator1" runat="server"
        ControlToValidate="TextBox1" ErrorMessage="超出规定范围,请重新填写"
        MaximumValue="2014/1/1" MinimumValue="1914/1/1" Type="Date">
        </asp:RangeValidator>
    <br />
    <asp:Button ID="Button1" runat="server" Text="Button" />
</div>
```

上述代码将MinimumValue属性值设置为1914/1/1，并能将MaximumValue的值设置为2014/1/1，当用户的日期低于最小值或高于最高值时，则提示错误。

注意： RangeValidator验证控件在进行控件值的范围设定时，其范围不仅仅可以是一个整数值，同样还能够是时间、日期等值。

3.16.4　正则验证控件

在上述控件中，虽然能够实现一些验证，但是验证的能力是有限的，例如在验证的过程中，只能验证是否是数字，或者是否是日期。也可能在验证时，只能验证一定范围内的数值，虽然这些控件提供了一些验证功能，但却限制了开发人员进行自定义验证和错误信息的开发。为实现一个验证，很可能需要多个控件同时搭配使用。

正则验证控件（RegularExpressionValidator）就解决了这个问题，正则验证控件的功能非常强大，它用于确定输入控件的值是否与某个正则表达式所定义的模式相匹配，如电子邮件、电话号码以及序列号等。

正则验证控件（RegularExpressionValidator）常用的属性是ValidationExpression，它用来指定用于验证的输入控件的正则表达式。客户端的正则表达式验证语法和服务端的正则表达式验证语法不同，因为在客户端使用的是JSript正则表达式语法，而在服务器端使用的是Regex类提供的正则表达式语法。使用正则表达式能够实现强大字符串的匹配并验证用户的输入格式是否正确，系统提供了一些常用的正则表达式，开发人员能够选择相应的选项进行规则筛选，如图3-51所示。

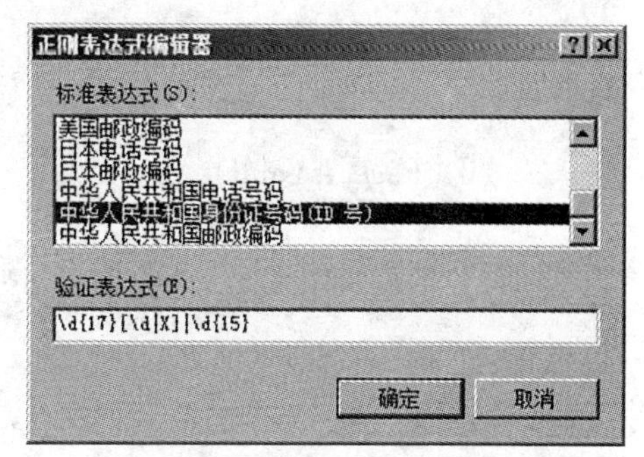

图3-51　系统提供的正则表达式

当选择了正则表达式后，系统自动生成的HTML代码如下：

```
<asp:RegularExpressionValidator ID="RegularExpressionValidator1" runat="server"
    ControlToValidate="TextBox1" ErrorMessage="正则不匹配,请重新输入!"
    ValidationExpression="\d{17}[\d|X]|\d{15}">
</asp:RegularExpressionValidator>
```

运行后当用户单击按钮控件时，如果输入的信息与相应的正则表达式不匹配，则会提示错误信息，如图 3-52 所示。

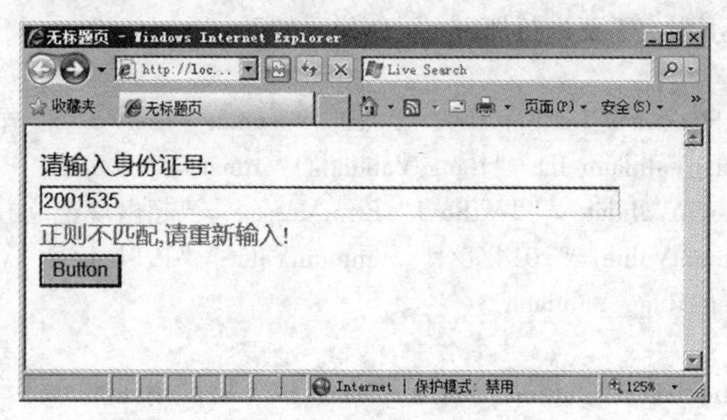

图 3-52 RegularExpressionValidator 验证控件

同样，开发人员也可以自定义正则表达式来规范用户的输入。使用正则表达式能够加快验证速度并在字符串中快速匹配，而另一方面，使用正则表达式能够减少复杂的应用程序的功能开发和实现。

注意：在用户输入为空时，其他的验证控件都会验证通过。所以，在验证控件的使用中，通常需要同表单验证控件（RequiredFieldValidator）一起使用。

3.16.5 自定义逻辑验证控件

自定义逻辑验证控件（CustomValidator）允许使用自定义的验证逻辑创建验证控件。例如，可以创建一个验证控件判断用户输入的是否包含“.”号，示例代码如下：

```
protected void CustomValidator1_ServerValidate(object source, ServerValidateEventArgs args)
{
    args.IsValid = args.Value.ToString().Contains(".");//设置验证程序,并返回布尔值
}
protected void Button1_Click(object sender, EventArgs e)  //用户自定义验证
{
    if (Page.IsValid)                                    //判断是否验证通过
    {
        Label1.Text = "验证通过";                        //输出验证通过
    }
    else
    {
        Label1.Text = "输入格式错误";                    //提交失败信息
    }
}
```

上述代码不仅使用了验证控件自身的验证，也使用了用户自定义验证，运行结果如图3-53所示。

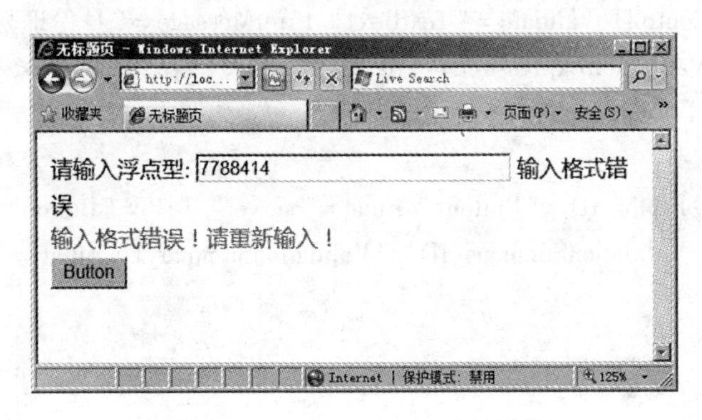

图3-53　CustomValidator验证控件

从CustomValidator验证控件的验证代码可以看出，CustomValidator验证控件可以在服务器上执行验证检查。如果要创建服务器端的验证函数，则处理CustomValidator控件的Server-Validate事件。使用传入的ServerValidateEventArgs的对象的IsValid字段来设置是否通过验证。

而CustomValidator控件同样也可以在客户端实现，该验证函数可用VBScript或Jscript来实现，而在CustomValidator控件中需要使用ClientValidationFunction属性指定与CustomValidator控件相关的客户端验证脚本的函数名称进行控件中的值的验证。

3.16.6　验证组控件

验证组控件（ValidationSummary）能够对同一页面的多个控件进行验证。同时，验证组控件（ValidationSummary）通过ErrorMessage属性为页面上的每个验证控件显示错误信息。验证组控件（ValidationSummary）的常用属性如下：

DisplayMode，摘要可显示为列表，项目符号列表或单个段落。

HeaderText，标题部分指定一个自定义标题。

ShowMessageBox，是否在消息框中显示摘要。

ShowSummary，控制是显示还是隐藏ValidationSummary控件。

验证控件能够显示页面的多个控件产生的错误，示例代码如下：

```
<body>
    <form id="form1" runat="server">
    <div>
        姓名:
        <asp:TextBox ID="TextBox1" runat="server"></asp:TextBox>
        <asp:RequiredFieldValidator ID="RequiredFieldValidator1" runat="server"
            ControlToValidate="TextBox1" ErrorMessage="姓名为必填项">
        </asp:RequiredFieldValidator>
        <br/>
        身份证:
```

```
            <asp:TextBox ID="TextBox2" runat="server"></asp:TextBox>
            <asp:RegularExpressionValidator ID="RegularExpressionValidator1" runat="server"
                ControlToValidate="TextBox1" ErrorMessage="身份证号码错误"
                ValidationExpression="\d{17}[\d|X]|\d{15}"></asp:RegularExpres-
                    sionValidator>
            <br />
            <asp:Button ID="Button1" runat="server" Text="Button" />
            <asp:ValidationSummary ID="ValidationSummary1" runat="server" />
        </div>
        </form>
    </body>
```

运行结果如图 3-54 所示。

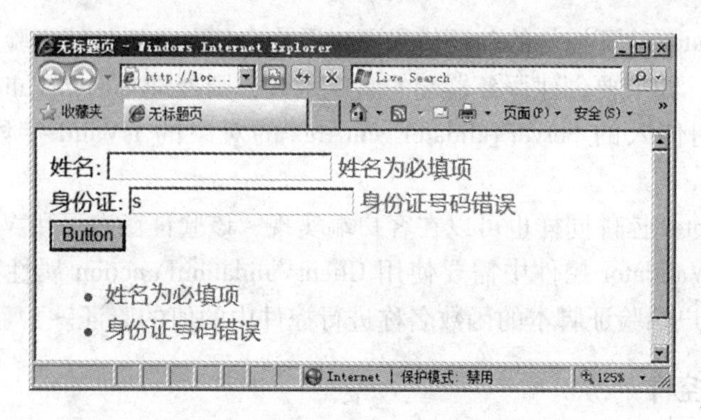

图 3-54 ValidationSummary 验证控件

当有多个错误发生时，ValidationSummary 控件能够捕获多个验证错误并呈现给用户，这样就避免了一个表单需要多个验证时需要使用多个验证控件进行绑定，使用 ValidationSummary 控件就无须为每个需要验证的控件进行绑定。

3.17 导航控件

在网站制作中，常常需要制作导航来让用户能够更加方便快捷地查阅到相关的信息和资讯，或能跳转到相关的版块。在 Web 应用中，导航是非常重要的。ASP. NET 提供了站点导航的一种简单的方法，即使用站点导航控件 SiteMapPath、TreeView、Menu 等。

导航控件包括 SiteMapPath、TreeView、Menu 3 个，这 3 个控件都可以在页面中轻松建立导航。这 3 个导航控件的基本特征如下：

■ SiteMapPath，检索用户当前页面并显示层次结构的控件。这使用户可以导航回到层次结构中的其他页。SiteMap 控件专门与 SiteMapProvider 一起使用。

■ TreeView，提供纵向用户界面以展开和折叠网页上的选定节点，以及为选定项提供复选框功能。并且 TreeView 控件支持数据绑定。

■ Menu，提供在用户将鼠标指针悬停在某一项时弹出附加子菜单的水平或垂直用户界面。

这3个导航控件都能够快速地建立导航，并且能够调整相应的属性为导航控件进行自定义。

SiteMapPath控件使用户能够从当前导航回站点层次结构中较高的页，但是该控件并不允许用户从当前页面向前导航到层次结构中较深的其他页面。相比之下，使用TreeView或Menu控件，用户可以打开节点并直接选择需要跳转的特定页。这些控件不会像SiteMapPath控件一样直接读取站点地图。TreeView和Menu控件不仅可以自定义选项，也可以绑定一个SiteMapDataSource。TreeView和Menu控件的基本样式如图3-55和图3-56所示。

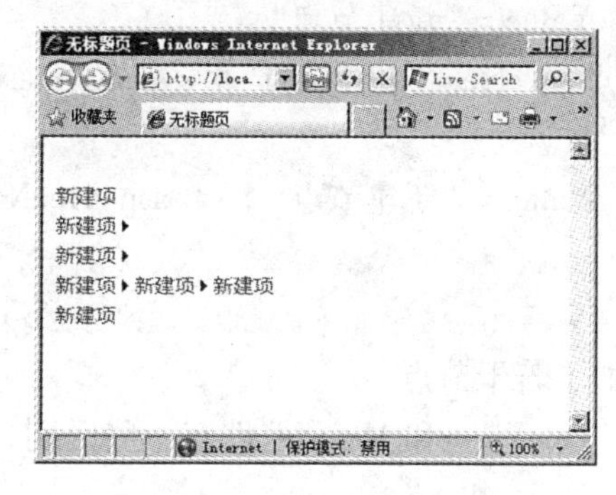

图3-55　Menu导航控件

图3-56　TreeView导航控件

TreeView和Menu控件生成的代码并不相同，因为TreeView和Menu控件所实现的功能也不尽相同。TreeView和Menu控件的代码分别如下：

```
<asp:Menu ID="Menu1" runat="server">
    <Items>
        <asp:MenuItem Text="新建项" Value="新建项"></asp:MenuItem>
        <asp:MenuItem Text="新建项" Value="新建项">
            <asp:MenuItem Text="新建项" Value="新建项"></asp:MenuItem>
        </asp:MenuItem>
        <asp:MenuItem Text="新建项" Value="新建项">
            <asp:MenuItem Text="新建项" Value="新建项"></asp:MenuItem>
        </asp:MenuItem>
        <asp:MenuItem Text="新建项" Value="新建项">
            <asp:MenuItem Text="新建项" Value="新建项">
                <asp:MenuItem Text="新建项" Value="新建项"></asp:MenuItem>
            </asp:MenuItem>
        </asp:MenuItem>
        <asp:MenuItem Text="新建项" Value="新建项"></asp:MenuItem>
    </Items>
</asp:Menu>
```

上述代码声明了一个Menu控件，并添加了若干节点。

```
<asp:TreeView ID="TreeView1" runat="server">
    <Nodes>
```

```
            <asp:TreeNode Text="新建节点" Value="新建节点"></asp:TreeNode>
            <asp:TreeNode Text="新建节点" Value="新建节点">
                <asp:TreeNode Text="新建节点" Value="新建节点"></asp:TreeNode>
            </asp:TreeNode>
            <asp:TreeNode Text="新建节点" Value="新建节点">
                <asp:TreeNode Text="新建节点" Value="新建节点"></asp:TreeNode>
            </asp:TreeNode>
            <asp:TreeNode Text="新建节点" Value="新建节点">
                <asp:TreeNode Text="新建节点" Value="新建节点"></asp:TreeNode>
            </asp:TreeNode>
            <asp:TreeNode Text="新建节点" Value="新建节点"></asp:TreeNode>
        </Nodes>
    </asp:TreeView>
```

上述代码声明了一个 TreeView 控件，并添加了若干节点。

从上面的代码和运行后的实例图可以看出，TreeView 和 Menu 控件有一些区别，这些具体区别如下：

■ Menu 展开时，是弹出形式的展开，而 TreeView 控件则是就地展开。

■ Menu 控件并不是按需下载，而 TreeView 控件则是按需下载的。

■ Menu 控件不包含复选框，而 TreeView 控件包含复选框。

■ Menu 控件允许编辑模板，而 TreeView 控件不允许模板编辑。

■ Menu 在布局上是水平和垂直，而 TreeView 只是垂直布局。

■ Menu 可以选择样式，而 TreeView 不行。

开发人员在网站开发的时候，可以通过使用导航控件来快速地建立导航，为浏览者提供方便，也为网站做出信息指导。在用户的使用中，通常情况下导航控件中的导航值是不能被用户所更改的，但是开发人员可以通过编程的方式让用户也能够修改站点地图的节点。

第 4 章　ASP. NET 内置对象及应用程序配置

学习目标与任务

学习目标

本章将向读者介绍 ASP. NET 内置对象，以及如何创建和使用 ASP. NET 内置对象，包括 Session、Cookies 等。

工作任务

1. 创建和使用 ASP. NET 内置对象；
2. 进行 ASP. NET 应用程序配置。

4.1　ASP. NET 内置对象

在 ASP 的开发中，这些内置对象已经存在，这些内置对象包括 Response、Request、Application 等，使用这些对象不仅能够获取页面传递的参数，还可以保存用户的信息，如 Cookie、Session 等。

4.1.1　Request 传递请求对象

Request 对象用于读取客户端在 Web 请求期间发送的 HTTP 值。Request 对象常用的属性如下：

■ QueryString，获取 HTTP 查询字符串变量的集合。

■ Path，获取当前请求的虚拟路径。

■ UserHostAddress，获取远程客户端 IP 主机的地址。

■ Browser，获取有关正在请求的客户端的浏览器功能的信息。

1. QueryString：请求参数

QueryString 属性是用来获取 HTTP 查询字符串变量的集合，通过 QueryString 属性能够获取页面传递的参数。在超链接中，往往需要从一个页面跳转到另外一个页面，跳转的页面需要获取 HTTP 的值来进行相应的操作，例如新闻页面的 news. aspx?id = 1。为了获取传递过来的 id 的值，则可以使用 Request 的 QueryString 属性，示例代码如下：

```
protected void Page_Load(object sender, EventArgs e)
{
    if (! String. IsNullOrEmpty(Request. QueryString["id"]))  //如果传递的 ID 值不为空
    {
```

```
        Label1. Text = Request. QueryString["id"];          //将传递的值赋予标签中
    }
    else
    {
        Label1. Text = "没有传递的值";                       //提示没有传递的值
    }
    if (! String. IsNullOrEmpty(Request. QueryString["type"]))
                                                            //如果传递的 TYPE 值不为空
    {
        Label2. Text = Request. QueryString["type"];        //获取传递的 TYPE 值
    }
    else
    {
        Label2. Text = "没有传递的值";                       //无值时进行相应的编码
    }
}
```

上述代码使用 Request 的 QueryString 属性来接收传递的 HTTP 的值，当通过访问页面路径为“http://localhost：29867/Default. aspx”时，默认传递的参数为空，因为其路径中没有对参数的访问。而当访问的页面路径为“http://localhost：29867/Default. aspx？ id = 1&type = QueryString&action = get”时，就可以从路径中看出该地址传递了 3 个参数，这 3 个参数和值分别为 id = 1 、type = QueryString 以及 action = get。

2. Path：获取路径

通过使用 Path 的方法可以获取当前请求的虚拟路径，示例代码如下：

```
Label3. Text = Request. Path. ToString();                  //获取请求路径
```

当在应用程序开发中使用 Request. Path. ToString() 时，就能够获取当前正在被请求的文件的虚拟路径的值，当需要对相应的文件进行操作时，可以使用 Request. Path 的信息进行判断。

3. UserHostAddress：获取 IP 记录

通过使用 UserHostAddress 的方法，可以获取远程客户端 IP 主机的地址，示例代码如下：

```
Label4. Text = Request. UserHostAddress;                   //获取客户端 IP
```

在客户端主机 IP 统计和判断中，可以使用 Request. UserHostAddress 进行 IP 统计和判断。在有些系统中，需要对来访的 IP 进行筛选，使用 Request. UserHostAddress 就能够轻松地判断用户 IP 并进行筛选操作。

4. Browser：获取浏览器信息

通过使用 Browser 的方法，可以判断正在浏览网站的客户端浏览器的版本，以及浏览器的一些信息，示例代码如下：

```
Label5. Text = Request. Browser. Type. ToString();          //获取浏览器信息
```

这些属性能够获取服务器和客户端的相应信息，也可以通过“?”号进行 HTTP 值的传递和获取，上述代码运行结果如图 4-1 所示。

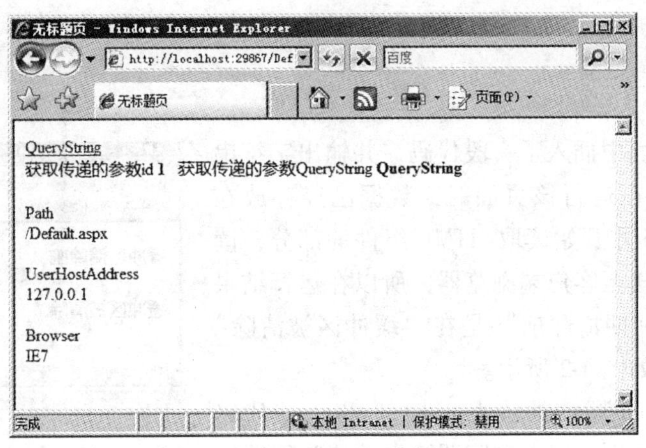

图4-1 Request对象

Request不仅包括这些常用的属性，还包括其他属性，例如用于获取当前目录在服务器虚拟主机中的绝对路径（如ApplicationPath）。另外，开发人员也可是使用Request中的Form属性进行页面中窗体的值集合的获取。

4.1.2 Response请求响应对象

Response对象的常用属性如下：

■ BufferOutput，获取或设置一个值，该值指示是否缓冲输出，并在完成处理整个页面之后将其发送。

■ Cache，获取Web页面的缓存策略。

■ Charset，获取或设置输出流的HTTP字符集类型。

■ IsClientConnected，获取一个值，通过该值指示客户端是否仍连接在服务器上。

■ ContentEncoding，获取或设置输出流的HTTP字符集。

■ TrySkipIisCustomErrors，获取或设置一个值，指定是否支持IIS 7.0自定义错误输出。

1. Response常用属性

BufferOutput的默认属性为True。当页面被加载时，要输出到客户端的数据都暂时存储在服务器的缓冲期内并等待页面所有事件程序，以及所有的页面对象全部被浏览器解释完毕后，才将所有在缓冲区中的数据发送到客户端浏览器，示例代码如下：

```
protected void Page_Load(object sender, EventArgs e)
{
    Response.Write("缓冲区清除前..");            //输出缓冲区清除
}
```

上述代码在cs文件中重写了Page_Load事件，该事件用于向浏览器输出一行字符串“缓冲区清除前..”。在ASPX页面中，可以为页面增加代码以判断缓冲区的执行时间，示例代码如下：

```
<body>
    <form id="form1" runat="server">
    <div>
    <% Response.Write("缓冲区被清除"); %>            //输出字符串
```

```
        </div>
    </form>
</body>
```

上述代码在页面中插入了一段代码，并输出字符串“缓冲区被清除”。在运行该页面时，数据已经存放在缓冲区中。然后IIS才开始读取HTML组件的部分，读取完毕后才将结果送至客户端浏览器，所以在运行结果中可以发现，“缓冲期清除前”是在“缓冲区被清除”字符串之前出现，如图4-2所示。

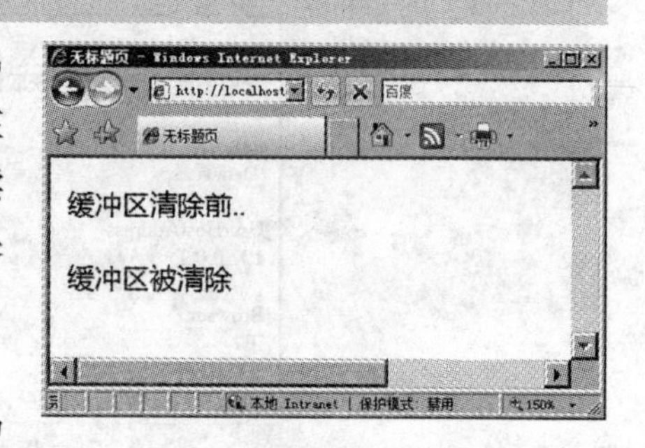

图4-2 BufferOutput

因为BufferOutput属性默认为true，所以上述代码并无法看到明显的区别，当在浏览器输出前清除缓冲区时，则可以看出区别。示例代码如下：

```
Response.Write("缓冲区清除前..");
Response.Clear();                          //清除缓冲区
```

当使用Response的Clear方法时，缓冲区就被显示的清除了。在运行后，“缓冲区清除前”字符串被清除，并不会呈现给浏览器。当需要屏蔽Clear方法对缓冲区的数据清除，则可以指定BufferOutput的属性为False，示例代码如下：

```
Response.BufferOutput = false;             //设置缓冲区属性
Response.Write("缓冲区清除前..");          //设置清除前字符
Response.Clear();                          //清除缓冲区
```

使用上述代码将指定BufferOutput的属性为False，在运行时缓冲区数据不会被Clear方法清除。

2. Response常用方法

Response方法可以输出HTML流到客户端，其中包括发送信息到客户端和客户端URL重定向，不仅如此，Response还可以设置Cookie的值以保存客户端信息。Response的常用方法如下：

- Write，向客户端发送指定的HTTP流。
- End，停止页面的执行并输出相应的结果。
- Clear，清除页面缓冲区中的数据。
- Flush，将页面缓冲区中的数据立即显示。
- Redirect，客户端浏览器的URL地址重定向。

在Response的常用方法中，Write方法是最常用的方法，Write能够向客户端发送指定的HTTP流，并呈现给客户端浏览器，示例代码如下：

```
Response.Write("<div style=\"font-size:18px;\">这是一串<span style=\"color:red
\">HTML</span>流</div>");
```

上述代码则会向浏览器输出一串HTML流并被浏览器解析，如图4-3所示。

当希望在Response对象运行时，能够中途进行停止时，则可以使用End方法对页面的执行过程进行停止，示例代码如下：

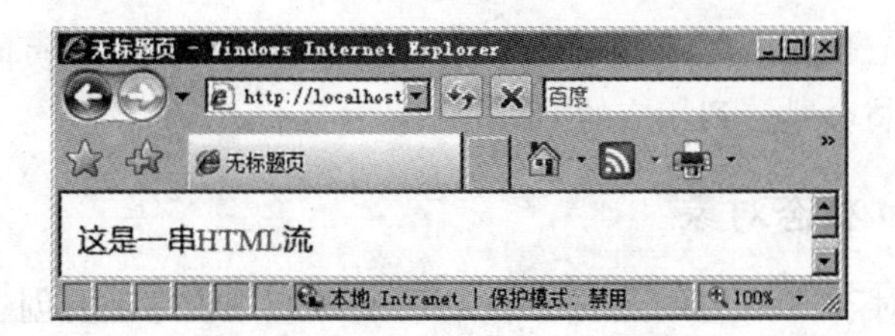

图 4-3　Response. Write 方法

```
for (int i =0; i < 100; i++)                                   //循环 100 次
{
  if (i < 10)                                                  //判断 i<10
  {
    Response. Write("当前输出了第" +i+"行<hr/>");   //i<10 则输出 i
  }
  else                                                         //否则停止输出
  {
    Response. End();                                           //使用了 End 方法停止执行
  }
}
```

上述代码循环输出 HTML 流 “当前输出了第 X 行”，当输出到 10 行时，则停止，如图 4-4 所示。

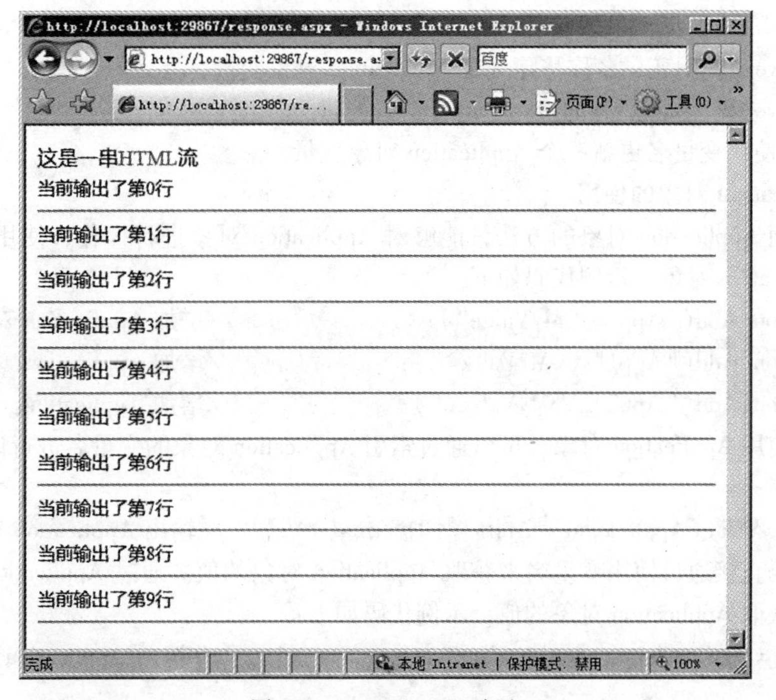

图 4-4　Response. End 方法

Redirect 方法通常使用于页面跳转，示例代码如下：

```
Response.Redirect("http://www.shangducms.com");              //页面跳转
```

执行上述代码，将会跳转到相应的 URL。

4.1.3 Application 状态对象

Application 对象对于 Web 应用上的每个 ASP. NET 应用程序都要创建一个单独的实例。

1. Application 对象的特性

对于 Application 对象有如下特性：

- 数据可以在 Application 对象之内进行数据共享，一个 Application 对象可以覆盖多个用户。
- Application 对象可以用 Internet Service Manager 来设置而获得不同的属性。
- 单独的 Application 对象可以隔离出来并运行在内存之中。
- 可以停止一个 Application 对象而不会影响到其他 Application 对象。

Application 对象常用的属性有：

- AllKey：获取 HttpApplicationState 集合中的访问键。
- Count：获取 HttpApplicationState 集合中的对象数。

其中 Application 对象的常用方法有：

- Add：新增一个 Application 对象变量。
- Clear：清除全部的 Application 对象变量。
- Get：通过索引关键字或变量名称得到变量的值。
- GetKey：通过索引关键字获取变量名称。
- Lock：锁定全部的 Application 对象变量。
- UnLock：解锁全部的 Application 对象变量。
- Remove：使用变量名称移除一个 Application 对象变量。
- RemoveAll：移除所有的 Application 对象变量。
- Set：使用变量名更新一个 Application 对象变量。

2. Application 对象的使用

通过使用 Application 对象的方法，能够对 Application 对象进行操作，使用 Add 方法能够创建 Application 对象，示例代码如下：

```
Application.Add("App","MyValue");                   //增加 Application 对象
Application.Add("App1","MyValue1");                 //增加 Application 对象
Application.Add("App2","MyValue2");                 //增加 Application 对象
```

若需要使用 Application 对象，可以通过索引 Application 对象的变量名进行访问，示例代码如下：

```
Response.Write(Application["App1"].ToString());     //输出 Application 对象
```

上述代码直接通过使用变量名来获取 Application 对象的值。通过 Application 对象的 Get 方法也能够获取 Application 对象的值，示例代码如下：

```
for (int i=0; i <Application.Count; i++)              //遍历 Application 对象
{
    Response.Write(Application.Get(i).ToString());    //输出 Application 对象
}
```

Application对象通常可以用来统计在线人数，在页面加载后可以通过配置文件使用Application对象的Add方法进行Application对象的创建，当用户离开页面时，可以使用Application对象的Remove方法进行Application对象的移除。当Web应用不希望用户在客户端修改已经存在的Application对象时，可以使用Lock对象进行锁定，当执行完毕相应的代码块后，可以解锁。示例代码如下：

```
Application.Lock();                          //锁定Application对象
Application["App"] = "MyValue3";             //Application对象赋值
Application.UnLock();                        //解锁Application对象
```

上述代码当用户进行页面访问时，其客户端的Application对象被锁定，所以用户的客户端不能够进行Application对象的更改。在锁定后，也可以使用UnLock方法进行解锁操作。

4.1.4　Session状态对象

Session用来存储跨页程序的变量或对象，功能基本同Application对象一样。但是Session对象的特性与Application对象不同。Session对象变量只针对单一网页，各个机器之间的Session的对象不尽相同。

例如用户A和用户B，当用户A访问该Web应用时，应用程序可以显示的为该用户增加一个Session值，同时用户B访问该Web应用时，应用程序同样可以为用户B增加一个Session值。但是与Application不同的是，用户A无法存取用户B的Session值，用户B也无法存取用户A的Session值。Application对象终止于IIS服务停止，但是Session对象变量终止于联机机器离线时，也就是说当网页使用者关闭浏览器或者网页使用者在页面进行的操作时间超过系统规定时，Session对象将会自动注销。

1. Session对象的特性

Session对象常用的属性有：

■ IsNewSession：如果用户访问页面时创建新会话，则此属性将返回true，否则将返回false。

■ TimeOut：传回或设置Session对象变量的有效时间，如果在有效时间内没有任何客户端动作，则会自动注销。

注意：如果不设置TimeOut属性，则系统默认的超时时间为20min。

Session对象常用的方法有：

■ Add：创建一个Session对象。

■ Abandon：该方法用来结束当前会话并清除对话中的所有信息，如果用户重新访问页面，则可以创建新会话。

■ Clear：此方法将清除全部的Session对象变量，但不结束会话。

注意：Session对象可以不用Add方法进行创建，直接使用Session［“变量名”］＝变量值的语法也可以进行Session对象的创建。

2. Session对象的使用

Session对象可以使用于安全性相比之下较高的场合，例如后台登录。在后台登录的制作过程中，管理员拥有一定的操作时间，而如果管理员在这段时间不进行任何操作的话，为了保证安全性，后台将自动注销，如果管理员需要再次进行操作，则需要再次登录。在管理员登录时，如果登录成功，则需要给管理员一个Session对象，示例代码如下：

```
protected void Button1_Click(object sender, EventArgs e)
{
    Session["admin"] = "guojing";                //新增Session对象
    Response.Redirect("Session.aspx");           //页面跳转
}
```

当管理员单击注销按钮时，则会注销Session对象并提示再次登录，示例代码如下：

```
protected void Button2_Click(object sender, EventArgs e)
{
    Session.Clear();                             //删除所有Session对象
    Response.Redirect("Session.aspx");
}
```

在Page_Load方法中，可以判断是否已经存在Session对象，如果存在Session对象，则说明管理员当前的权限是正常的，如果不存在Session对象，则说明当前管理员的权限可能是错误的，或者是非法用户正在访问该页面，示例代码如下：

```
protected void Page_Load(object sender, EventArgs e)
{
    if (Session["admin"] != null)                //如果Session["admin"]不为空
    {
        if (String.IsNullOrEmpty(Session["admin"].ToString()))
                                                 //则判断是否为空字符串
        {
            Button1.Visible = true;              //显式登录控件
            Button2.Visible = false;             //隐藏注销控件
            Response.Redirect("admin_login.aspx");
                                                 //跳转到登录页面
        }
        else
        {
            Button1.Visible = false;             //显式注销控件
            Button2.Visible = true;              //隐藏注销控件
        }
    }
}
```

上述代码当管理员没有登录时，则会出现登录按钮，如果登录了，存在Session对象，则登录按钮被隐藏，只显示注销按钮。其HTML代码如下：

```
<asp:Button ID="Button1" runat="server" onclick="Button1_Click" Text="登录" />
<asp:Button ID="Button2" runat="server" onclick="Button2_Click" Text="注销" />
```

上述代码运行后如图4-5和图4-6所示。

当再次单击【注销】按钮时则会清空Session对象，再次返回登录窗口时会呈现同

图 4-5 所示。

图 4-5 登录前

图 4-6 登录后

4.1.5 Server 服务对象

Server 对象提供对服务器上的方法和属性进行访问。

1. Server 对象的常用属性

Server 对象的常用属性如下所示：

■ MachineName，获取远程服务器的名称。

■ ScriptTimeout，获取和设置请求超时。

通过 Server 对象能够获取远程服务器的信息，示例代码如下：

```
protected void Page_Load(object sender, EventArgs e)
{
    Response. Write(Server. MachineName);                //输出服务器信息
}
```

上述代码运行后将会输出服务器名称，输出结果根据服务器的名称不同而不同。

2. Server 对象的常用方法

Server 对象的常用方法如下：

■ CreatObject，创建 COM 对象的一个服务器实例。

■ Execute，使用另一个页面执行当前请求。

■ Transfer，终止当前页面的执行，并为当前请求开始执行新页面。

■ HtmlDecode，对已被编码的消除 Html 无效字符的字符串进行解码。

■ HtmlEncode，对要在浏览器中显示的字符串进行编码。

■ MapPath，返回与 Web 服务器上的执行虚拟路径相对应的物理文件路径。

■ UrlDecode，对字符串进行解码，该字符串为了进行 HTTP 传输而进行编码，并在 URL 中发送到服务器。

■ UrlEncode，编码字符串，以便通过 URL 从 Web 服务器到客户端浏览器的字符串传输。

在 ASP. NET 中，默认编码是 UTF-8，所以在使用 Session 和 Cookie 对象保存中文字符或者其他字符集时经常会出现乱码，为了避免乱码的出现，可以使用 HtmlDecode 和 HtmlEncode 方法进行编码和解码。HTML 页面代码如下：

```
<body>
    <form id="form1" runat="server">
    <p>
        HtmlDecode:
```

```
            <asp:Label ID = "Label1" runat = "server" Text = "Label" > </asp:Label >
        </p >
        <p >
            HtmlEncode:
            <asp:Label ID = "Label2" runat = "server" Text = "Label" > </asp:Label >
        </p >
        </form >
    </body >
```

上述代码使用了两个文本标签控件用来保存并呈现编码后和解码后的字符串，在 CS 页面可以对字符串进行编码和解码操作，示例代码如下：

```
string str = " <p>( *^__^* )嘻嘻…… </p> ";              //声明字符串
Label1. Text = Server. HtmlEncode( str) ;                //字符串编码
Label2. Text = Server. HtmlDecode( Label1. Text) ;       //字符串解码
```

上述代码将 str 字符串进行编码并存放在 Label1 标签中，Label2 标签将读取 Label1 标签中的字符串再进行解码，运行后如图 4-7 所示。

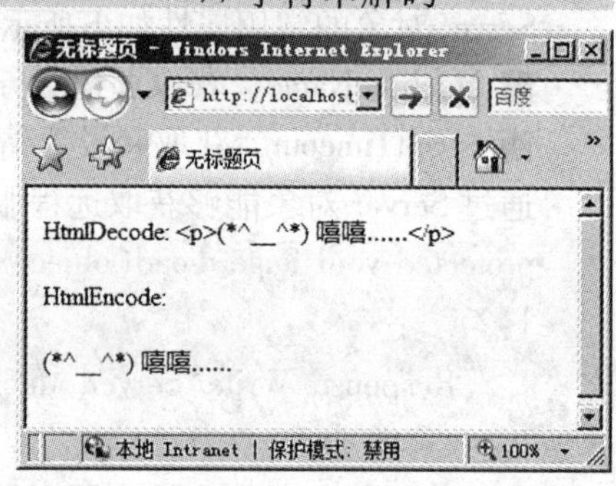

图 4-7　HtmlEncode 和 HtmlDecode

在使用了 HtmlEncode 方法后，编码后的 HTML 标注会被转换成相应的字符，如符号“<”会被转换成字符“<”。在进行解码时，相应的字符会被转换回来，并呈现在客户端浏览器中。当需要让浏览器能够接收 HTML 字符时，URL 地址栏中对页面的参数的传递不能够包括空格，换行等符号，如果需要使用该符号，可以使用 UrlEncode 方法和 UrlDecode 方法进行变量的编码解码，示例代码如下：

```
protected void Button1_Click( object sender, EventArgs e)
{
    string str = Server. UrlEncode( "错误信息 \n 操作异常") ;   //使用 UrlEncode 进行编码
    Response. Redirect( "Server. aspx? str = " + str) ;       //页面跳转
}
```

在 Page_Load 方法中可以接收该字符串，示例代码如下：

```
if (Request. QueryString[ "str" ] ! = "")
{
    Label3. Text = Server. UrlDecode( Request. QueryString[ "str" ] ) ;//使用 UrlDecode 进行解码
}
```

当长字符串跳转和密封的信息在页面中进行发送和传递时，可以使用 UrlEncode 方法和 UrlDecode 方法进行变量的编码解码，以提高应用程序的安全性。

3. Server. MapPath 方法

在创建文件，删除文件或者读取文件类型的数据库时（如 Access 和 SQLite），都需要指定文件的路径并显式的提供物理路径执行文件的操作，如 D：\ Program Files。但是这样做却暴露了物理路径，如果有非法用户进行非法操作，很容易就显示了物理路径，这样就造成了安全问题。

而如果在使用文件和创建文件时，如果非要为创建文件的保存地址设置一个物理路径，这样非常不便，并且用户体验也不好。当用户需要上传文件时，用户不可能知道也不应该知道服务器路径。如果使用 MapPath 方法能够实现。MapPath 方法以“/”开头，则返回 Web 应用程序的根目录所在的路径，若 MapPath 方法以“../”开头，则会从当前目录开始寻找上级目录，如图 4-8 所示，而其实际服务器路径如图 4-9 所示。

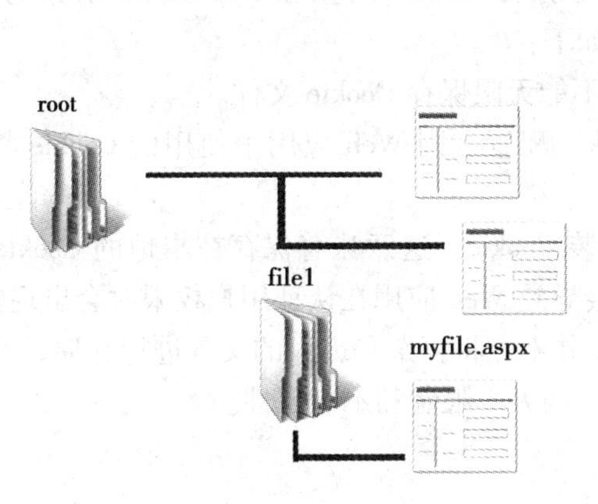

图 4-8　MapPath 示意图

图 4-9　服务器路径

如图 4-8 所示，论坛根目录为 root，在根目录下有一个文件夹为 file1，在 file1 中的文件可以使用 MapPath 访问根目录中文件的方法有 Server. MapPath（“../文件名称”）或 Server. MapPath（“/文件名称”），示例代码如下：

```
string FilePath = Server. MapPath("../Default. aspx");                //设置路径
string FileRootPath = Server. MapPath("/Default. aspx");              //设置路径
```

Server. MapPath 其实返回的是物理路径，但是通过 MapPath 的封装，通过代码无法看见真实的物理路径，若需要知道真实的物理路径，只需输出 Server. MapPath 即可，示例代码如下：

```
Response. Write(Server. MapPath("../Default. aspx"));                    //输出路径
```

4.1.6　Cookie 状态对象

Session 对象能够保存用户信息，但是 Session 对象并不能够持久地保存用户信息，当用户在限定时间内没有任何操作时，用户的 Session 对象将被注销和清除，在持久化保存用户信息时，Session 对象并不适用。

1. Cookie 对象

使用 Cookie 对象能够持久化地保存用户信息，相比于 Session 对象和 Application 对象而言，Cookie 对象保存在客户端，而 Session 对象和 Application 对象保存在服务器端，所以 Cookie 对象能够长期保存。Web 应用程序可以通过获取客户端的 Cookie 的值来判断用户的身份来进行认证。

ASP. NET 内包含两个内部的 Cookie 集合。通过 HttpRequest 的 Cookies 集合来进行访问，Cookie 不是 Page 类的子类，所以使用方法和 Session 和 Application 不同。相比于 Session 和

Application 而言，Cookie 的优点如下：

■ 可以配置到期的规则：Cookie 可以在浏览器会话结束后立即到期，也可以在客户端中无限保存。

■ 简单：Cookie 是一种基于文本的轻量级结构，包括简单的键值对。

■ 数据持久性：Cookie 能够在客户端上长期进行数据保存。

■ 无需任何服务器资源：Cookie 无需任何服务器资源，存储在本地客户端中。

虽然 Cookie 包括若干优点，这些优点能够弥补 Session 对象和 Application 对象的不足，但是 Cookie 对象同样有缺点，Cookie 的缺点如下：

■ 大小限制：Cookie 包括大小限制，并不能无限保存 Cookie 文件。

■ 不确定性：如果客户端配置禁用 Cookie 配置，则 Web 应用中使用的 Cookie 将被限制，客户端将无法保存 Cookie。

■ 安全风险：现在有很多的软件能够伪装 Cookie，这意味着保存在本地的 Cookie 并不安全，Cookie 能够通过程序修改为伪造，这会导致 Web 应用在认证用户权限时会出现错误。

Cookie 是一个轻量级的内置对象，Cookie 并不能将复杂和庞大的文本进行存储，在进行相应的信息或状态的存储时，应该考虑 Cookie 的大小限制和不确定性。

2. Cookie 对象的属性

Cookie 对象的属性如下：

■ Name，获取或设置 Cookie 的名称。

■ Value，获取或设置 Cookie 的 Value。

■ Expires，获取或设置 Cookie 过期的日期和事件。

■ Version，获取或设置 Cookie 符合 HTTP 维护状态的版本。

3. Cookie 对象的方法

Cookie 对象的方法如下：

■ Add，增加 Cookie 变量。

■ Clear，清除 Cookie 集合内的变量。

■ Get，通过变量名称或索引得到 Cookie 的变量值。

■ Remove，通过 Cookie 变量名称或索引删除 Cookie 对象。

4. 创建 Cookie 对象

通过 Add 方法能够创建一个 Cookie 对象，并通过 Expires 属性设置 Cookie 对象在客户端中所持续的时间，示例代码如下：

```
HttpCookieMyCookie = new HttpCookie("MyCookie ");
MyCookie. Value = Server. HtmlEncode("我的 Cookie 应用程序");  //设置 Cookie 的值
MyCookie. Expires = DateTime. Now. AddDays(5);                //设置 Cookie 过期时间
Response. AppendCookie(MyCookie);                            //新增 Cookie
```

上述代码创建了一个名称为 MyCookie 的 Cookies，上述代码通过使用 Response 对象的 AppendCookie 方法进行 Cookie 对象的创建，与之相同，可以使用 Add 方法进行创建，示例代码如下：

```
Response. Cookies. Add(MyCookie);
```

上述代码同样能够创建一个 Cookie 对象，当创建了 Cookie 对象后，将会在客户端的

Cookies 目录下建立文本文件，文本文件的内容如下：

```
MyCookie
MyCookie
```

注意： Cookies 目录在 Windows 下是隐藏目录，并不能直接对 Cookies 文件夹进行访问，在该文件夹中可能存在多个 Cookie 文本文件，这是由于在一些网站中进行登录保存了 Cookies 的原因。

5. 获取 Cookie 对象

Web 应用在客户端浏览器创建 Cookie 对象之后，就可以通过 Cookie 的方法读取客户端中保存的 Cookies 信息，示例代码如下：

```
protected void Page_Load(object sender, EventArgs e)
{
    try
    {
        HttpCookie MyCookie = new HttpCookie("MyCookie ");  //创建 Cookie 对象
        MyCookie.Value = Server.HtmlEncode("我的 Cookie 应用程序");
                                                            //Cookie 赋值
        MyCookie.Expires = DateTime.Now.AddDays(5);         //Cookie 持续时间
        Response.AppendCookie(MyCookie);                    //添加 Cookie
        Response.Write("Cookies 创建成功");                  //输出成功
        Response.Write("<hr/>获取 Cookie 的值<hr/>");
        HttpCookie GetCookie = Request.Cookies["MyCookie"]; //获取 Cookie
        Response.Write("Cookies 的值:" + GetCookie.Value.ToString() + "<br/>");
                                                            //输出 Cookie 值
        Response.Write("Cookies 的过期时间:" + GetCookie.Expires.ToString() + "<br/>");
    }
    catch
    {
        Response.Write("Cookies 创建失败");                  //抛出异常
    }
}
```

上述代码创建一个 Cookie 对象之后立即获取刚才创建的 Cookie 对象的值和过期时间。通过 Request.Cookies 方法可以通过 Cookie 对象的名称或者索引获取 Cookie 的值。

在一些网站或论坛中，经常使用到 Cookie，当用户浏览并登录在网站后，如果用户浏览完毕并退出网站时，Web 应用可以通过 Cookie 方法对用户信息进行保存。当用户再次登录时，可以直接获取客户端的 Cookie 的值而无需用户再次进行登录操作。

4.1.7 Cache 缓存对象

Cache 对象通过 HttpContext 对象的属性或 Page 对象的 Cache 属性来提供。Cache 对于每个应用程序域均创建该类的实例，只要相应的应用程序域是激活状态，则该实例则为有效状态。

1. Cache 对象的属性

Cache 对象的属性如下：

■ Count，获取存储在缓存中的 Cache 对象的项数。

■ Item，获取或设置指定外键的缓存项。

2. Cache 对象的方法

Cache 对象的方法如下：

■ Add，将指定的项添加到 Cache 对象，该对象具有依赖项，过期和优先级策略，以及一个委托。

■ Get，从 Cache 对象检索指定项。

■ Remove，从应用程序的 Cache 对象移除指定项。

■ Insert，向 Cache 对象插入一个新项。

3. Cache 对象的使用

Cache 对象可以使用 Get 方法从相应的 Cache 对象中获取 Cache 对象的值，Get 方法能够通过 Cache 对象的名称和索引来获取 Cache 对象的值，示例代码如下：

```
protected void Button1_Click(object sender, EventArgs e)
{
    try
    {
        Cache.Get("Label1.Text");                    //获取 Cache 对象的值
    }
    catch                                            //捕获异常,同 try 使用
    {
        Label2.Text = "获取 Cache 的值失败!";        //输出错误异常信息
    }
}
```

通过 Cache 的 Count 属性能够获取现有的 Cache 对象的项数，示例代码如下：

```
Response.Write("Cache 对象的项数有" + Cache.Count.ToString());  //输出 Cache 项数
```

4.1.8 Global. asax 配置

Global. asax 配置文件也称作 ASP. NET 应用程序文件，该文件是可选文件。该文件包含用于相应 ASP. NET 或 HttpModule 引发的应用程序级别事件的代码。Global. asax 配置文件主流在基于 ASP. NET 应用程序的根目录中，在应用程序运行时，首先编译器会分析 Global. asax 配置文件并将其编译到一个动态生成的 . NET Framework 类，该类是从 HttpApplication 基类派生的。Global. asax 配置文件不能通过 URL 进行访问，以保证配置文件的安全性。

1. 创建 Global. asax 配置文件

Global. asax 配置文件通常处理高级的应用程序事件，如 Application_ Start、Application_ End、Session_ Start 等，Global. asax 配置文件通常不为个别页面或事件进行请求相应。创建 Global. asax 配置文件可以通过新建【全局应用程序类】文件来创建，如图 4-10 所示。

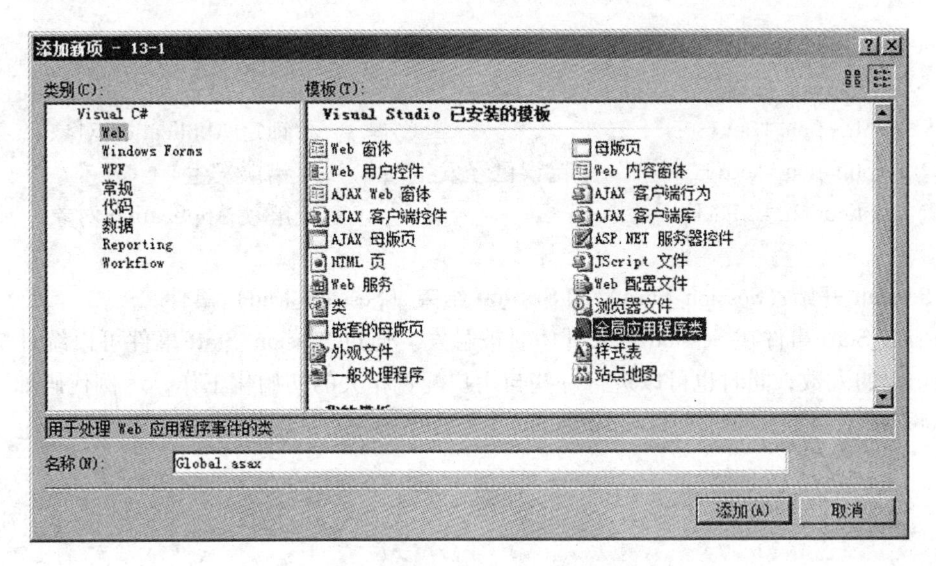

图4-10　创建Global.asax配置文件

创建完成Global.asax配置文件，系统会自动创建一系列代码，开发人员只需要向相应的代码块中添加事务处理程序即可。

2. 应用域开始（Application_Start）和应用域结束（Application_End）事件

在Global.asax配置文件中，Application_Start事件会在Application对象被创建时触发，通常Application_Start对象能够对应用程序进行全局配置。在统计在线人数时，通过重写Application_Start方法可以实现实时在线人数统计，示例代码如下：

```
protected void Application_Start(object sender, EventArgs e)
{
    Application.Lock();                                    //锁定Application对象
    Application["start"] = "Application对象被创建";          //创建Application对象
    Application.UnLock();                                  //解锁Application对象
}
```

当用户使用Web应用时，就会触发Application_Start方法，而与之相反的是，Application_End事件在Application对象结束时被触发，示例代码如下：

```
protected void Application_End(object sender, EventArgs e)
{
    Application.Lock();                                  //锁定Application对象
    Application["end"] = "Application对象被销毁";          //清除Application对象
    Application.UnLock();                                //解锁Application对象
}
```

当用户离开当前的Web应用时，就会触发Application_End方法，开发人员能够在Application_End方法中清理相应的用户数据。

3. 应用域错误（Application_Error）事件

Application_Error事件在应用程序发送错误信息时被触发，通过重写该程序，可以控制Web应用程序的错误信息或状态，示例代码如下：

```
protected void Application_Error(object sender, EventArgs e)
{
    Application.Lock();                          //锁定 Application 对象
    Application["error"] = "一个错误已经发生";    //错误发生
    Application.UnLock();                        //解锁 Application 对象
}
```

4. Session 开始（Session_Start）和 Session 结束（Session_End）事件

Session_Start 事件在 Session 对象开始时被触发。通过 Session_Start 事件可以统计应用程序当前访问的人数，同时也可以进行一些与用户配置相关的初始化工作，示例代码如下：

```
protected void Session_Start(object sender, EventArgs e)
{
    Session["count"] = 1;                        //Session 开始执行
}
```

与之相反的是 Session_End 事件，当 Session 对象结束时则会触发该事件，当使用 Session 对象统计在线人数时，可以通过 Session_ End 事件减少在线人数的统计数字，同时也可以对用户配置进行相关的清理工作，示例代码如下：

```
protected void Session_End(object sender, EventArgs e)
{
    Session["count"] = null;                     //设置 Session 为 null
    Session.Clear();                             //清除 Session 对象
}
```

上述代码当用户离开页面或者 Session 对象生命周期结束时被触发，在 Session_End 中可以清除用户信息进行相应的统计操作。

注意： Session 对象和 Application 对象都能够进行应用程序中在线人数或应用程序的统计和计算。在选择对象时，可以按照应用要求（特别是对象生命周期的要求）选择不同的内置对象。

4.2 ASP. NET 应用程序配置

ASP. NET 包含一个重要的特性，它为开发人员提供了一个非常方便的系统配置文件，就是常用的 Web. config 和 Machine. config。配置文件能够存储用户或应用程序的配置信息，让开发人员能够快速地建立 Web 应用环境，以及扩展 Web 应用配置。

4.2.1 ASP. NET 应用程序配置

ASP. NET 为开发人员提供了强大、灵活的配置系统，配置系统通常通过文件的形式存在于 Web 应用根目录下。这些配置文件通常包括两类，分别是 Web. config 和 Machine. config。Machine. config 是服务器配置文件。服务器配置信息通常存储在该文件中，该文件一般存储在系统目录中的“systemroot \ Microsoft. NET \ Framework \ VersionNumber \ CONFIG”目录下。一台服务器只有一个 Machine. config 文件，该文件描述了所有 ASP. NET

Web 应用程序所需要的默认配置。

Web. config 是应用程序配置文件，该文件从 Machine. config 文件集成一部分基本配置，并且 Web. config 能够作为服务器上所有 ASP. NET 应用程序配置的跟踪配置文件。每个 ASP. NET 应用程序根目录都包含 Web. config 文件，所以对于每个应用程序的配置都只需要重写 Web. config 文件中的相应配置即可。

在 ASP. NET 应用程序运行后，Web. config 配置文件按照层次结构为传入的每个 URL 请求计算唯一的配置设置集合。这些配置只会计算一次便缓存在服务器上。如果开发人员针对 Web. config 配置文件进行了更改，则很有可能造成应用程序重启。值得注意的是，应用程序的重启会造成 Session 等应用程序对象的丢失，而不会造成服务器的重启。

4. 2. 2　Web. config 配置文件

ASP. NET 应用程序的配置信息都存放于 Web. config 配置文件中，Web. config 配置文件是基于 XML 格式的文件类型，由于 XML 文件的可伸缩性，使得 ASP. NET 应用配置变得灵活、高效、容易实现。同时，ASP. NET 不允许外部用户直接通过 URL 请求访问 Web. config，以提高应用程序的安全性。

1. Web. config 配置文件的优点

Web. config 配置文件使得 ASP. NET 应用程序的配置变得灵活、高效和容易实现，同时 Web. config 配置文件还为 ASP. NET 应用提供了可扩展的配置，使得应用程序能够自定义配置，不仅如此，Web. config 配置文件还包括以下优点：

■ 配置设置易读性，由于 Web. config 配置文件是基于 XML 文件类型，所有的配置信息都存放在 XML 文本文件中，可以使用文本编辑器或者 XML 编辑器直接修改和设置相应配置节，相比之下，也可以使用记事本进行快速配置而无需担心文件类型。

■ 更新的即时性，在 Web. config 配置文件中某些配置节被更改后，无需重启 Web 应用程序就可以自动更新 ASP. NET 应用程序配置。但是在更改有些特定的配置节时，Web 应用程序会自动保存设置并重启。

■ 本地服务器访问，在更改了 Web. config 配置文件后，ASP. NET 应用程序可以自动探测到 Web. config 配置文件中的变化，然后创建一个新的应用程序实例。当浏览者访问 ASP. NET 应用时，会被重定向到新的应用程序。

■ 安全性，由于 Web. config 配置文件通常存储的是 ASP. NET 应用程序的配置，所以 Web. config 配置文件具有较高的安全性，一般的外部用户无法访问和下载 Web. config 配置文件。当外部用户尝试访问 Web. config 配置文件时，会导致访问错误。

■ 可扩展性，Web. config 配置文件具有很强的扩展性，通过 Web. config 配置文件，开发人员能够自定义配置节，在应用程序中自行使用。

■ 保密性，开发人员可以对 Web. config 配置文件进行加密操作而不会影响到配置文件中的配置信息。虽然 Web. config 配置文件具有安全性，但是通过下载工具依旧可以进行文件下载，对 Web. config 配置文件进行加密，可以提高应用程序配置的安全性。

使用 Web. config 配置文件进行应用程序配置，极大地加强了应用程序的扩展性和灵活性，对于配置文件的更改也能够立即地应用于 ASP. NET 应用程序中。

2. Web.config 配置文件的结构

Web.config 配置文件是基于 XML 文件类型的文件，所以 Web.config 文件同样包含 XML 结构中的树形结构。在 ASP.NET应用程序中，所有的配置信息都存储在 Web.config 文件中的“<configuration>”配置节中。在此配置节中，包括配置节处理应用程序声明，以及配置节设置两个部分，其中，对处理应用程序的声明存储在 configSections 配置节内，示例代码如下：

```
<configSections>
  <sectionGroup
      name="system.web.extensions"
      type="System.Web.Configuration.SystemWebExtensionsSectionGroup,
       System.Web.Extensions, Version=3.5.0.0, Culture=neutral, PublicKeyToken=
          31BF3856AD364E35">
    <sectionGroup
      name="scripting"
      type="System.Web.Configuration.ScriptingSectionGroup,
       System.Web.Extensions, Version=3.5.0.0, Culture=neutral, PublicKeyToken=
          31BF3856AD364E35">
       <section
      name="scriptResourceHandler"
      type="System.Web.Configuration.ScriptingScriptResourceHandlerSection,
       System.Web.Extensions, Version=3.5.0.0, Culture=neutral, PublicKeyToken=
          31BF3856AD364E35"
      requirePermission="false" allowDefinition="MachineToApplication"/>
       <sectionGroup
      name="webServices"
      type="System.Web.Configuration.ScriptingWebServicesSectionGroup,
       System.Web.Extensions, Version=3.5.0.0, Culture=neutral, PublicKeyToken=
          31BF3856AD364E35">
       </sectionGroup>
    </sectionGroup>
  </sectionGroup>
</configSections>
```

配置节设置区域中的每个配置节都有一个应用程序声明。节处理程序是用来实现 ConfigurationSection 接口的.NET Framework 类。节处理程序声明中包括了配置设置节的名称，以及用来处理该配置节中的应用程序的类名。

配置节设置区域位于配置节处理程序声明区域之后。对配置节的设置还包括子配置节的配置，这些子配置节同父配置节一起描述一个应用程序的配置，通常情况下这些同父配置节由同一个配置节进行管理，示例代码如下：

```
<pages>
    <controls>
        <add tagPrefix="asp" namespace="System.Web.UI"
        assembly="System.Web.Extensions,
        Version=3.5.0.0, Culture=neutral, PublicKeyToken=31BF3856AD364E35"/>
        <add tagPrefix="asp" namespace="System.Web.UI.WebControls"
        assembly="System.Web.Extensions,
        Version=3.5.0.0, Culture=neutral, PublicKeyToken=31BF3856AD364E35"/>
    </controls>
</pages>
```

虽然 Web. config 配置文件是基于 XML 文件格式的，但是在 Web. config 配置文件中并不能随意地自行添加配置节或者修改配置节的位置，例如 pages 配置节就不能存放在 configSections 配置节之中。在创建 Web 应用程序时，系统通常会自行创建一个 Web. config 配置文件在文件中，系统通常已经规定好了 Web. config 配置文件的结构。

第5章　开发ASP.NET用户注册登录系统

本章我们将学习网站用户注册登录模块的设计实现。本章介绍了两种设计实现方案：1）使用网站设计模板直接加载用户注册登录模块。2）使用系统提供的注册控件、登录控件、修改密码控件完成用户注册登录模块。

学习目标与任务

学习目标

1. 使用网站设计模板实现用户管理模块；
2. 使用注册控件、登录控件、修改密码控件完成用户管理模块。

工作任务

1. 学会使用网站模板设计实现用户管理模块；
2. 熟练使用用户注册控件、用户登录控件、用户密码修改控件。

5.1　使用网站模板设计实现用户管理模块

VisualStudio 2010 提供了创建 web 网站的模块，使用该模板，可以直接实现简单的用户管理功能，包括用户注册、用户登录、用户修改密码等功能。实现步骤如下：

1. 打开 Visual Studio 2010，选择“文件”菜单→“新建”→“网站”，在打开的如图5-1所示的对话框中选择支持语言为 visual C#，在右边模板窗口中选择“asp. net web site”模板，在 Web 位置栏指定项目存放位置，单击“确定”按钮即可创建一个带用户管理的 Web 应用程序。

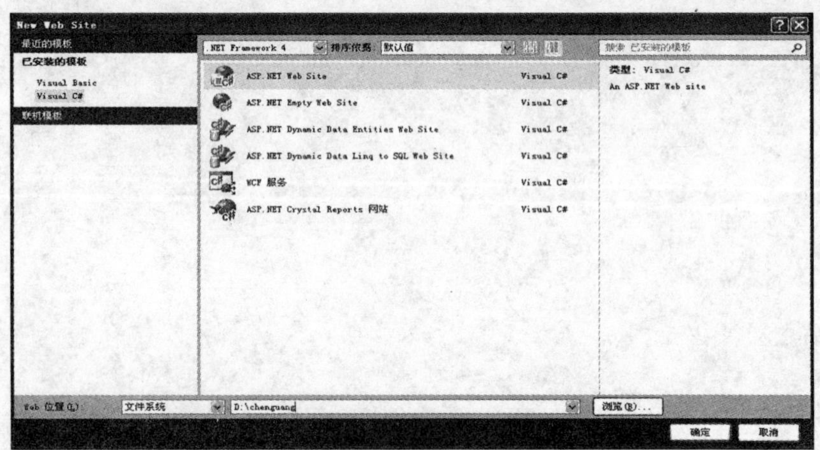

图5-1　创建带模板 web 应用程序

2. 打开“解决方案资源管理器”，可以看到网站默认添加了一个 Account 文件夹，在该文件夹下有 Login. aspx、ChangePassword. aspx、Register. aspx 等文件，分别对应用户登录、修改密码、用户注册等功能，如图 5-2 所示。

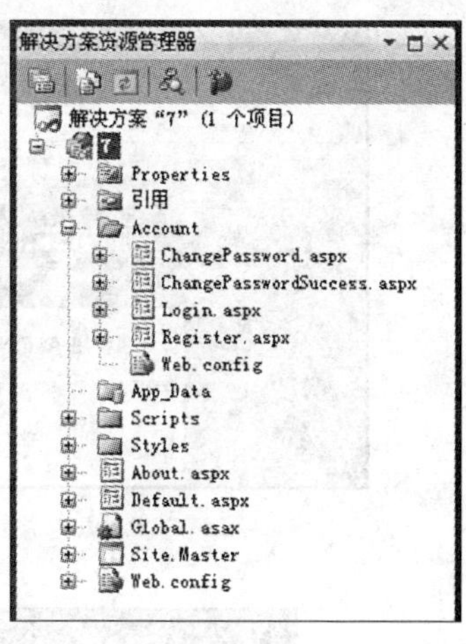

图 5-2　账户管理文件夹及文件

3. 这样就轻而易举的创建了带用户登录的 web 网站了。现在调试一下程序看效果如何。在如图 5-3 所示的界面下，选择“调试”菜单→“开始执行”，运行该网站，可以看到系统启动了一个内置的服务器，并且在该服务器中打开当前 Web 应用程序的主页，如图 5-5 所示，图 5-4 是运行的“开发服务器”，端口号是 3872。

注意： 该页面在浏览器中的地址为“http://localhost:3872/”。其中“localhost”代表了本机上刚刚创建的 Web 应用程序的临时网站地址，3872 代表了 Visual Studio 2010 使用的一个随机端口，每次调试的时候，Visual Studio 2010 都会使用这个端口来作为内置服务器的端口号。在各计算机上，该端口号都是不相同的，因为该端口号是 Visual Studio 2010 随机选择的。

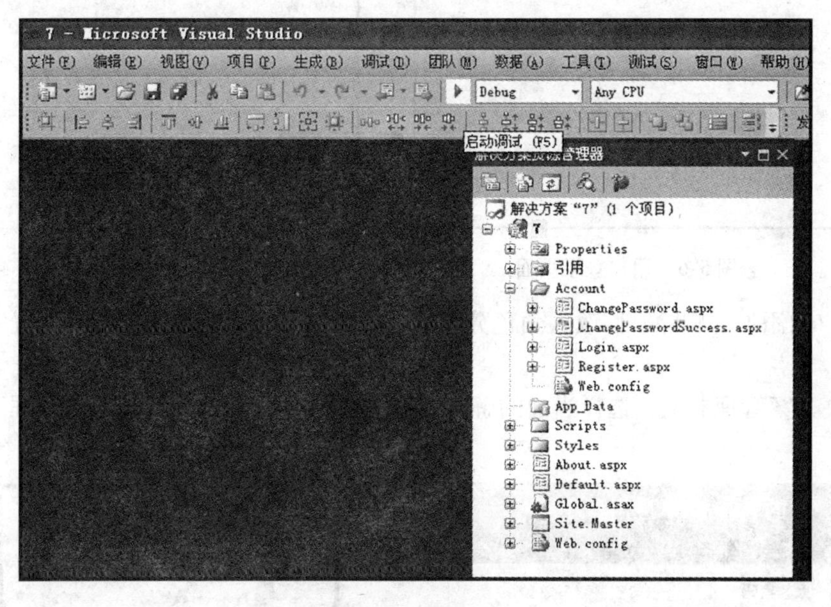

图 5-3　系统界面

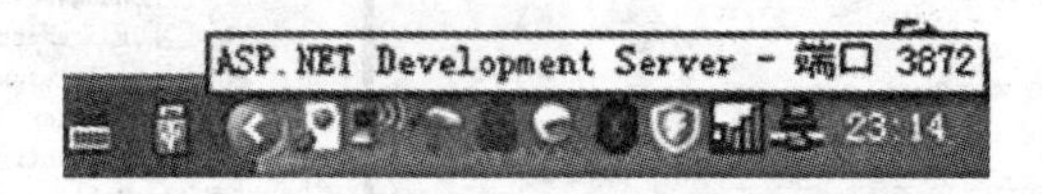

图 5-4　开发服务器

4. 在这个模板应用程序的页面的右上角，提供了两个按钮与一个“登录”链接，单击“登录”链接，页面跳转到登录页面，单击“主页”按钮，页面返回到主页，单击“关于”按钮，页面跳转到“关于”页面。图 5-6 是用户登录页面，图 5-7 是用户注册页面，图 5-8 是用户密码修改页面，这样的话，用户登录、注册、密码修改功能都实现了。

图 5-5 系统运行主界面

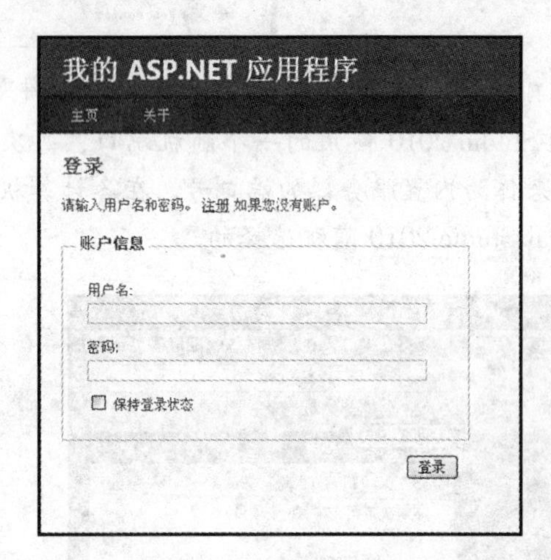

图 5-6 用户登录页面

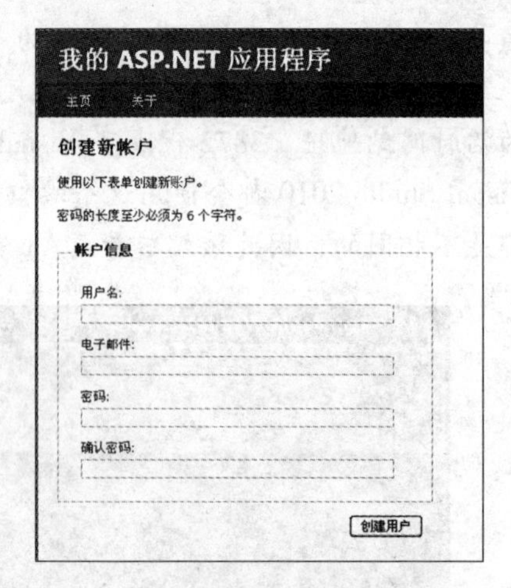

图 5-7 用户注册页面

5. 用户的添加、删除、修改、角色分配也可以用 Asp. net 网站管理工具配置完成。方法如下：

在解决方案管理器上，选择当前的解决方案的名称，单击右上角的网站管理工具，如图 5-9 所示。

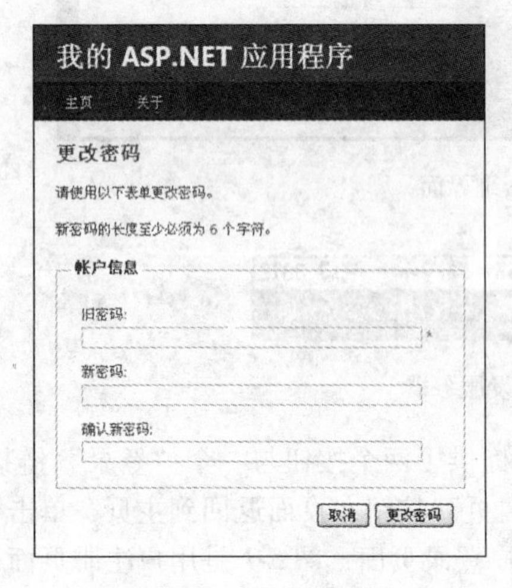

图 5-8 修改密码页面

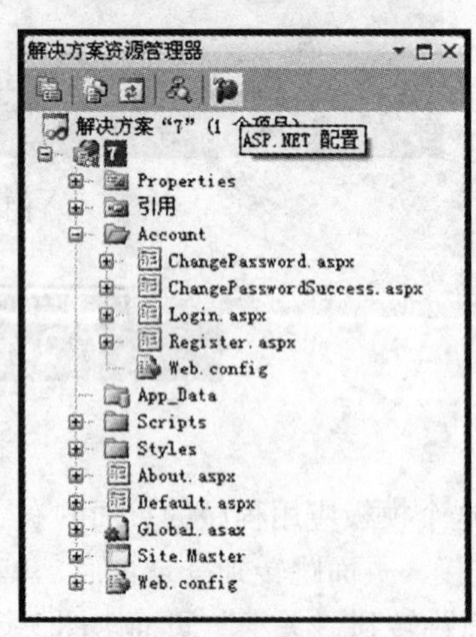

图 5-9 启动网站管理工具

在弹出的如图5-10所示的网站管理工具主页面中，单击“安全”选项卡，切换到“安全”选项卡，如图5-11所示，在这里，我们可以创建用户、管理用户。单击“创建用户”按钮，在弹出如图5-12所示的窗口中可以创建用户。单击“管理用户”按钮，在弹出的如图5-13所示的窗口中可以编辑用户、删除用户。

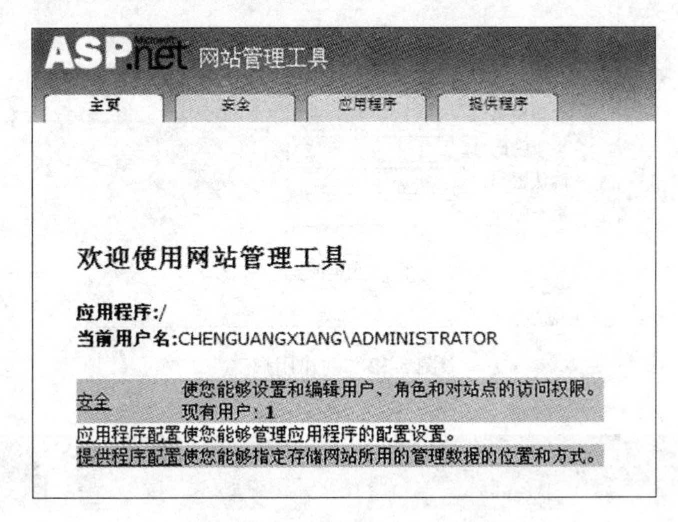

图5-10　网站管理工具主页面

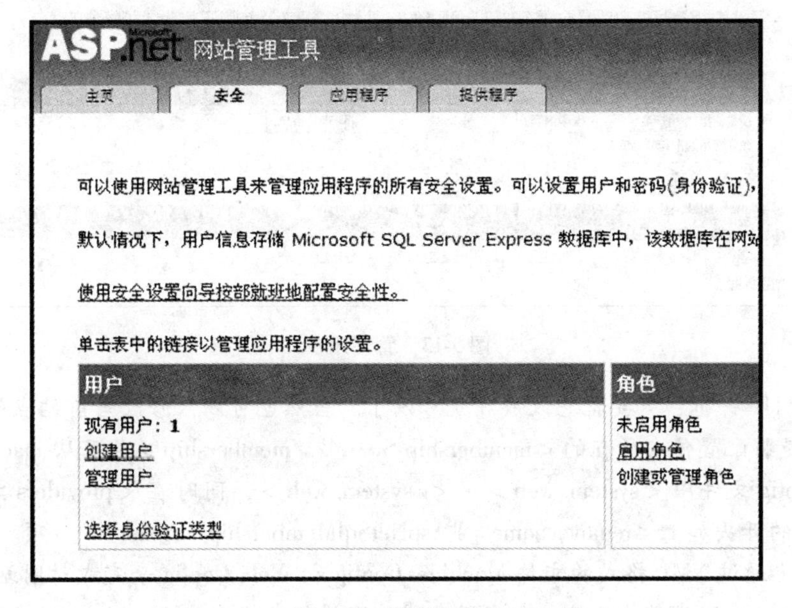

图5-11　安全选项卡

注意：在创建用户时，可以使用任何愿意的口令，但是，默认的密码规则要求“口令至少为7个字符，其中包含至少一个非字母和数字的字符”。这个意思是说，非字母和数字的字符至少必须有一个，也就是必须有“~！@#$%^&*()_+”中的一个字符。解决办法如下：找到/windows/Microsoft. NET/Framework［版本号］/Config目录下的machine. config文件，使用“编辑”菜单→“查找”功能找到minRequiredNonalphanumeric-

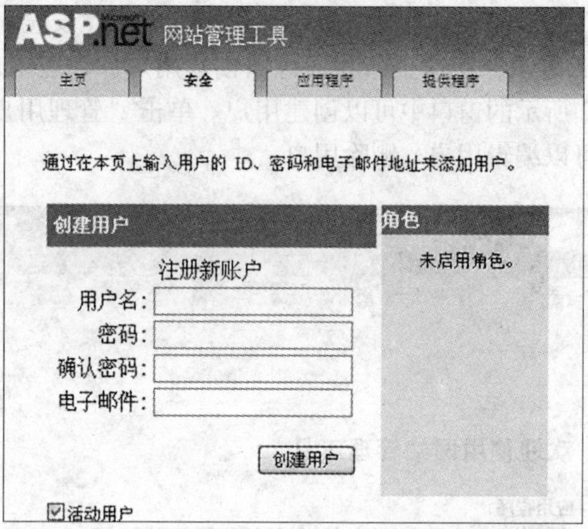

图 5-12 创建用户

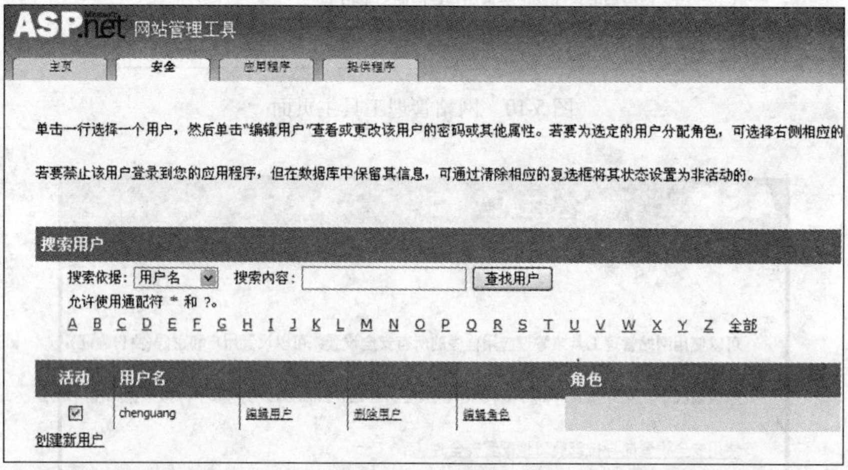

图 5-13 管理用户

Characters = "1" 一行，只要把它改成 0 就可以了。当然也可以只修改当前站点的 web.config 文件，方法是将配置信息所在的 <membership>…. </membership> 条目从 machine.cofig 复制到 web.config 文件中 <system.web>… </system.web>，同时在 <providers>…. </providers> 条目的开头加上 <remove name = "AspNetSqlMembershipProvider" /> 项。

ASP.NET 通过 XML 格式的文件 Machine.Config 和 Web.Config 来完成对网站和网站目录的配置。对于一个网站整体而言，整个服务器的配置信息保存在 Machine.Config 文件中，该文件的具体位置在/Windows/Microsoft.NET/Framework［版本号］/Config 目录，它包含了运行一个 ASP.NET 服务器需要的所有配置信息。当建立一个新的 WEB Project 的时候，VS.NET 会自动建立一个 Web.Config 文件，Web.Config 包含了各种专门针对一个具体应用的一些特殊的配置，比如 Session 的管理、错误捕捉等配置。一个 Web.Config 可以从 Machine.Config 继承和重写部分配置信息。因此，对于 ASP.NET 而言，针对一个具体的 ASP.NET 应用或者一个具体的网站目录，是有两部分设置可以配置的，一是针对整个服务器的 Machine. Config 配置，另外一个是针对该网站或者该目录的 Web. Config 配置，一般的，Web. Config 存在于独立网站的根目录，它对该目录和目录下的子目录起作用。Web. config 只影响单个 Web 应用。如果要影响特定 Web 服务器上的所有 Web 应用，可以在 Machine. Config 中设置。

6. 基于角色的授权。如果网站系统需要划分用户类别的话，自然要用到角色授权这个功能。操作步骤如下：

启用角色。在打开的 ASP. NET 网站管理工具浏览器窗口中，单击首页中的安全选项卡，然后，单击屏幕中间的“启用角色”链接。

创建角色。在“安全”选项卡中单击“创建或管理角色”链接。在如图 5-14 所示的创建新角色对话框中，在角色名称的输入框中输入“Administrator”，单击增加角色按钮，就创建了一个 Administrator 角色。这样再创建新的用户或对用户管理时就可以设定用户的角色了，如图 5-15 所示。

角色使用。创建角色的目的就是对不同的页面实现用户过滤。我们可以使用 [Authorize] 标注来限制对页面的访问，如下行记录所示，设置访问页面的用户必须拥有 Administrator 的角色。代码如下：

```
[Authorize(Roles = "Administrator")]
```

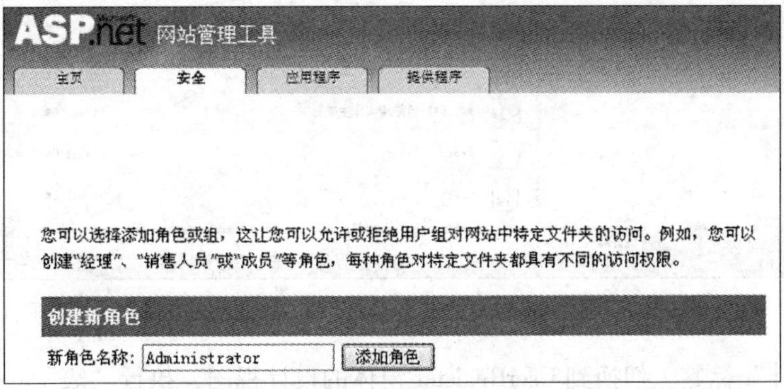

ASP.net 网站管理工具
主页　安全　应用程序　提供程序

您可以选择添加角色或组，这让您可以允许或拒绝用户组对网站中特定文件夹的访问。例如，您可以创建"经理"、"销售人员"或"成员"等角色，每种角色对特定文件夹都具有不同的访问权限。

创建新角色
新角色名称: Administrator　添加角色

图 5-14　创建新角色

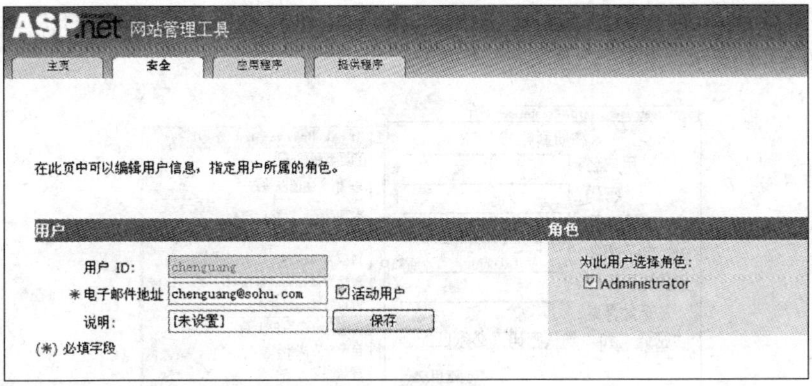

ASP.net 网站管理工具
主页　安全　应用程序　提供程序

在此页中可以编辑用户信息，指定用户所属的角色。

用户
用户 ID: chenguang
* 电子邮件地址 chenguang@sohu.com　☑活动用户
说明: [未设置]　保存
(*) 必填字段

角色
为此用户选择角色:
☑Administrator

图 5-15　创建新用户并指定角色

5.2 使用控件实现用户管理模块

5.2.1 用户注册

如果用户要使用网站的某些功能（如论坛、留言或会员服务等功能），通常需要通过网站的用户注册界面提交用户的注册信息。用户只有通过注册验证并且登录网站才能够访问网站，享受网站提供的某些服务。用户注册功能可以使用登录控件组的创建新用户控件来实现，其具体实现的操作步骤如下：

新建一个名称为 userManage 的空网站，切换到“解决方案资源管理器”，右击网站根目录，选择“add new item”，在弹出的对话框中，在右边模板列表中选择“Web Form”，添加一个名称为 UserRegister 的 Web 窗体，为用户提供注册界面，如图 5-16 所示。

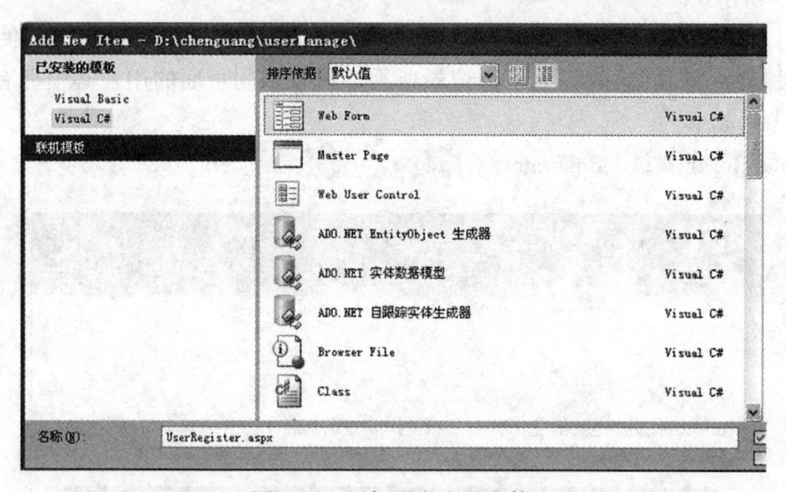

图 5-16 添加用户注册窗体

选择“设计”标签，切换到 UserRegister 窗体的设计视图，执行“表”→“插入表”命令，插入一个 1 行 1 列的表格。

单击“视图”菜单→“工具箱”，将工具箱停靠在左侧位置。在工具箱中的“登录”控件组中选择 CreateUserWizard 控件并拖曳到 Web 窗体的表格中，添加后的 CreateUserWizard 控件如图 5-17 所示。

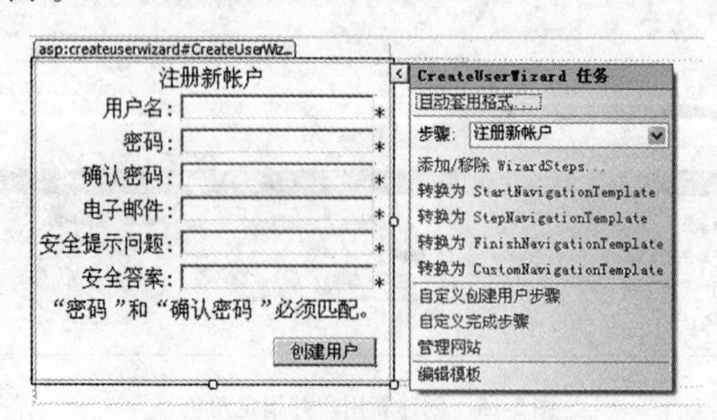

图 5-17 添加用户注册控件到当前窗体

通常情况下，用户注册操作分为两个步骤：第一步是填写用户信息；第二步是完成提示信息。通过任务列表中的“步骤”下拉列表框可以实现这两个步骤之间的切换。

选中“步骤”下拉列表框中的“完成”选项，打开完成界面，如图5-18所示。右击该注册控件，在弹出的属性窗口中，在“外观”栏中找到 ContinueButtonText 并将属性值修改为“完成”，在“行为”栏中找到 ContinueDestinationPageUrl 并将属性值设置为当前站点的默认页“Default. aspx ”，使用户注册后能登录到网站的默认页，如图5-19所示。

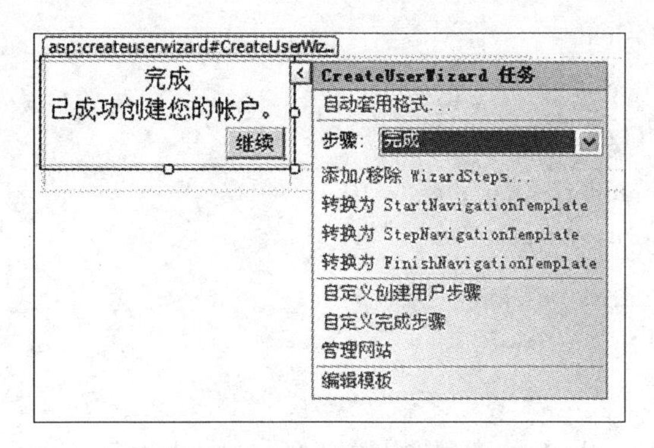

图5-18 用户注册的完成界面

图5-19 修改按钮的属性值

选择“步骤”下拉列表框中的“注册新账户”命令，返回到填写用户信息的界面中。右击“解决方案资源管理器”中的 UserRegister. aspx ，在弹出的快捷菜单中选择“设为起始页”命令，将注册页设置为起始页。

运行程序，在“注册新账户”页面中输入用户的注册信息，如图5-20所示，之后单击“创建用户”按钮创建用户，用户创建成功后将显示网站的默认页。

图5-20 运行用户注册

一般情况下，会出现一个错误提示“密码最短长度为7，其中必须包含以下非字母数字字符：1”。意思是说密码长度应该大于7并且非字母和数字的字符至少必须有一个是~！@#$%^&*()_ +。当然也可以修改 web. config 文件修改规则，打开 web. config 文件，在<system. web>标签下添加以下代码：

```
<membership>
        <providers>
          <remove name="AspNetSqlMembershipProvider" />
          <add name="AspNetSqlMembershipProvider"
              type="System.Web.Security.SqlMembershipProvider, System.Web, Ver-
                  sion=2.0.0.0, Culture=neutral, &#xD;&#xA; PublicKeyToken=
                  b03f5f7f11d50a3a"
```

```
                connectionStringName = "LocalSqlServer"
                enablePasswordRetrieval = "false"
                enablePasswordReset = "true"
                requiresQuestionAndAnswer = "true"
                applicationName = "/"
                requiresUniqueEmail = "false"
                passwordFormat = "Hashed"
                maxInvalidPasswordAttempts = "5"
                minRequiredPasswordLength = "7"
                minRequiredNonalphanumericCharacters = "0"
                passwordAttemptWindow = "10"
                passwordStrengthRegularExpression = "" />
        </providers>
    </membership>
```

在上述代码中，minRequiredPasswordLength 属性意思是最短密码，默认为 7。另一个是 minRequiredNonalphanumericCharacters，默认为 1，意思是至少有一个非字母字符，只要把它改成 0 就可以了。

注意：首次注册成功后，程序将自动创建一个 sql server 数据库，并且将注册信息保存到创建的数据库中。

5.2.2 用户登录

对于已经注册过的用户，可以通过登录界面直接登录到网站中。用户登录界面的设计步骤如下所示：

在根目录下添加一个名称为 Login 的 web 窗体，为用户提供登录界面。

选择"设计"标签，切换到 Web 窗体的设计视图，执行"表"→"插入表"命令，在 Web 窗体中将添加一个具有 1 行 1 列的表格。

在工具箱的"登录"控件组中选择 Login 控件，将该控件拖放到 Web 窗体的表格中，Login 控件中包含了用户验证的过程，不需要程序员添加任何代码，但是需要在属性窗口"行为"项目中将控件的 DestinationPageUrl 属性值设置为当前站点的默认页，这里设置为"Default. aspx"，使用户登录后进入网站的默认页。

右击"解决方案资源管理器"中的 Login. aspx，在弹出的快捷菜单中选择"设为起始页"命令，将登录页设置为起始页。运行程序，如图 5-21 所示，在"登录"页面中输入正确的用户名和密码信息之后，将登录到网站系统，进入网站的默认页中。

注意：用户在登录网站时，如果选中"下次记住我"复选框，则系统将会自动保存用户的登录信息。

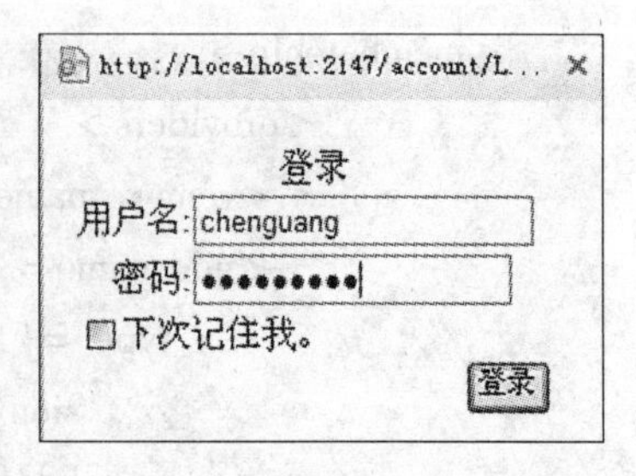

图 5-21 用户登录

5.2.3　修改用户密码

用户登录到网站之后，为了保证登录信息的安全性和可靠性，可以根据需要修改自己的登录密码。在 ASP. NET 中提供了修改密码的控件，通过这个控件可以实现修改用户密码的功能。实现方法如下：

1）在根目录下添加一个名称为 ChangePassWord 的 Web 窗体，为用户提供修改密码界面。

2）选择“设计”标签，切换到 Web 窗体的设计视图。执行“表”→“插入表”命令，在 Web 窗体中将添加一个具有 1 行 1 列的表格。

在工具箱的“登录”控件组中选择 ChangePassword 控件，将该控件拖曳到 Web 窗体的表格中，在“视图”下拉列表框中选择“成功”选项，进入“成功”界面中。在该界面中可以看到更改成功后的提示信息。在属性窗口中将控件的 continueButtonText 属性修改为“完成”。为了让用户确定所做的修改，还需要将 DisPlayUserName 属性值设置为 true ，表示在修改用户密码时将显示用户的名称。

修改密码之后，根据网站的流程转入相应的网页中。本实例中将转到默认页当中，这是通过将 ContinueDestinationPageUrl 属性设置为“Default. aspx”实现的。

选择“步骤”下拉列表框中的“更改密码”命令，返回到更改密码信息的界面中。右击“解决方案资源管理器”中的 EditPass. aspx ，在弹出的快捷菜单中选择“设为起始页”命令。

在 default. aspx 页面中增加一个“修改密码”的超链接，链接地址为 ChangePassword. aspx，同时将用户登录页设置为起始页。运行程序，在“修改密码”页面中分别输入用户的原密码和新密码等信息之后，单击“更改密码”按钮更改用户的密码，如图 5-22 所示。

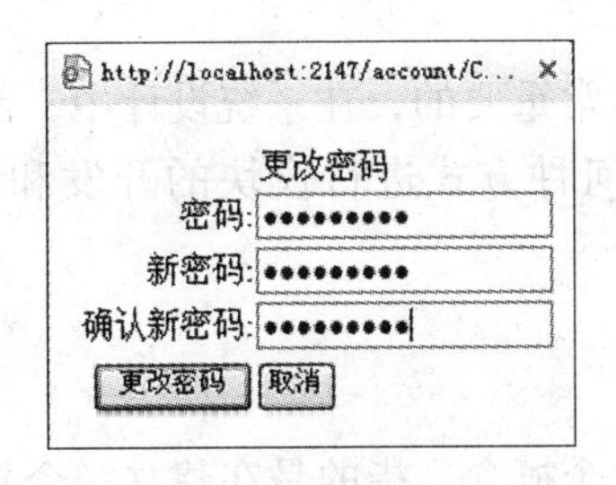

图 5-22　更改密码

第6章　开发 ASP. NET 留言本程序

学习目标与任务

学习目标

本章将向读者介绍留言本程序的设计。在实际网站应用中，为了能够让网站获取用户的信息（这些信息包括用户的意见、反馈的信息以及用户数据等），同时网站也能够通过留言本进行基础的意见调查。

工作任务

1. 留言本需求分析及模块设计；
2. 留言本数据库设计；
3. 数据库的基本操作；
4. VB. NET 的控件运用和事件触发机制。

留言本是系统开发中比较基础的系统，很多系统模块都是基于留言本的制作流程的，例如论坛、小型社区、博客等。

6.1　系统设计

系统设计在项目开发中是非常重要的，在系统设计中，需求分析也是最为重要的。需求分析规定了开发小组或团队以何种方式进行模块的开发和编码，也规定了客户最基本的需求。

6.1.1　需求分析

需求分析是软件工程中的一个概念，指的是在建立一个新的或改变一个现存的计算机系统时，描写新系统的目的、范围和定义时所要做的所有的工作。简单地说，需求分析也就是分析客户要的是什么、怎么做、做完了怎么办。对于 ASP. NET 留言本项目而言，需求分析可简单归纳如下：

为了解决网站管理者和用户沟通不便的情况，现开发基于 . NET 平台的留言本应用程序，用户能够使用留言本进行信息的反馈和调查，能够及时地获取用户的相关意见或信息的数据。网站经营者能够通过留言本进行基础的意见调查并整理用户的数据。

6.1.2　系统功能设计

留言本系统的基本功能如下：

1. 留言浏览

用户可以在留言本主页面进行留言信息的浏览，包括主题、留言正文、回复、发表时间，并显示发表留言用户的有关信息：头像、昵称、QQ、邮箱、个人主页等，页面还提供了管理员登录入口。

2. 留言发布

留言发布提供用户发表留言的功能，在发表留言页面中需输入昵称、留言主题、留言内容并选择头像；选择性输入 QQ 号、邮件地址、个人主页。该模块提供悄悄话功能，用户留言仅对管理员可见。

3. 留言回复

留言回复是网站管理者同用户进行沟通的渠道，该功能需要管理员登录。

4. 留言管理

管理员对于不良的留言进行删除屏蔽，该功能需要管理员登录。

6.1.3　模块功能划分

在完成留言本系统的功能模块的划分和功能设计后，可以编写相应的模块操作流程和绘制模块图，ASP. NET 留言本总体模块划分如图 6-1 所示。

图 6-1 描述了系统的总体模块功能划分，包括留言信息浏览、用户留言发布、管理员留言回复及管理员留言管理等操作；将操作主体进行划分，如图 6-2 和图 6-3 所示。

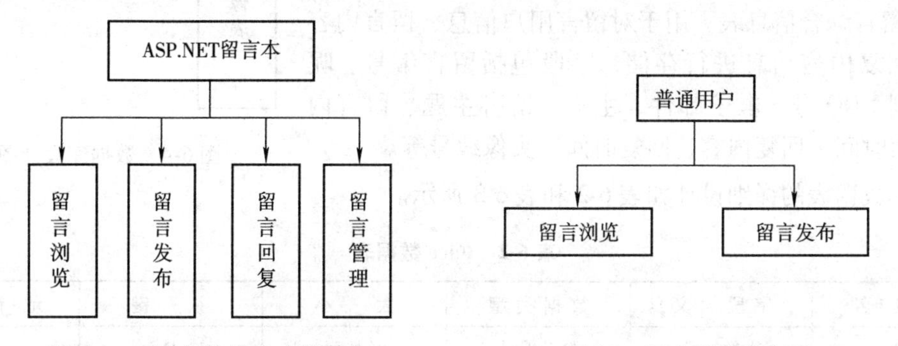

图 6-1　系统总体模块功能划分　　图 6-2　用户操作模块图

对于管理员而言，需要查看留言并进行留言管理，需要进行登录验证。验证通过后可以进行相应的管理操作，管理员操作流程如图 6-3 所示。

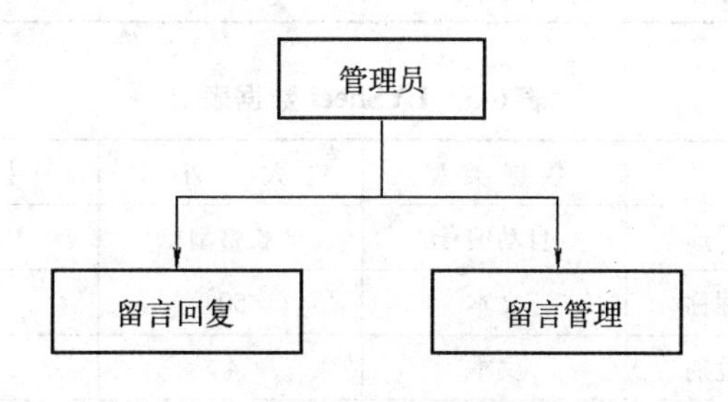

图 6-3　管理员操作模块图

模块与文件对照表见表 6-1 所示。

表 6-1 模块与文件对照表

模块名	文件名	功能描述
留言浏览模块	guestbook/Main. aspx	留言浏览及管理员入口
留言发布模块	guestbook/ ly. aspx	留言发布
留言回复模块	guestbook/ reply. aspx	留言回复
留言管理模块	guestbook/ del. aspx	留言删除

6.2 数据库设计

在 ASP. NET 留言本数据库设计时，可划分为留言头像表、留言综合信息表。

6.2.1 数据库的分析和设计

留言本数据库设计图如图 6-4 所示。

其中初步的为数据库中的表进行设计，这里包括两个表，作用分别如下：

■ 留言头像表：用于存放留言者的头像信息，字段包括头像编号、头像名称、头像类型、图片地址。

■ 留言综合信息表：用于对留言用户信息、留言内容信息和回复内容信息进行存储，字段包括留言编号、昵称、性别、QQ 号、电子邮件、主页、留言主题、留言内容、发表时间、回复内容、回复时间、头像编号等。

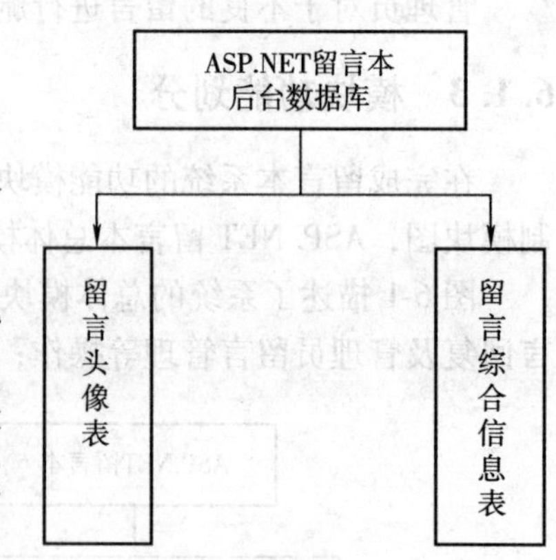

图 6-4 数据库设计图

两个数据表的详细设计如表 6-2 和表 6-3 所示。

表 6-2 Face 数据表

字段名	字段含义	数据类型	大小	主键	允许空
ID	头像编号	自动编号	长整型	P	
Name	头像名称	文本	50		
TType	头像类型	文本	50		
PicAddr	头像地址	文本	50		

表 6-3 LYSheet 数据表

字段名	字段含义	数据类型	大小	主键	允许空
ID	留言编号	自动编号	长整型	P	
NC	访问者昵称	文本	50		
Sex	访问者性别	文本	4		
QQ	访问者 QQ 号	文本	50		
Email	访问者电子邮件	文本	50		

（续）

字段名	字段含义	数据类型	大　小	主　键	允许空
HomePage	访问者主页	文本	50		
Title	留言主题	文本	50		
Content	留言内容	文本	200		
DDate	留言发表时间	日期/时间			
Reply	回复内容	文本	50		
ReplyDate	回复时间	日期/时间			
FaceID	访问者头像 ID	数字	长整型	FP	
Tag_QQH	是否为悄悄话	文本	2		

上述表用于描述用户留言信息，留言综合信息表中的数据是最主要的数据。

6.2.2　数据表的创建

创建表可以通过 Microsoft Access2007 进行创建。步骤如下：

1. 进入系统“开始”菜单程序——→Microsoft Office ——→Microsoft Office Access2007。

2. 启动 Access2007 后，单击左上角 Office 按钮，选择菜单项“新建”，出现如图 6-5 所示界面。

图 6-5　Access2007 欢迎界面

3. 在欢迎界面右方，建立数据库，输入数据库文件名 LY，如图 6-6 所示。

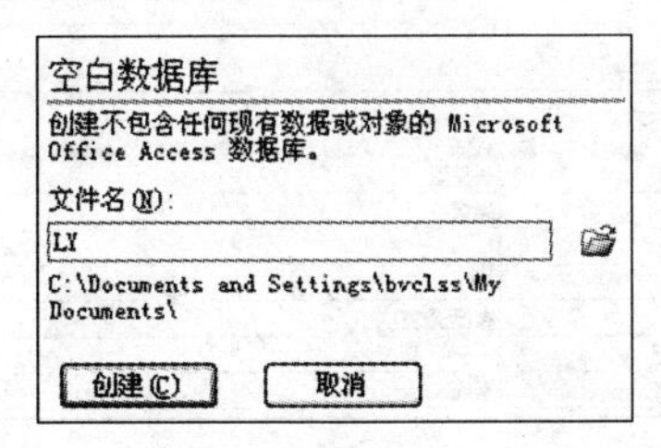

图 6-6　建立数据库文件

4. 单击创建后，出现数据表视图，如图 6-7 所示。

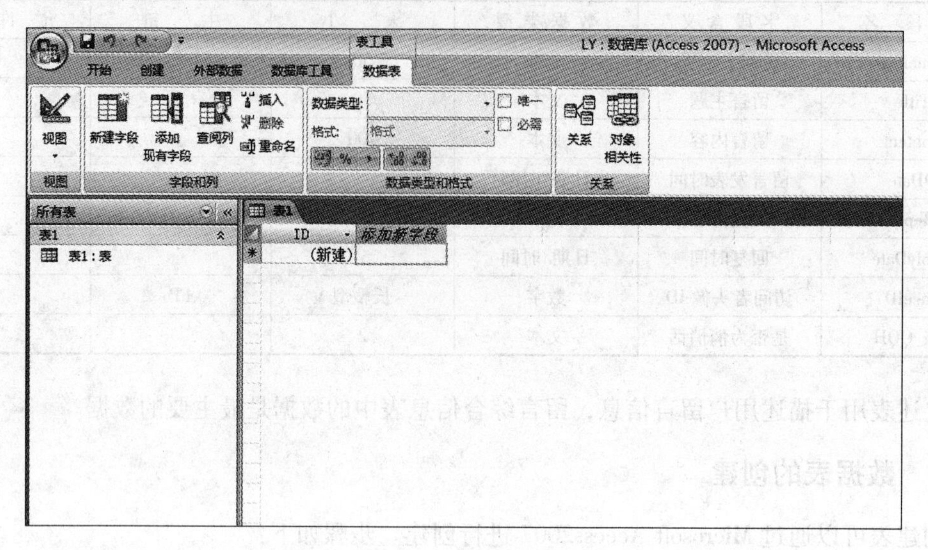

图 6-7　数据表视图

5. 然后对留言头像表进行设计，建立 ID、Name、TTpye、PicAddr 4 个字段，并将表名命名为 Face，如图 6-8 所示。

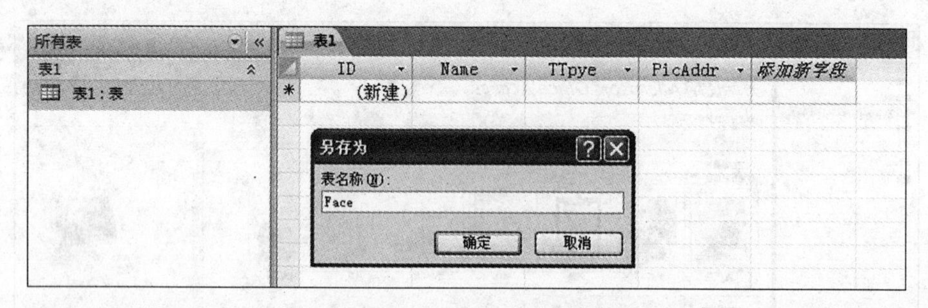

图 6-8　建立表名和字段

6. 然后打开设计视图，分别对字段的名称、数据类型和说明进行定义，如图 6-9 所示。

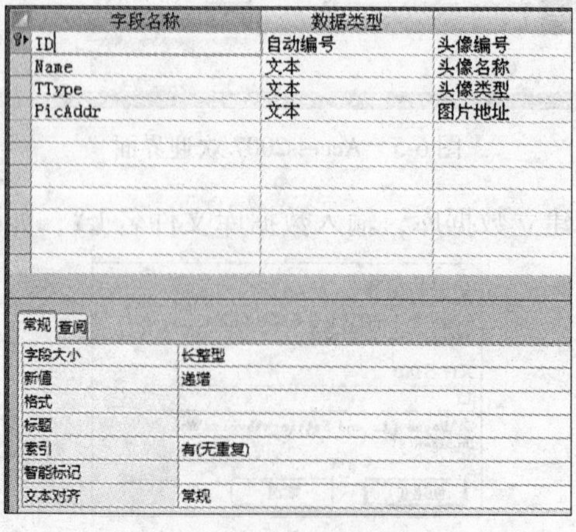

字段名称	数据类型	
ID	自动编号	头像编号
Name	文本	头像名称
TType	文本	头像类型
PicAddr	文本	图片地址

常规　查阅

字段大小	长整型
新值	递增
格式	
标题	
索引	有(无重复)
智能标记	
文本对齐	常规

图 6-9　留言头像表设计视图

7. 双击表名称，将头像信息进行录入，初始化，完成后如图 6-10 所示。

ID	Name	TType	PicAddr	添加新字段
16	头像一	帅哥	pic\face\face1.gif	
17	头像二	帅哥	pic\face\face2.gif	
18	头像三	帅哥	pic\face\face3.gif	
19	头像四	帅哥	pic\face\face4.gif	
20	头像五	帅哥	pic\face\face5.gif	
21	头像六	帅哥	pic\face\face6.gif	
22	头像七	帅哥	pic\face\face7.gif	
23	头像八	帅哥	pic\face\face8.gif	
24	头像九	帅哥	pic\face\face9.gif	
26	头像十	帅哥	pic\face\face10.gi	
27	头像十一	靓女	pic\face\face11.gi	
28	头像十二	靓女	pic\face\face12.gi	
29	头像十三	靓女	pic\face\face13.gi	
30	头像十四	靓女	pic\face\face14.gi	
31	头像十五	靓女	pic\face\face15.gi	
32	头像十六	靓女	pic\face\face16.gi	
33	头像十七	靓女	pic\face\face17.gi	
34	头像十八	靓女	pic\face\face18.gi	
35	头像十九	靓女	pic\face\face19.gi	
36	头像二十	靓女	pic\face\face20.gi	
* (新建)				

图 6-10　留言头像表数据记录

8. 完成留言头像表的创建后，在 Access 的菜单栏选择“创建”→表，进行留言综合信息表的创建，表名命名为 LYSheet，如图 6-11 所示。

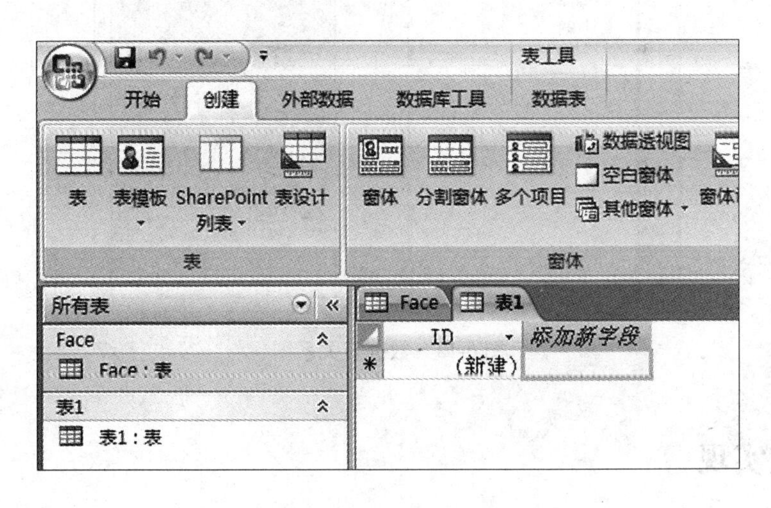

图 6-11　创建留言综合信息表

9. 打开设计视图，分别对字段的名称、数据类型和说明进行定义，如图 6-12 所示。

6.2.3　数据表关系图

留言头像表 Face 与留言综合信息表 LYSheet 之间的关系可通过 Access2007 的“数据库工具”→“关系”功能来创建，Face 表的主键 ID 与 LYSheet 表中的 FaceID 一一对应，是其外键。创建后的数据表关系如图 6-13 所示。

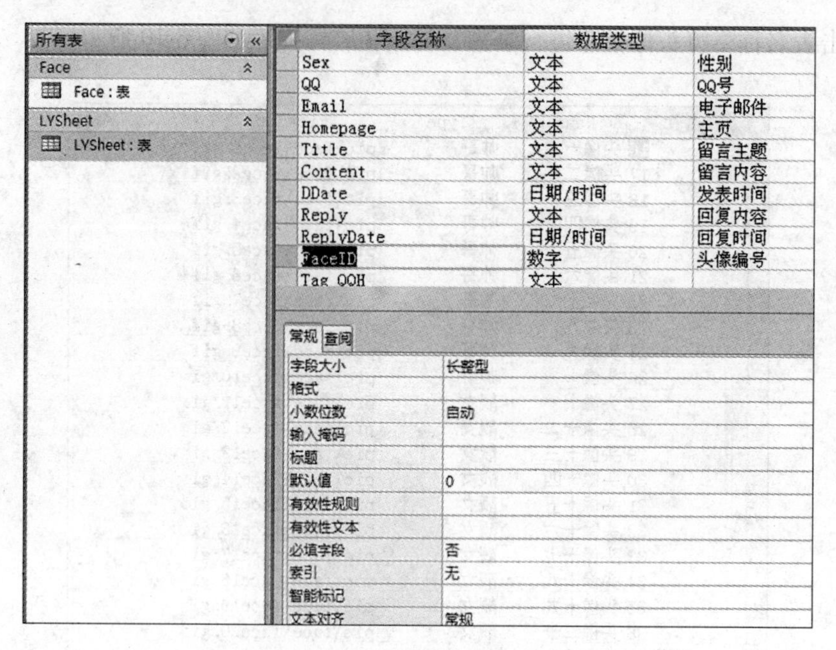

图 6-12　留言综合信息表设计视图

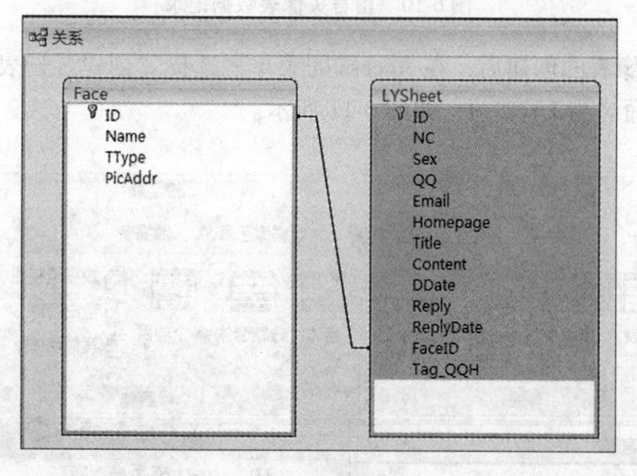

图 6-13　数据表关系图

6.3　系统实现

6.3.1　创建项目

1. 打开 visual studio，选择“文件”菜单→“新建”→“项目”，在弹出的对话框中选择“visual basic 模板”，在右侧模板中选择“asp. net web 应用程序”，并给该项目命名为 guestbook，如图 6-14 所示。

2. 连接数据库。打开“视图”菜单→“服务器资源管理器”窗口，右击“数据连接”来添加项目与数据库的连接，如图 6-15 所示。在随后出现的对话框中选择数据源为 Access

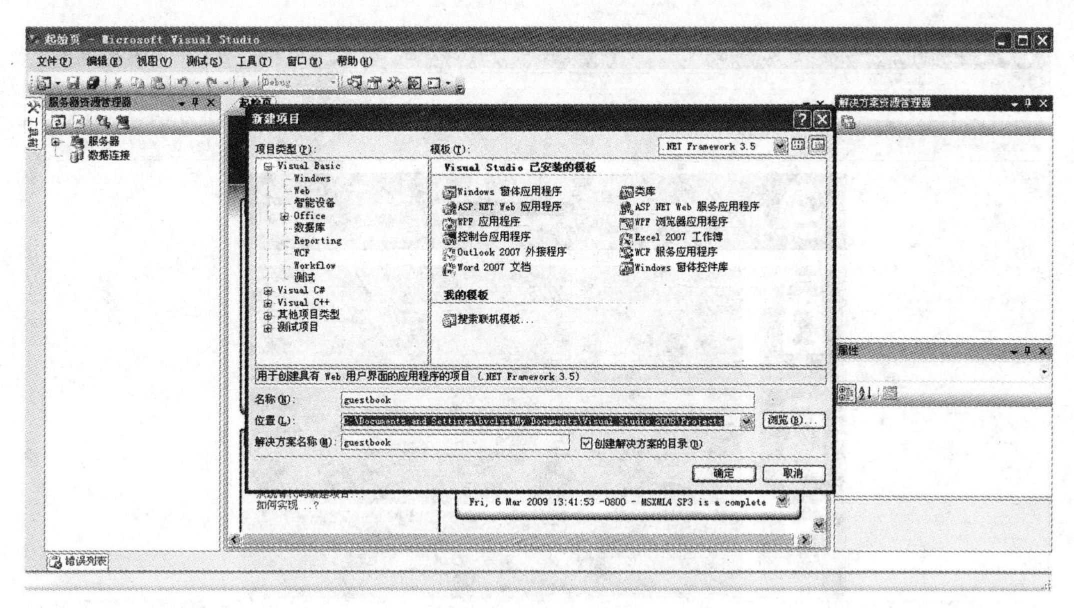

图 6-14　创建项目

数据文件，设置数据文件路径，登陆用户名密码默认值，然后单击“测试连接”，查看连接是否成功，如果成功，单击“确定”按钮完成连接数据库操作，如图 6-15 所示。

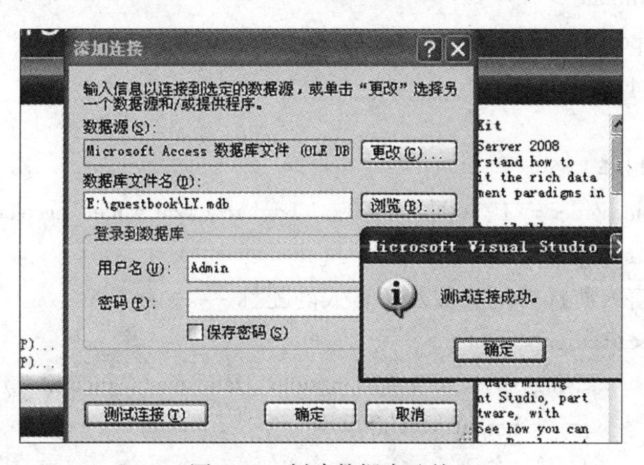

图 6-15　创建数据库连接

6.3.2　留言浏览

留言浏览是留言本面向访问者的主页，用户可浏览所有留言信息及相应的回复信息，页面如图 6-16 所示。

显示留言信息采用了 ASP. NET 中的 Repeater 数据控件，该控件对于以自定义风格方式显示数据非常合适，代码如下：

```
<asp:Repeater id = "repeater1"  runat = "server" >
<! 一定义 Repeater 控件的标头部分 - - >
  < HeaderTemplate >
    < table border = "0"  width = "808"  cellpadding = 1  align = center >
```

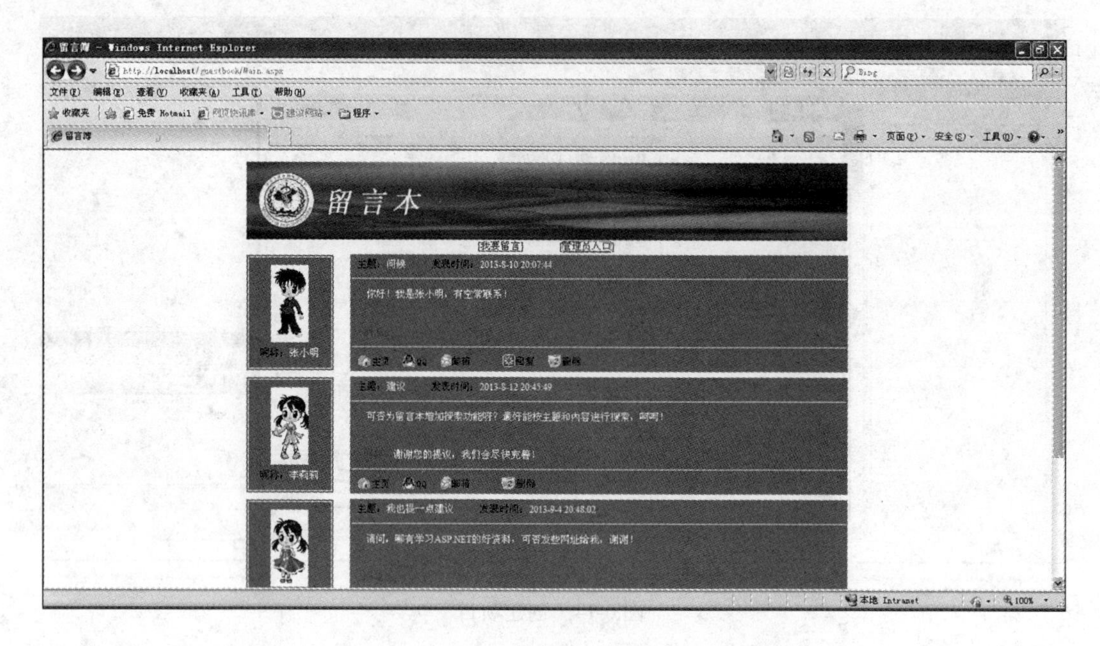

图 6-16　留言浏览主页

```
  </HeaderTemplate>
<!—定义 Repeater 控件所显示的项-->
  <ItemTemplate>
    <tr>
      <td width="15%">
        <table border="1" width="100%" bordercolor="white" bgcolor="##0099FF">
          <tr height="145">
<!—显示留言人所选择的头像及留言人的昵称-->
            <td align=center>
              <img src=<%# Container.DataItem("picaddr") %> width="50"
                height="100"/>
              <br>
              <small>昵称:<font color='white'><%# Container.DataItem("nc")
                %></font></small>
            </td>
          </tr>
        </table>
      </td>
      <td width="2%"></td>
      <td>
        <table border="0" width="100%" bgcolor="#0099FF" cellpadding=0>
<!—显示留言的主题及内容-->
```

```
<tr>
  <td>
      <small>主题:<font color='white'><%# Contain-
        er. DataItem("title") %></font>
            
    发表时间:<font color='white'><%# Container. DataItem("ddate") %></
            font></small>
  </td>
</tr>
<tr>
  <td><hr></td>
</tr>
<tr>
  <td height="47" valign="top">
      
  <%
'判断当前留言记录是否为悄悄话且当前用户是否为管理员,若是悄悄话且非管理员,则
不显示留言内容
  dim tagstr = Repeater1. DataSource. defaultView. Table. Rows(n_count)("tag_qqh")
  if tagstr = "1" and tag <>1 then
  %>
    <small><font color='white'>此留言为悄悄话,^_^</font></small>
  <% else %>
    <small><font color='white'><%# Container. DataItem("Content") %
></font></small>
  <% end if %>
  </td>
</tr>
<!   显示回复内容 -->
<tr>
  <td valign=top>    <small><strong><font col-
       or='red'>回复</strong>:</font><font color="white"><%#
       Container. DataItem("reply") %></font></small></td>
  </tr>
  <tr>
    <td><hr></td>
  </tr>

<tr>
```

```
<!—显示留言人的其他信息-->
        <td> 
          <a href="<%# Container. DataItem("homepage") %>" target="_blank">
          <img src="pic\home. gif" alt="<%# Container. DataItem("homepage") %
                >" border="0"></a>
            
           <a href="http://search. tencent. com/cgi-bin/friend/user_show_info? ln=
                  <%# Container. DataItem("qq") %>" target="_blank">
          <img src="pic\qq. gif" alt="<%# Container. DataItem("qq") %>" border
                ="0"></a>
            
          <a href="mailto:<%# Container. DataItem("email") %>">
          <img src="pic\email. gif" alt="<%# Container. DataItem("email") %>"
                border="0"></a>
                  
<! --判断当前用户是否为管理员-->
          <% if tag=1 then %>
        <%
'若为管理员,显示“回复”和“删除”;如果留言已经回复,仅显示“删除”
            dim Replystr=Repeater1. DataSource. defaultview. Table. Rows(n_count)("reply")
            if trim(replystr)="" then
          %>
              <a href="reply. aspx? id=<%# Container. DataItem("id")%>">
              <img src="pic\reply. gif" border="0"></a>
              
          <% end if %>
          <a href="del. aspx? id=<%# Container. DataItem("id")%>">
          <img src="pic\del. gif" border="0"></a>
        <% end if%>
       </td>
       </tr>
       </table>
      </td>
     </tr>
   </ItemTemplate>
<! --定义 Repeater 控件中各项之间的分隔符-->
   <SeparatorTemplate>
     <tr><td colspan=2></td></tr>
     <% n_count=n_count+1 %>
```

```
        </SeparatorTemplate>
    <! --定义 Repeater 控件的注脚部分 -->
        <FooterTemplate>
            </table>
        </FooterTemplate>
    </asp:Repeater>
```

当管理员通过“管理员入口”登入系统，如图 6-17 所示，输入用户名 admin，密码 admin 后，显示的页面如图 6-18 所示。

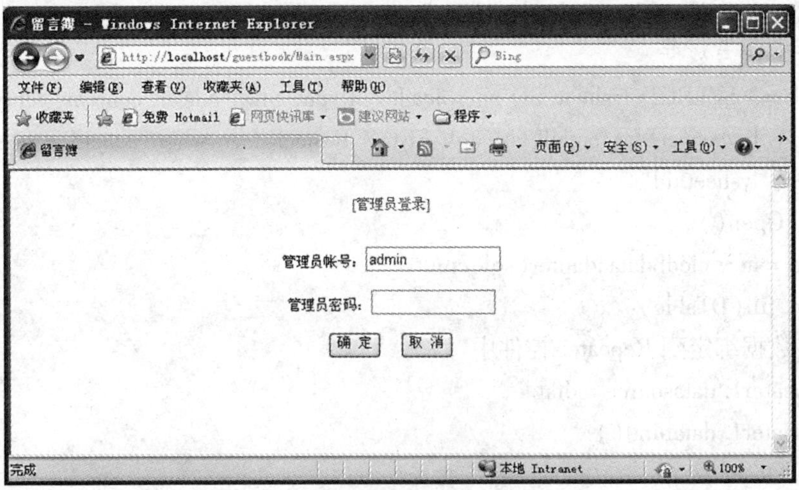

图 6-17　管理员入口

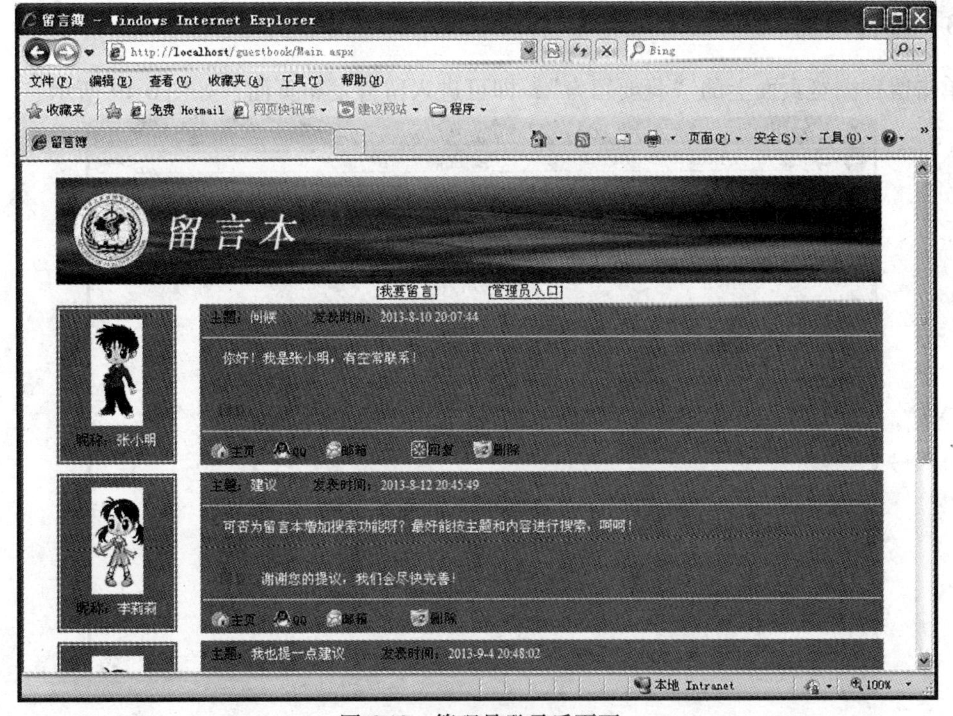

图 6-18　管理员登录后页面

与普通浏览用户浏览页面相比，管理员登录后，页面添加了回复、删除等操作，同事悄悄话可见。对于已经回复过的留言，不再显示“回复”。

Repeater 控件数据的绑定，通过 BindData( ) 来实现，代码如下：

```
Sub BindData( )
    dim DTable as new DataTable
    '定义数据库连接
    strConn = "Provider = Microsoft. Jet. OLEDB. 4. 0;Data Source = "
    strConn = strConn & server. MapPath( "ly. mdb" )
    cnn = New OledbConnection( strConn)
    '查询留言数据
    Sql = " SELECT lysheet. id, nc, picaddr, ttype, title, ddate, content, reply, replydate,
        homepage,qq,email,tag_qqh FROM lysheet,face where faceid = face. id order by
        lysheet. id"
    cnn. Open( )
    Cmd = new oledbdataadapter( sql,cnn)
    Cmd. fill( DTable)
    '将数据绑定到 Repeater 控件中
    Repeater1. datasource = dtable
    Repeater1. databind( )
    cnn. close( )
End Sub
```

6.3.3 留言发布

单击留言浏览页面上的“我要留言”，即可进入留言发布页面，如图 6-19 所示。

图 6-19 留言发布页面

在此页面可以设置留言的相关信息，包括留言人的昵称、QQ 号、电子邮件、个人主页、显示头像及留言主题和内容。头像选择可以通过下拉列表框（DropDownList 控件）选择方式，通过 BindData( ) 来添加，代码如下：

```
Sub BindData( )
    Dim strConn As String
    Dim sql as string
    Dim Cnn As OleDbConnection
    Dim dr As OleDbDataReader
    Dim Cmd As OleDbCommand
    Dim i,j As Integer
    '连接数据库
    strConn = "Provider = Microsoft. Jet. OLEDB. 4. 0;Data Source = "
    strConn = strConn & server. MapPath( "ly. mdb" )
    cnn = New OledbConnection( strConn)
   '查询头像信息
    sql = "SELECT id,name,picaddr,ttype from face order by id"
    cnn. Open( )
    Cmd = new OleDbCommand( Sql,Cnn)
    dr = cmd. executereader( )
    '清除下拉列表中数据
    if drop. items. count >0 then
      for i =0 to drop. items. count-1
        drop. items. remove( i)
      next
    end if
    while dr. read( )
     '数据库中存在头像信息,循环添加下拉选项
    drop.  items. add( new listitem( dr. getstring(1) ,dr. getstring(2) & dr. getstring(3) & for-
        mat( dr. getint32(0) ,"000" ) ) )
      if j =0 then
        '初始化头像显示
      dispimg. imageurl = left( drop. items(0). value,len( drop. items(0). value)-5)
      end if
      j =1
    end while
    dr. close( )
    cnn. close( )
End Sub
```

当用户选择不同头像时，Img 控件对应显示相应图片。此功能要设置 DropDownList 控件

的 AutoPostBack 属性为 True，然后添加相应的 OnSelectedIndexChanged 事件，代码如下：

```
<asp:dropdownlist id = "drop"
        autopostback = "true"
        OnSelectedIndexChanged = "Index_Changed"
        runat = "server" >
</asp:dropdownlist >
```

以下是改变 DropDownList 控件选项时触发的 OnSelectedIndexChanged 事件代码：

```
Sub Index_Changed(Sender As Object,E As EventArgs)
    Dim theStr As String
    '获取当前头像下拉列表框选项中的返回值
    theStr = drop. selectedItem. value
    '从返回值中获取头像图片地址
    dispimg. imageurl = left(trim(thestr),len(trim(thestr))-5)
    '判断当前头像的类型
if trim(left(right(thestr,5),2)) = "帅哥" then
    radio1. checked = true
    radio2. checked = false
  else
    radio1. checked = false
    radio2. checked = true
  end if
End Sub
```

用户头像包含了性别信息，所以选择头像后，代表性别的单选钮（RadioButton 控件）为灰显状态。单击保存后执行的事件代码如下：

```
Sub Sure_Click(Sender As Object,E As Eventargs)
    Dim strConn As String
    Dim sql as string
    Dim Cnn As OleDbConnection
    Dim Cmd As OleDbCommand
    Dim i,j As Integer
    Dim theFace As Integer
    dim StrQQH as String
    Dim theName,theType,theQQ,theEmail,theHome,theTit,theContent As String
    theName = name. text    '获取昵称信息
    theQQ = qq. text         '获取 QQ 号码
    theEmail = email. text    '获取 Email 信息
    theHome = homepage. text  '获取个人主页信息
    theTit = theTitle. text     '获取留言主题
    theContent = content. text   '获取留言内容
```

```
    theFace = Cint(right(drop.selecteditem.value,3))        '获取头像ID
    '判断是否为悄悄话
    if checkbox1.checked then
        strqqh = "1"
    else
        strqqh = "0"
    end if
    if radio1.checked then        '判断性别
        thetype = "帅哥"
    else
        thetype = "靓女"
    end if
    if thename = "" or thetit = "" or thecontent = "" then
        span1.innerhtml = "<font color = red><small>昵称、主题及内容均不可为空!
                </small></font>"
    else
        '连接数据库
        strConn = "Provider = Microsoft.Jet.OLEDB.4.0;Data Source = "
        strConn = strConn & server.MapPath("ly.mdb")
        cnn = New OledbConnection(strConn)
        '保存数据
    sql = "insert into lysheet(nc,qq,sex,email,homepage,title,content,reply,faceid,tag_
            qqh)" & _
          "values('" & thename & "','" & theqq & "','" & thetype & "','" & theemail & "','" & _
          thehome & "','" & thetit & "','" & thecontent & "','','" & theface & "','" & strqqh
                & "')"
        cnn.Open()
        Cmd = new OleDbCommand(Sql,Cnn)
        cmd.executenonquery
        cnn.close()
        response.redirect("main.aspx")    '跳转至留言浏览界面
    end if
End Sub
```

6.3.4　留言回复

在面向管理员留言浏览界面中，提供了留言回复功能。如果留言尚未回复，则显示一个“回复”按钮，单击该按钮后则进入此条留言的回复页面，如图6-20所示。

该页面首先显示要回复的留言记录的相关信息，包括留言主题和留言内容。然后提供文本框，以便管理员输入回复信息。留言信息的显示加载在Page_Load事件中执行，代码如下：

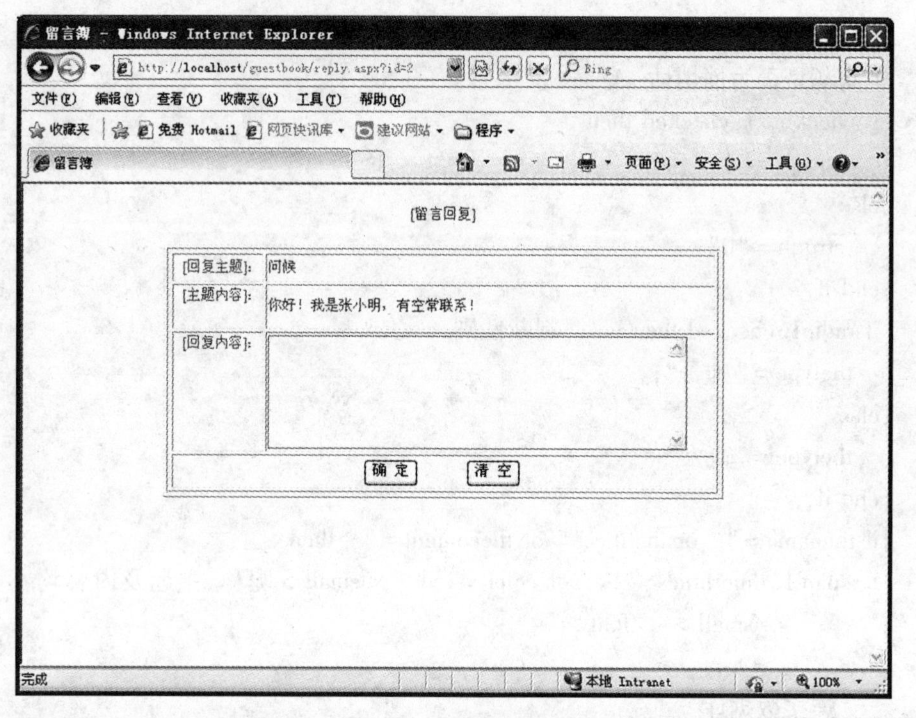

图 6-20 留言回复页面

```
Sub Page_Load(sender As Object, e As EventArgs)
    Dim strConn As String
    Dim sql as string
    Dim Cnn As OleDbConnection
    Dim Cmd As OleDbCommand
    dim datar as OleDbdatareader
    '获取当前所要回复的留言信息 ID
    dim theId as string = request("id")
    '查询留言信息
    sql = "select  *  from lysheet where id = " & cint(theid)
    strConn = "Provider = Microsoft. Jet. OLEDB. 4. 0;Data Source = " & server. MapPath("
       ly. mdb")
    cnn = New OledbConnection(strConn)
    cnn. Open()
    Cmd = new OleDbCommand(Sql,Cnn)
    datar = cmd. executereader()
    if datar. read() then
    '显示留言标题及内容
      strTitle = datar("title")
      strContent = datar("content")
```

```
        end if
        cnn. close( )
        span1. innerhtml = " "
    End Sub
```

保存留言回复信息，主要通过UPDATE语句更新相应的留言记录回复信息实现，代码如下：

```
    Sub Sure_Click( Sender As Object,E As Eventargs)
        Dim strConn As String
        Dim sql as string
        Dim Cnn As OleDbConnection
        Dim Cmd As OleDbCommand
        Dim i,j As Integer
        Dim theID,theReply As String
        theID = request( "id" )    '获取留言信息的ID
        theReply = content. text   '获取回复信息
        if theReply = " " then
          span 1. innerhtml = " < font color = red > < small > 回复内容不可为空！ </small >
              </font > "
        else
          strConn = " Provider = Microsoft. Jet. OLEDB. 4. 0;Data Source = "
          strConn = strConn & server. MapPath( " ly. mdb" )
          cnn = New OledbConnection( strConn)
          '将回复信息保存至数据库
          sql = " Update lysheet set reply = '" & thereply & " ',replydate = '" & now( ) & " ' where
              id = " & cint( theid)
          cnn. Open( )
          Cmd = new OleDbCommand( Sql,Cnn)
          cmd. executenonquery
          cnn. close( )
          '跳转至留言浏览页面
          response. redirect( " main. aspx" )
        end if
    End Sub
```

在保存事件中调用了时间函数NOW( )来获取当前的系统时间，并将其作为回复时间保存至数据库。数据保存后，页面将跳转至留言浏览页面。

6.3.5　留言管理

留言管理主要是管理员对不合适的留言信息删除的操作。当管理员单击留言浏览页面上的“删除”按钮时，页面将跳转至删除留言信息的页面。具体操作是，从数据库删除指定的留言信息，然后将页面跳转至留言浏览页面。在留言管理页面中，只有一个 Page_ Load 事件，无任何窗体代码。

```
Sub Page_Load(sender As Object, e As EventArgs)
    '连接数据库
    strConn = "Provider = Microsoft. Jet. OLEDB. 4. 0;Data Source = "
    strConn = strConn & server. MapPath("ly. mdb")
    cnn = New OledbConnection(strConn)
    '获取要删除信息 ID
    theTag = Request("id")
    '执行删除操作
    sql = "delete from lysheet where id = " & cint(thetag)
    cnn. Open()
    Cmd = new OleDbCommand(Sql,Cnn)
    cmd. executenonquery
    cnn. close
    '跳转至留言浏览页面
    response. redirect("main. aspx")
End Sub
```

6.4 本章小结

本章旨在通过开发留言本这个例子，让读者熟悉系统设计中包括需求分析、功能设计、模块设计、数据库设计以及运用集成开发平台 visual studio 来进行 ASP. NET 的 Web 应用程序开发，在开发中熟悉如 Web 控件的应用、数据库连接、SQL 语句的综合应用和事件调用等程序设计知识和技巧。

第7章　开发 ASP. NET 聊天室程序

学习目标与任务

学习目标

上一章介绍的留言管理系统是构成网站的一个重要组成部分，它为用户与管理者的交流提供了一个平台。而网上聊天系统是为网站用户进行交流和联系提供的一个平台。最早出现的聊天室是用文字聊天，后来发展到语音聊天和视频聊天。本章着重介绍如何用 ASP. NET 实现文字聊天室。

工作任务

1. 聊天室需求分析及模块设计；
2. 聊天室的数据库设计；
3. 数据库的基本操作；
4. VB. NET 的控件运用和事件触发机制。

7.1　系统设计

7.1.1　需求分析

网站利用其网络资源优势和技术优势，提供网上聊天系统，来达到增进用户信息交流和沟通的目的，提高网站人气。

7.1.2　系统功能设计

聊天室系统的基本功能如下：

1. 显示聊天信息

通过定时刷新页面来动态显示用户最新聊天内容。

2. 发送聊天信息

用户发送自己的聊天信息，允许设置个性化显示，包括聊天对象、发言的表情选择、字体显示颜色和贴图。

3. 在线用户列表

显示在线的用户列表并定时刷新。

7.1.3　模块功能划分

当介绍了系统所需实现的功能模块并执行了相应的功能模块的划分和功能设计，可以编写相应的模块操作流程和绘制模块图，ASP. NET 聊天室总体模块划分如图 7-1 所示。

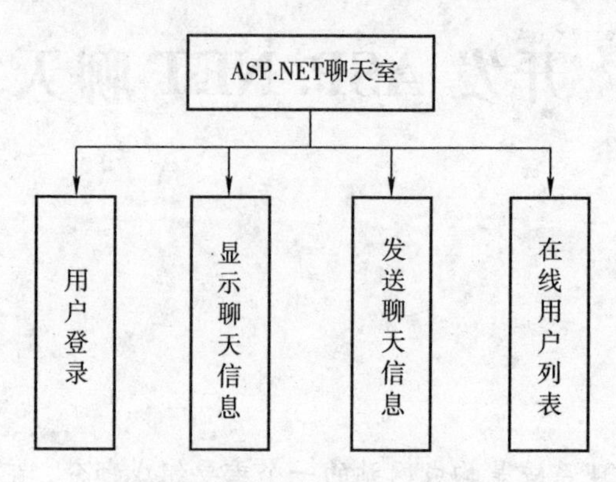

图 7-1 系统总体模块功能划分

模块与文件对照表见表 7-1。

表 7-1 模块与文件对照表

模块名	文件名	功能描述
用户登录	chatroom/Default. aspx chatroom/Exit. aspx	登录入口、退出登录
显示聊天信息	chatroom /Main. aspx	页面框架
发送聊天信息	chatroom / Talk. aspx chatroom / Send. aspx	用户聊天、聊天信息发送
在线用户列表	guestbook/ List. aspx	用户列表

7.2 数据库设计

在 ASP. NET 聊天室数据库设计时，可划分为登录用户基本信息表 UserInfo、聊天基本信息表 Content 和贴图信息表 FaceSheet。

7.2.1 数据库的分析和设计

留言本数据库设计图如图 7-2 所示。

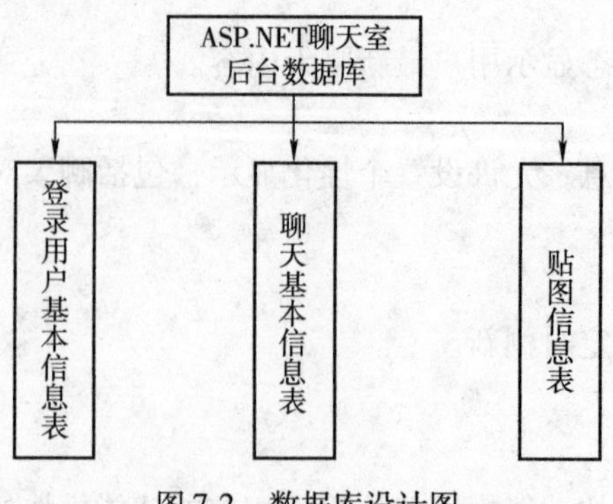

图 7-2 数据库设计图

各表的的详细设计见表7-2 ~ 7-4 所示。

表7-2　用户基本信息表

字 段 名	字段含义	数据类型	主　　键	允 许 空	默 认 值
UserID	用户编号	自动编号	P		
NC	用户昵称	文本			
PWD	登录密码	文本			
Sex	性别	文本		是	
Online	是否在线	文本			0

注：字段 OnLine 表示用户的当前在线状态，0 表示尚未登录，1 表示已登录，默认值是 0。

表7-3　聊天内容基本信息表

字 段 名	字段含义	数据类型	主　　键	允 许 空	
No	编号	自动编号	P		
Talker	发言人	文本			
ToObj	聊天对象	文本		是	
Color	聊天内容显示颜色	文本		是	
Content	聊天内容	文本			
FaceStr	聊天表情	文本	50	是	
FacePic	聊天选择贴图	文本	50	是	
TheTime	发言时间	文本	200		Now( )

注：字段 TheTime 表示用户在聊天室中的发言时间，默认值 Now( )，表示系统的当前时间。

表7-4　贴图信息表

字 段 名	字段含义	数据类型	主　　键	允 许 空	
ID	序号	自动编号	P		
PicAddr	贴图的图片地址	文本			
DispTxt	贴图对应的显示文本	文本			

7.2.2　数据表的创建

创建表可以通过 Microsoft Access2007 进行创建。具体步骤请参照上一章，可以自定义数据，添加到建立好的数据表中。如图7-3 ~ 图7-5 所示。

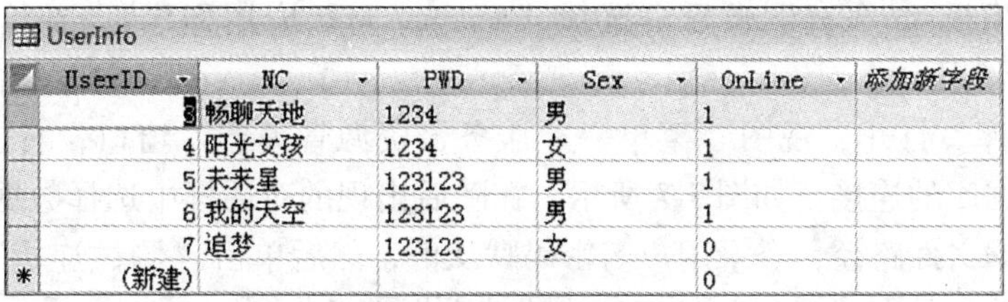

UserInfo

UserID	NC	PWD	Sex	OnLine	添加新字段
3	畅聊天地	1234	男	1	
4	阳光女孩	1234	女	1	
5	未来星	123123	男	1	
6	我的天空	123123	男	1	
7	追梦	123123	女	0	
(新建)				0	

图7-3　UserInfo 数据表

FaceSheet

ID	PicAddr	DispTxt	添加新字段
1	pic\face\0.gif	惊讶	
2	pic\face\1.gif	撇嘴	
3	pic\face\42.gif	爱情	
4	pic\face\32.gif	疑问	
5	pic\face\34.gif	晕	
6	pic\face\11.gif	发怒	
7	pic\face\40.gif	闪人	
8	pic\face\13.gif	呲牙	
9	pic\face\14.gif	微笑	
10	pic\face\15.gif	难过	
11	pic\face\16.gif	酷	
12	pic\face\17.gif	非礇	
13	pic\face\18.gif	抓狂	
14	pic\face\41.gif	发抖	
15	pic\face\20.gif	偷笑	
16	pic\face\21.gif	可爱	
17	pic\face\22.gif	白眼	
18	pic\face\23.gif	傲慢	
19	pic\face\2.gif	色	
* (新建)			

图 7-4　FaceSheet 数据表

Content

No	Talker	ToObj	Color	Content	FaceStr	FacePic	TheTime	添加新字段
1	畅聊天地	大家	#800080	大家好!	笑眯眯地	pic\face\14.gif	2013-9-8 17:24:35	
2	阳光女孩	畅聊天地	#0000FF	你怎么这时候才来，等你好久了…	含情脉脉地	pic\face\11.gif	2013-9-8 17:27:39	
3	我的天空	未来星	#800080	你是哪里人呀?	无	无	2013-9-8 17:29:46	
4	畅聊天地	阳光女孩	#000000	好久不见啦？一切都好吗?	无	pic\face\43.gif	2013-9-8 17:30:00	
8	追梦	大家	#FF0000	大家好!	无	无	2013-9-8 19:48:26	
9	阳光女孩	追梦	#0000FF	你好！欢迎啊!	笑眯眯地	pic\face\39.gif	2013-9-8 19:48:35	
10	未来星	我的天空	#000000	我是北京人，你呢?	甜甜地	pic\face\28.gif	2013-9-8 19:49:05	
16	我的天空	未来星	#FF0000	我也是，呵呵，我有事要走了，改天聊!	笑眯眯地	pic\face\39.gif	2013-9-8 19:55:55	
17	阳光女孩	畅聊天地	#008080	一切都好！你呢，工作忙吗?	无	pic\face\21.gif	2013-9-8 19:59:07	
18	畅聊天地	阳光女孩	#000000	最近还好，有空我请你吃饭吧!	笑眯眯地	pic\face\14.gif	2013-9-8 20:01:12	
19	追梦	阳光女孩	#800080	你好啊，我刚进来，这里好热闹!	笑眯眯地	pic\face\21.gif	13-9-12 15:16:29	
* (新建)							13-9-17 14:27:25	

图 7-5　Content 数据表

7.3　系统实现

7.3.1　创建项目

1. 打开 visual studio，选择“文件”菜单→“新建”→“项目”，在弹出的对话框中选择“visual basic 模板”，在右侧模板中选择“asp. net web 应用程序”，并给该项目命名为 chatroom，如图 7-6 所示。

2. 连接数据库。打开“视图”菜单→“服务器资源管理器”窗口，右击“数据连接”来添加项目与数据库的连接，如图 7-7 所示。在随后出现的对话框中选择数据源为 Access 数据文件，设置数据文件路径，登录用户名密码默认值，然后单击“测试连接”，查看连接是否成功，如果成功，单击“确定”按钮完成连接数据库操作。

图 7-6　创建项目

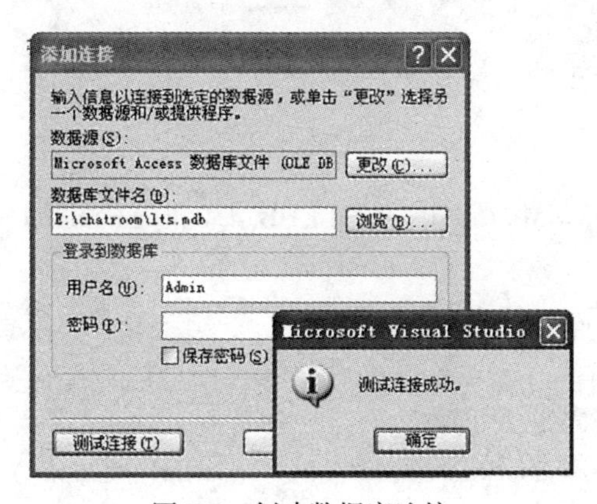

图 7-7　创建数据库连接

7.3.2　用户登录

用户登录后才可进入聊天室，登录页面如图 7-8 所示。

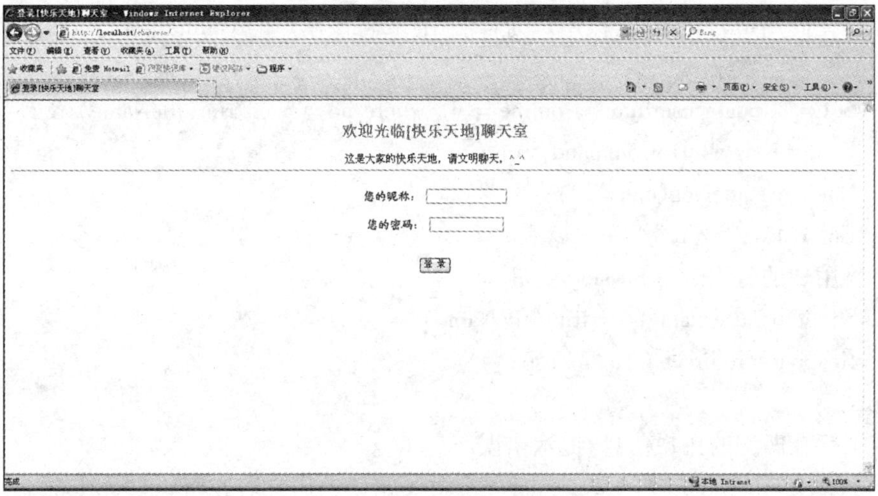

图 7-8　登录页面

输入用户名密码，单击“登录”按钮，即可进入聊天室主页。单击“登录”按钮的事件代码如下：

```
Sub Sure_Click(Sender As Object,E As EventArgs)
    Dim StrCnn As String
    Dim Sql As String
    Dim Cnn As OleDbConnection
    Dim Cmd As OleDbCommand
    Dim Dr As OleDbDataReader
    Dim theName As String
    Dim Pwd As String
    '获取用户输入的用户名
    theName = T1. Text
    '获取用户输入的密码
    Pwd = T2. Text
    '连接数据库
    StrCnn = "Provider = Microsoft. Jet. OLEDB. 4. 0; Data Source = " & Server. MapPath("
        lts. mdb")
    Cnn = New OleDbConnection(StrCnn)
    Cnn. open()
    '查询用户名及密码是否正确
    Sql = "select * from userinfo where nc ='" & trim(theName) & "' and pwd ='" & pwd
        & "'"
    Cmd = New OleDbCommand(Sql,Cnn)
    Dr = Cmd. ExecuteReader()
    If (Dr. Read()) then
      Dr. Close()
    '存在此用户名和密码,该用户为合法用户,将该用户的 Online 值设置为 1,表示该用
        户已登录
      Sql = "Update userinfo set online ='1' where nc ='" & trim(theName) & "'"
      Cmd = New OleDBCommand(Sql,Cnn)
      Cmd. ExecuteNonQuery
      Cnn. Close()
    '将用户的名称赋予 Session 变量
      Session("username") = trim(theName)
      Response. redirect ("main. aspx")
    Else
    '不存在匹配的用户信息,提示错误
      span1. innerhtml = "<font color ='red'>错误的用户名或密码! </font>"
    End If
```

```
End Sub
    </asp:Repeater>
```

在此事件代码中，首先判断用户名及密码是否正确。如果存在匹配的用户，允许进入聊天室主页。进入主页后，将用户信息表中的 Online 字段设置为 1，表示其为在线用户。登录成功后进入聊天室主页，如图 7-9 所示。

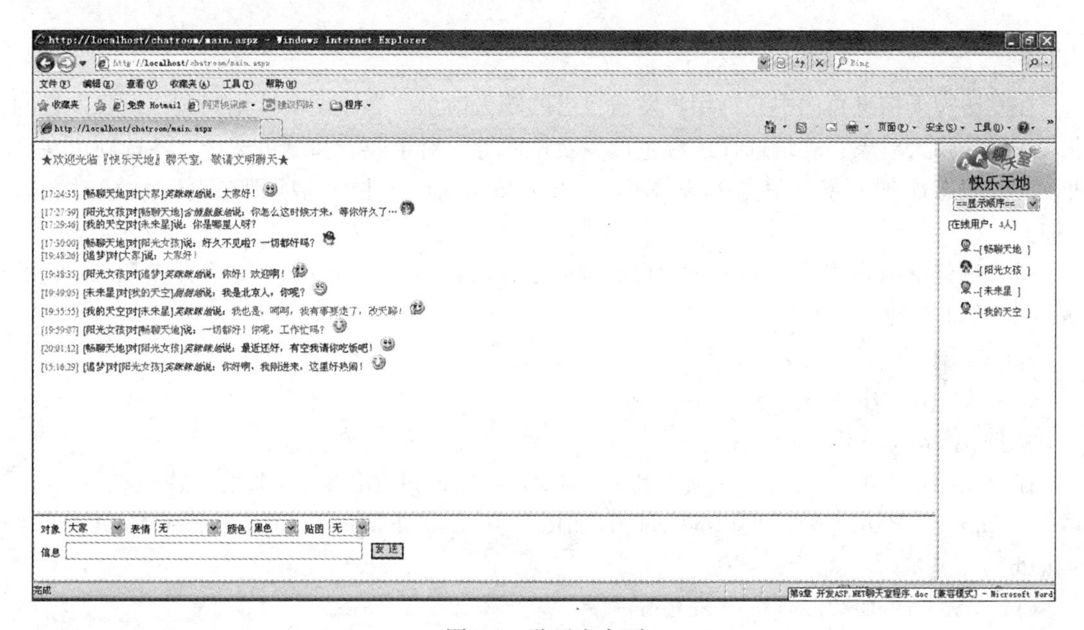

图 7-9　聊天室主页

聊天室主页是一个框架文件，由 3 个页面组成，左上页面为聊天内容，文件名 Talk. aspx；左下页面为信息发送页面，文件名 Send. aspx；右边为当前在线人员列表页面，文件名 List. aspx。以下是框架文件代码：

```
<html>
<head>
<meta HTTP-EQUIV = "Content-Type"  CONTENT = "text/html; charset = gb2312" >
<meta name = "GENERATOR"  content = "Microsoft FrontPage 4.0" >
<meta name = "ProgId"  content = "FrontPage. Editor. Document" >
<title> </title>
</head>
<frameset cols = " * ,158" >
  <frameset rows = "85% , * " >
    <frame name = "rtop"  target = "rbottom"  src = "talk. aspx" >
    <frame name = "rbottom"  src = "send. aspx"  target = "_self" >
  </frameset>
  <frame name = "right"  scrolling = "no"  noresize target = "rtop"  src = "List. aspx" >
  <noframes>
  <body>
```

```
    <p>此网页使用了框架,但您的浏览器不支持框架。</p>
    </body>
    </noframes>
  </frameset>
  </html>
```

7.3.3 发送聊天信息

在发送聊天信息页面中允许用户发送自己的聊天信息。为体现个性化，允许设置发言的格式，报告聊天对象、表情选择、颜色设置及贴图等。对于表情和颜色选择，各选项可在页面设计时静态添加，聊天对象和贴图两个 DropDownList 控件的选项则在页面加载时动态增加。

聊天对象指用户发言时面向的对象，包括当前在线的所有用户及“大家”，对应的 DropDownList 控件定义如下：

```
  <asp:dropdownlist id="drop" Runat="Server">
      <asp:ListItem>大家</asp:ListItem>
  </asp:Dropdownlist>
```

在定义中仅添加“大家”一项，其余选项均在 Page_ Load 事件中加载，代码如下：

```
  StrCnn = " Provider = Microsoft. Jet. OLEDB. 4. 0; Data Source = " & Server. MapPath ( "
lts. mdb")
  Cnn = New OleDbConnection(StrCnn)
  Cnn. open()
  Sql = "select nc from userinfo where online = '1 '"
  Cmd = New OleDbCommand(Sql,Cnn)
  Dr = Cmd. ExecuteReader()
        While dr. read()
        '循环记录集,将在线用户添加至聊天对象中
        drop. items. add(new listitem(dr. getstring(0)))
  End While
```

由于在线用户动态对是改变的，因此这里主要从数据库中查询当前的在线用户信息，并将其添加到对象列表中。

贴图指在用户所发送的聊天信息后面显示用户指定的图片，以增加趣味性。由于贴图中用户所选择的图片信息存储在 FaceSheet 数据表中，因此添加其选项也在 Page_ load 事件中动态加载，以下是加载的有关代码：

```
  '查询贴图信息
  Sql = "select picaddr,disptxt from facesheet order by id"
  Cmd = New OleDbCommand(Sql,Cnn)
  Dr = Cmd. ExecuteReader()
  while dr. read()
  dim LItem as new ListItem
```

```
'设置贴图选项的显示文本
LItem. text = dr. getstring(1)
'设置贴图选项的返回值
Litem. Value = dr. Getstring(0)
Drop3. Items. Add(LItem)  '添加选项
End While
```

为提供贴图预览功能，将贴图选项所对应的 DropDownList 控件的 AutoPostBack 属性设置为 True。这样当贴图选项发生改变时，便会立即提交至服务器。从而改变 Image 控件的显示，如图 7-10 所示。

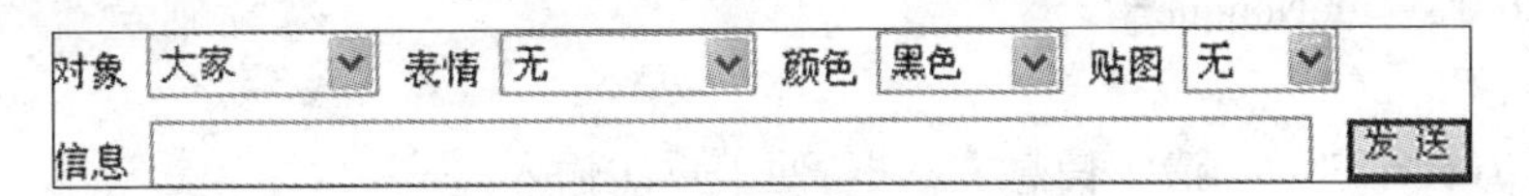

图 7-10 Image 控件的显示

改变图片显示的相应代码如下：

```
If Drop3. SelectedItem. Value = "无" then
'当没有选择贴图信息时,设置 Image 控件的 ImageUrl 属性为空,并将其隐藏
        Image1. ImageUrl = ""
        Image1. Visible = "False"
    Else
'选择了贴图信息,将 ImageUrl 属性设置为当前贴图所对应的图片地址
        Image1. ImageUrl = drop3. selecteditem. value
        image1. visible = "True"   '显示 Image 控件
    end if
```

"发送"按钮的单击事件代码如下：

```
Sub Sure_Click(Sender As Object,E As Eventargs)
    Dim StrCnn As String
    Dim Sql As String
    Dim theText As String
    Dim theObj As String
    Dim theFace As String
    Dim theFont As String
    Dim FacePic As String
    theText = T1. Text   '获取用户的发言信息
    theObj = Drop. SelectedItem. Text   '获取用户选择的聊天对象
    theFace = Drop1. SelectedItem. Text '获取用户所选择的表情
    theFont = Drop2. SelectedItem. Value '获取用户所选择的字体颜色
    FacePic = Drop3. SelectedItem. Value '获取用户所选择的贴图
    '连接数据库
```

```
    StrCnn = "Provider = Microsoft. Jet. OLEDB. 4. 0;Data Source = " & Server. MapPath("
lts. mdb")
    Cnn = New OleDbConnection(StrCnn)
    Cnn. open()
    '保存用户的发言信息,其中发言人通过 Session 变量 username 来获取
    Sql = "insert into content(talker,toobj,color,content,facestr,facepic) values('" & ses-
        sion("username") & "','" & theobj & "','" & theFont & "','" & theText & "','"
        & theFace & "','" & facepic & "')"
    Cmd = New OleDbCommand(sql,Cnn)
    Cmd. ExecuteNonquery
    Cnn. Close()
    T1. Text = ""    '清空信息文本框,便于再次输入
End Sub
```

7.3.4 显示留言信息

一条聊天信息的输出内容应包括发言时间、发言人、聊天对象、聊天表情和聊天内容，以及贴图等。同时，还需设置聊天内容字体的颜色为用户发送信息时所选择的颜色，如图 7-11 所示。

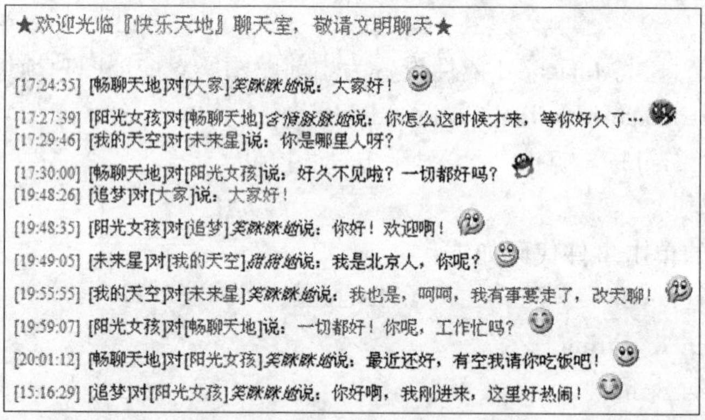

图 7-11　显示聊天信息

以下是聊天信息显示页面的实现代码：

```
<%@ Page language = "vb" Debug = "true" %>
<%@ Import NameSpace = "System. Data" %>
<%@ Import NameSpace = "System. Data. OleDb" %>
<Script language = "vb" runat = "Server">
  Dim StrCnn As String
  Dim Sql As String
  Dim Cnn As OleDbConnection
  Dim Cmd As OleDbCommand
```

```
  Dim Dr As OleDbDataReader
  Sub Page_Load(Sender As Object,E As EventArgs)
    '连接数据库
    StrCnn = "Provider = Microsoft. Jet. OLEDB. 4. 0;Data Source = " & Server. MapPath("
      lts. mdb")
    Cnn = New OleDbConnection(StrCnn)
    Cnn. open()
    '查询聊天信息
    Sql = "select theTime,Talker,toObj,Color,Content,Facestr,facepic from content order by
      thetime"
    Cmd = New OleDBCommand(Sql,Cnn)
    Dr = Cmd. ExecuteReader()
  End Sub
</Script>
<html> <head>
<meta http-equiv = "refresh" content = "10" >
<title> </title>
</head>
<body>
<p style = "font-size:11pt" > <font color = "#848484" > ★ </font> <font color = "#
    008cff" >欢迎光临 </font> <font color = "#00a510" >『快乐天地』</font> <
    font color = "#008cff" >聊天室,敬请文明聊天 </font> <font color = "#848484"
    > ★ </font> </p>
<font style = "font-size:10pt" >
<%
'循环显示聊天信息
While Dr. Read()
'显示发言时间
Response. Write (" <font style = 'color:gray ' >[" & formatdatetime(Dr. getDatetime(0),
    DateFormat. Longtime) & "] </font>  ")
  '显示发言人
Response. Write ("[ <font style = 'color:blue '>" & dr. getstring(1) & " </font>]")
'显示聊天对象
Response. Write ("对[ <font style = 'color:green '>" & dr. getstring(2) & " </font>]")
    If trim(Dr. GetString(5)) < > "无" then
'显示聊天表情
      Response. Write (" <i> <font style = 'color:#800080 '>" & dr. getstring(5) & " </
        font> </i>")
    End If
```

```
 '显示聊天内容,其颜色为用户发言时所选择的颜色
Response. Write ("说: <font style = 'color:" & dr. getstring(3) & "' > " & dr. getstring(4)
    & " </font > ")
    if trim( dr. getstring(6) ) < > "无" then
     '显示贴图
    response. write ( "   < img src = '" & dr. getstring(6) & "' width = '20 ' height = '20
        ' / > ")
    end if
    response. write ( " < br > " )
  End While
  Cnn. Close( )
% >
 </font >
 </body >
 </html >
```

这里采用了 Response. Write 方法来直接输出聊天信息，而没有使用数据控件。这样做更易于控制所显示的内容。为了实现动态刷新功能，在 <head> 标记与 </head> 标记间添加代码：

```
 < meta http-equiv = "refresh" content = "10" >
```

该代码可以使页面每 10s 刷新一次，保证了聊天内容的动态刷新。

7. 3. 5 显示在线用户

由于用户在登录时，已经记录了登录状态，即将其对应的 OnLine 标志设置为 1，因此获取在线的用户信息变得容易了。显示在线用户的页面如图 7-12 所示。

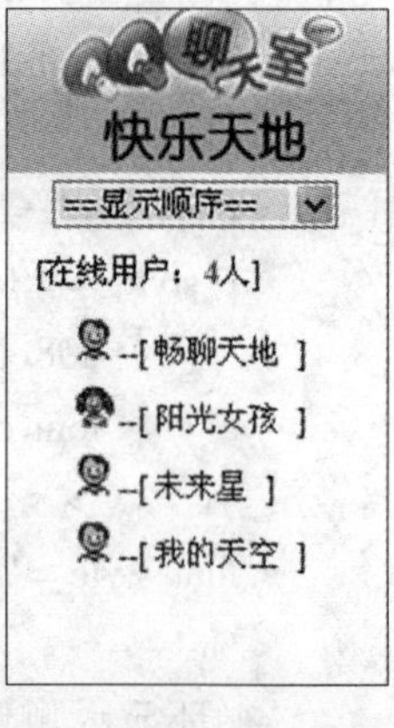

图 7-12 显示在线用户

以下是显示在线用户页面的实现代码：

```
 < %@ Page Language = "VB" Debug = "true" % >
 < %@ Import NameSpace = "System. Data" % >
 < %@ Import NameSpace = "System. Data. OleDb" % >
 < Script language = "vb" runat = "Server" >
    Dim StrCnn As String
    Dim Sql As String
    Dim Cnn As OleDbConnection
    Dim Cmd As OleDbCommand
    Dim Dr As OleDbDataReader
    dim Counts as integer
  Sub Page_Load( Sender As Object, E As EventArgs)
    dim OrderStr as string
```

```
    '连接数据库
    StrCnn = "Provider = Microsoft. Jet. OLEDB. 4. 0;Data Source = " & Server. MapPath("
        lts. mdb")
    Cnn = New OleDbConnection(StrCnn)
    Cnn. open()
    '查询当前在线的用户人数
    Sql = "select count( * ) from userinfo where online ='1'"
    Cmd = New OleDbCommand(Sql,Cnn)
    Dr = Cmd. ExecuteReader()
    if dr. read() then
       counts = dr. GetInt32(0)
    else
       counts =0
    end if
    dr. close()
    '按用户所选择的排序方式进行排序
    if trim(drop1. selecteditem. text) <> "==显示顺序==" then
      select case trim(drop1. selecteditem. text)
      case "按姓名字母顺序"
        orderstr = " order by nc"    '按姓名排序
      case "按女士优先"
        orderstr = " order by sex desc"    '按女士优先排序
      end select
    end if
    '查询所有在线用户信息
    Sql = "select nc,sex from userinfo where online ='1' " & orderstr
    Cmd = New OleDbCommand(Sql,Cnn)
    Dr = Cmd. ExecuteReader()
  End Sub
</Script>
<html> <head>
<meta http-equiv = "refresh" content = "60" >
<title> </title>
<style type = "text/css" >
<! --
body {font-size:9pt;
border: 1px #EEEEE;
scrollbar-face-color: #eeeeff;
scrollbar-shadow-color: black; scrollbar-highlight-color: green; scrollbar-dlight-color: #
   007300;
```

```
scrollbar-darkshadow-color: #B4E7B4; scrollbar-track-color:#E6E6FF; scrollbar-arrow-color:
    blue }
}
.btnStyle{ font-size:9pt; CURSOR: hand;BORDER-BOTTOM: #4d4d4d 2px solid; BOR-
    DER-LEFT: #4d4d4d 1px solid; BORDER-RIGHT: #4d4d4d 1px solid; BORDER-TOP:
    #4d4d4d 1px solid; COLOR: #333300; }
select { BACKGROUND-COLOR: #efefef; COLOR: black; FONT-FAMILY:宋体; FONT-
    SIZE: 9pt; Border-width: 1px;}
.editStyle{ CURSOR: wait;font-size:9pt; BACKGROUND-COLOR: #efefef;}
-->
</style>
</head>
<body topmargin="0" leftmargin="0">
<form runat="server">
  <img src="pic\top.jpg" width="162" height="66" />
  <center>
  <!--选择显示顺序下拉列表框-->
  <asp:dropdownlist id="Drop1" font-size="10" AutoPostBack="True" Runat="serv-
       er">
    <asp:ListItem selected="true">==显示顺序==</asp:ListItem>
    <asp:ListItem>按姓名字母顺序</asp:ListItem>
    <asp:ListItem>按女士优先</asp:ListItem>
  </asp:dropdownlist>
  </center>

  <table border="0" cellpadding="1" width="100%">
    <tr height="30"><td style="padding-left:10px">
    <!--显示在线用户人数-->
      <font style="font-size:10pt">[在线用户:<font color="red"><b><%=
          counts%></b></font>人]</font>
    </td></tr>
<%
'循环记录集,显示在线用户信息
  While (dr.read())
    response.write("<tr height='20'><td style='padding-left:25px' valign='top'>")
'对于不同性别,显示相应图像
    if dr.getstring(1)="男" then
      response.write("<img src='pic\boy.gif' width='19' height='19'/>")
    else
```

```
        response. write(" <img src = 'pic\girl. gif' width = '19 ' height = '19 ' / > ")
      end if
      response. write (" <font style = 'font-size:10pt '> --[ <font style = 'color:blue '> " &
          Dr. GetString(0) & " </font > ] </font > ")
      response. write (" </td > </tr > ")
    End While
    Cnn. Close( )
%>
</table >
</form >
</body >
</html >
```

以上代码提供了两种不同顺序来查看当前的在线用户信息，一是按姓名字母排序；二是按女士优先排序。对于第一种排序方式，通过查询在线用户的 SQL 语句添加”Order By nc”来实现；对于第二种排序方式，在 SQL 语句添加”Order By Sex Desc”即可。

另外，对于实现在线用户的动态刷新，在 <Head> 标记与 </Head> 标记之间添加了代码：

```
<meta http-equiv = "refresh" content = "60" >
```

这样保证了页面每隔 60s 进行刷新。

7.3.6　注销用户

在本模块中，判断用户在线根据其登录状态 OnLine 的值，若值为 1，表示用户在线；值为 0，表示用户离线。所以判断用户离线只需将其 OnLine 值设置为 0 即可。当用户退出聊天室，一般有两种操作：一是关闭浏览器；二是输入网址将页面转向其他网站。两种操作都要关闭框架文件中的一个子页面。通过 JavaScript 或 VBScript 脚本，可以使页面关闭时执行相应事件。在关闭框架文件的一个子页面时，打开一个新页面，该页面仅执行更新用户状态操作，然后自动关闭。

打开发送聊天信息的 Send. aspx 页面，在其 <Head> 标记与 </Head> 标记之间添加以下 VBScript 脚本：

```
    <SCRIPT ID = clientEventHandlersVBS LANGUAGE = vbscript >
    Sub window_onunload
        window. open
"exit. aspx" ,"exit" ,"fullscreen = 0 ,toolbar = 0 , location = 0 , directories = 0 , status = 0 , menu-
      bar = 0 , scrollbars = 0 , resizable = 0 , width = 1 , height = 1 , top = 200 , left = 200"
    End Sub
    </script >
```

选择在 Send. aspx 页面，而不是框架文件中的其他两个子页面（显示聊天信息和显示在线用户），是因为其他两个页面会定时动态刷新，这样在一定程度上可以减少对页面的影响。

以上脚本定义了 Window_ OnUnLoad 事件，该事件在页面关闭时执行。在此事件中调用了 Window. Open 方法来打开一个新页面 Exit. aspx，此页面即将用户的登录状态 OnLine 值设置为0，并自动关闭页面。

以下是 Exit. aspx 页面的源代码：

```
<%@ Page language = "vb" Debug = "true" % >
<%@ Import NameSpace = "System. Data" % >
<%@ Import NameSpace = "System. Data. OleDb" % >
<Script Language = "VB" Runat = "Server" >
 Sub Page_Load(Sender As Object,E As EventArgs)
    Dim StrCnn As String
    Dim Sql As String
    Dim Cnn As OleDbConnection
    Dim Cmd As OleDbCommand
    '连接数据库
    StrCnn = "Provider = Microsoft. Jet. OLEDB. 4. 0;Data Source = " & Server. MapPath("
        lts. mdb")
    Cnn = New OleDbConnection(StrCnn)
    Cnn. open()
    '将当前用户的登录状态值更新为0
    Sql = "Update userinfo set online = '0' where nc = '" & trim(session("username"))& "'"
    Cmd = New OleDBCommand(Sql,Cnn)
    Cmd. ExecuteNonQuery
    Cnn. Close()
    '清空 Session 变量
 End Sub
</Script >
<script language = javascript >
  window. close();
</script >
```

这里仅执行两步操作，第一步是更新当前用户的登录状态 OnLine 的值，并清空其对应的 Session 变量，当前用户姓名可通过 Session（“username”）来获取；第二步是调用 JavaScript 脚本的 Window. Close() 方法关闭当前页面。

至此，一个基本的聊天室已经构建完毕。

7.4 本章小结

本章旨在通过开发聊天室这个例子，让读者熟悉系统设计中包括需求分析、功能设计、模块设计、数据库设计以及运用集成开发平台 visual studio 来进行 ASP. NET 的 Web 应用程序开发，在开发中熟悉如 Web 控件的应用、数据库连接、SQL 语句的综合应用和事件调用等程序设计知识和技巧。

第 8 章　LINQ to SQL 实现图书信息管理

LINQ（Language Integrated Query）是微软公司提供的一种统一数据查询模式，并与 .NET 开发语言进行了高度的集成，LINQ 的使用极大地简化了数据查询的编码和调试工作，提高了数据处理的性能。LINQ 是 Visual Studio 2008 中的领军人物，借助于 LINQ 技术，可以使用一种类似 SQL 的语法来查询任何形式的数据，目前为止，LINQ 所支持的数据源有 SQL Server、Oracle、XML 以及内存中的数据集合。LINQ to SQL 是 ADO. NET 和 LINQ 结合的产物，它将关系数据库模型映射到编程语言所表示的对象模型，开发人员通过使用对象模型来实现对数据库数据的操作。本章就是使用 LINQ to SQL 技术实现在线购书网站中图书信息管理模块的各类操作。

学习目标与任务

学习目标

1. 理解 LINQ 的基本概念；
2. 掌握 LINQ 的基本语法和基础知识；
3. 掌握 LINQ to SQL 的使用方法；
4. 掌握在线购书网站中图书信息管理模块的设计与实现。

工作任务

设计在线购书网站中图书信息管理模块，实现图书信息的浏览、查询、增加、修改、删除等功能。

8.1　系统需求分析与设计

8.1.1　需求分析

（1）图书信息管理模块主要处理图书的书号、书名、作者、出版社、出版日期、价格、封面图片等信息。

（2）用户通过访问图书信息管理页面浏览所有图书信息，并能够对每一条图书信息记录进行修改、删除操作。

（3）用户通过访问图书信息管理页面，可以查询符合条件的图书信息。

（4）用户通过访问图书信息管理页面，可以增加新的图书信息内容。

8.1.2　系统功能设计

在线购书网站中的图书信息管理模块，主要功能是实现图书信息的浏览、查询、增加、修改、删除等操作。具体描述如下：

（1）图书信息浏览功能

使用 LIST 控件、通过 LINQ to SQL 技术实现图书信息的输出和浏览功能。

（2）图书信息查询功能

使用工具栏控件、通过 LINQ to SQL 技术实现有条件的图书信息查询功能。

（3）图书信息增加功能

使用工具栏控件、通过 LINQ to SQL 技术实现图书信息的增加功能。

（4）图书信息修改功能

使用工具栏控件、通过 LINQ to SQL 技术实现图书信息的修改功能。

（5）图书信息删除功能

使用工具栏控件、通过 LINQ to SQL 技术实现图书信息的删除功能。

根据上节分析的系统功能需求，可以得到系统的功能模块，如图 8-1 所示。

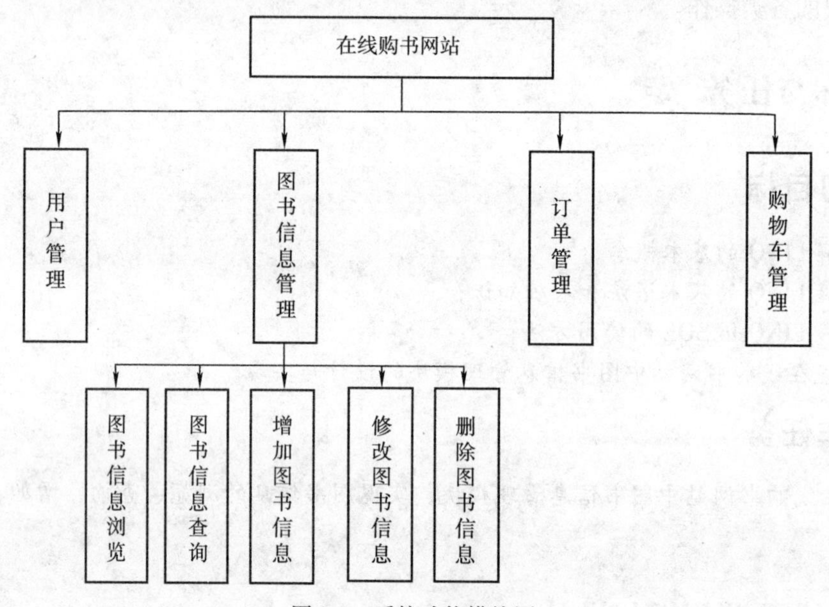

图 8-1 系统功能模块图

根据上述的系统需求分析和功能描述，把本系统分成实体类、视图类两个主要的模块。各模块所包含的文件及其功能见表 8-1。

表 8-1 图书信息管理模块文件一览表

模 块 名	文 件 名	功 能 描 述
数据源	Book 数据表	数据库中表文件
实体类模块	dataClass1. dbml	图书表实体类文件
视图类模块	Default. aspx	主页
	Insert. apsx	插入图书信息文件
	Update. aspx	修改图书信息文件
	Delete. aspx	删除图书信息文件

8.1.3　系统运行演示

a）运行主页

b）查询图书信息

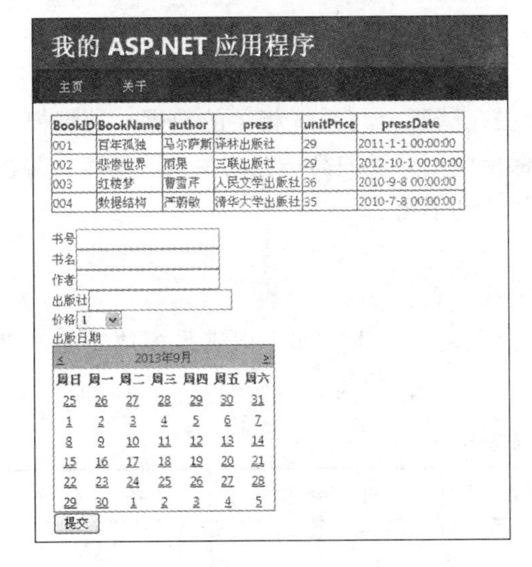

c）准备插入新的图书信息前

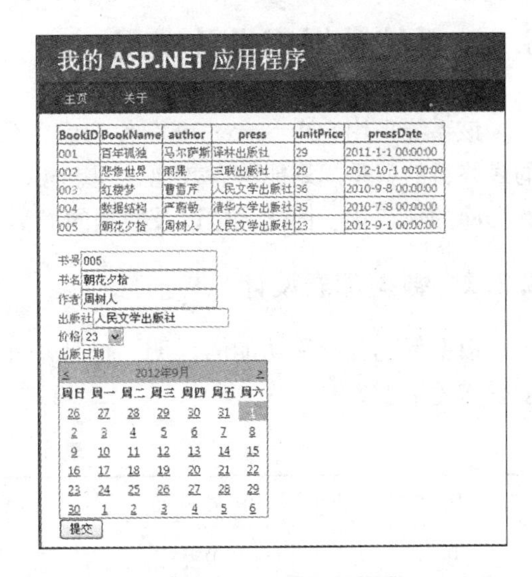

d）插入一条新的图书信息后

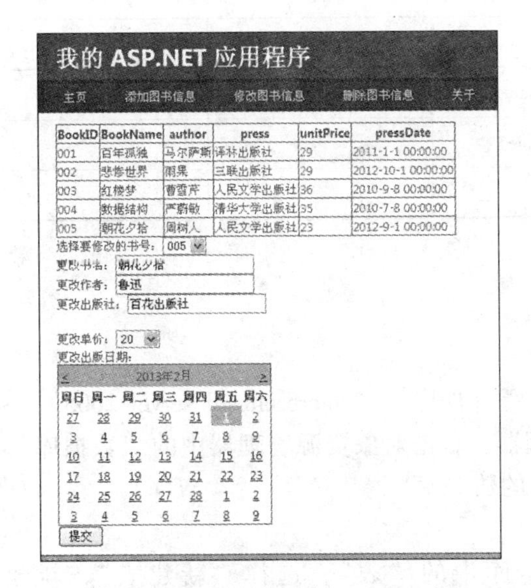

e）修改选定的图书信息前

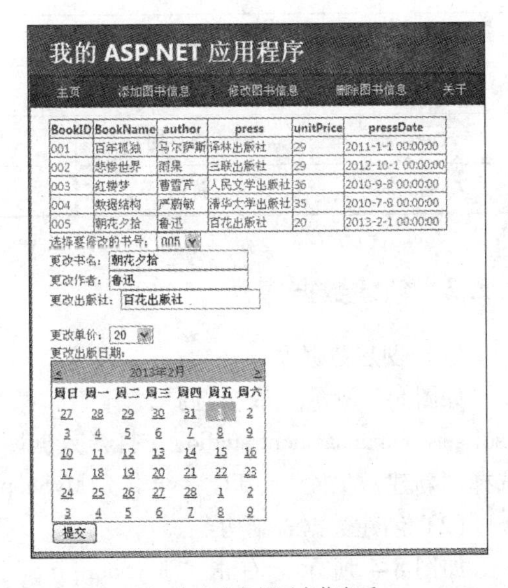

f）修改选定的图书信息后

图 8-2　系统运行演示

我的 ASP.NET 应用程序

主页 添加图书信息 修改图书信息 删除图书信息 关于

BookID	BookName	author	press	unitPrice	pressDate
001	百年孤独	马尔萨斯	译林出版社	29	2011-1-1 00:00:00
002	悲惨世界	雨果	三联出版社	29	2012-10-1 00:00:00
003	红楼梦	曹雪芹	人民文学出版社	36	2010-9-8 00:00:00
004	数据结构	严蔚敏	清华大学出版社	35	2010-7-8 00:00:00
005	朝花夕拾	鲁迅	百花出版社	20	2013-2-1 00:00:00

选择要删除的图书编号：005 删除

g）删除图书信息前

h）删除图书信息后

图 8-2　系统运行演示（续）

8.2　系统数据库设计实现

该系统采用 SQL Server 2005 作为后台数据库去存储所有与系统相关的数据。数据模型的最终目的就是规划能够有效地处理事务，并且保持应用开发的简洁性的关系数据库，并在数据库的规范化、性能优化以及数据的简洁性之间达到平衡。

8.2.1　数据库表设计

根据系统分析和功能的说明，设计一张图书信息表（book）即可以满足模块功能。表字段描述见表 8-2。

表 8-2　图书信息表

字　段	中文描述	数据类型	可否空	备　注
BookID	图书编号	Varchar	否	主键
BookName	图书名称	Varchar	否	
Author	作者	Varchar	否	
Press	出版社	Varchar	否	
PressDate	出版日期	Datetime	否	
UnitPrice	价格	Int	否	

8.2.2　创建数据库

（1）创建数据库

如图 8-3 所示，依次选择“开始”菜单→所有程序→“microsoft sql server 2005”→“sql server management studio”，打开数据库管理器，右击对象资源管理器中的“数据库”，选择“新建数据库”，新建一个名为 MyShopping 的数据库。

（2）创建数据表结构

如图 8-4 所示，右击“MyShopping”数据库中的“表”，选择“新建表”，新建 book 表。如图 8-5 所示，依次创建 bookID、bookName、author、press、pressDate、unit-price 等字段。

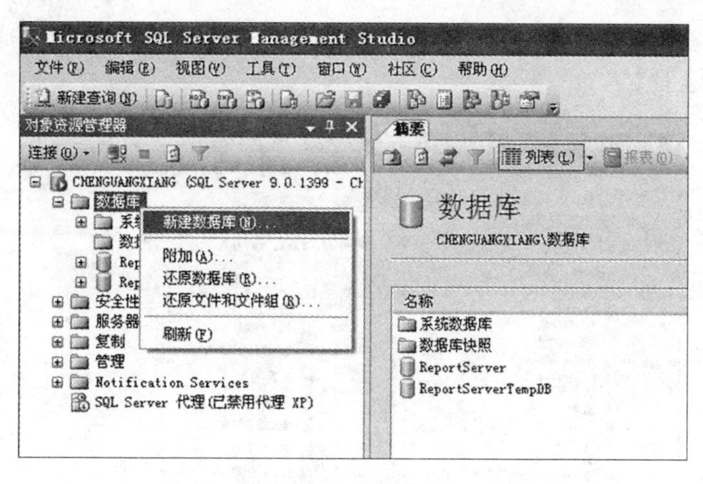

图 8-3 创建数据库

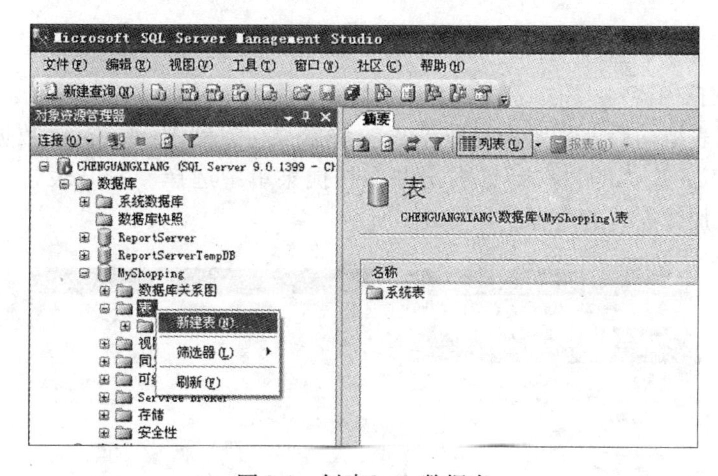

图 8-4 创建 book 数据表

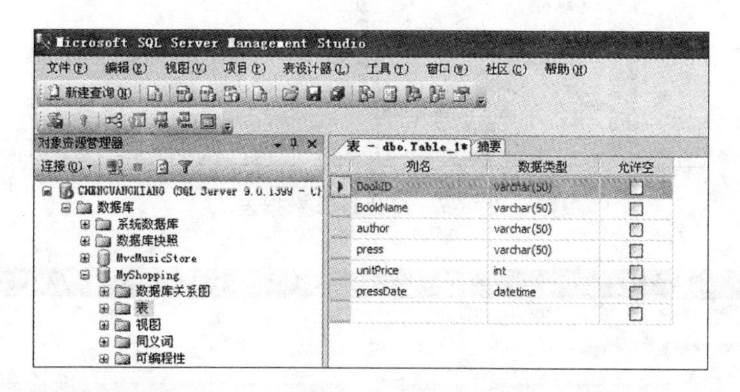

图 8-5 创建 book 数据表字段

（3）设置主键

添加完字段后，需要设置主键。右击“bookID”条目，在弹出的快捷菜单中选择“设置主键”，将 bookID 设为主键，如图 8-6 所示。随后单击“保存”按钮保存当前数据表，名称为 book，完成表结构的创建。

注意：如果要同时设置两个以上字段为主键，方法是：选用 <Ctrl> 键选择多个字段，右击选择“设置主键”。

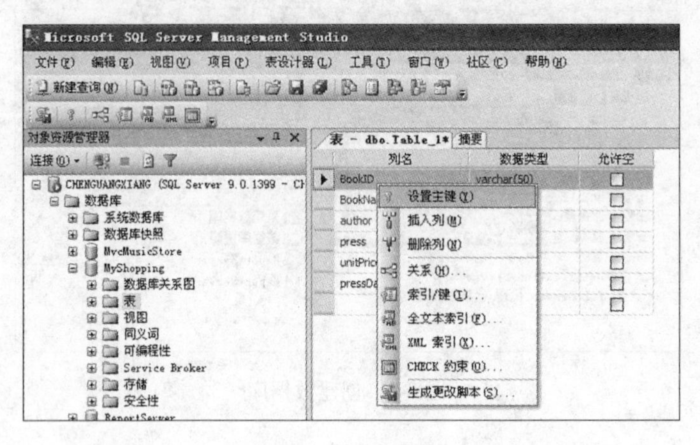

图 8-6 设置主键

（4）添加数据内容

设计好数据表结构后，就要添加数据表的数据了。找到 MyShopping 数据库，打开树状目录，选择“表”→“dbo. book”，右击并在快捷菜单中选择“打开表”，如图 8-7 所示，在右侧窗口中添加数据表的内容，如图 8-8 所示。

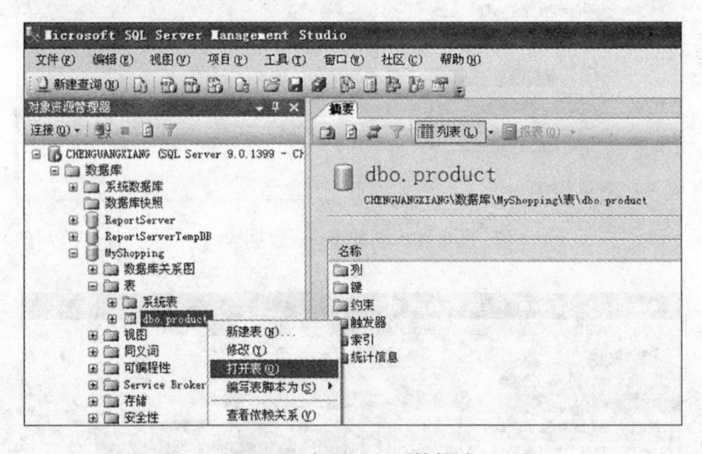

图 8-7 打开 book 数据表

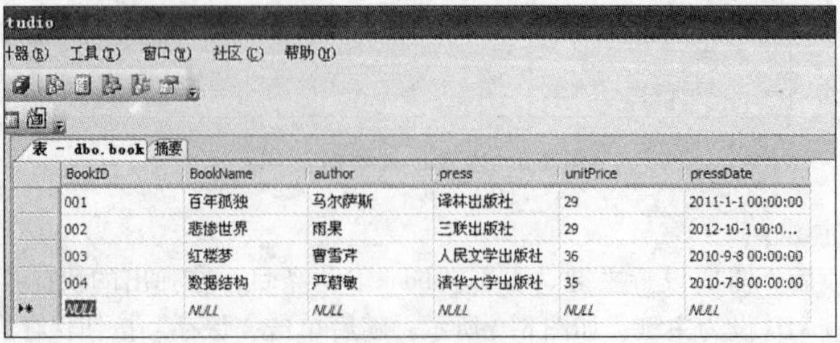

表 - dbo.book 摘要

BookID	BookName	author	press	unitPrice	pressDate
001	百年孤独	马尔萨斯	译林出版社	29	2011-1-1 00:00:00
002	悲惨世界	雨果	三联出版社	29	2012-10-1 00:0...
003	红楼梦	曹雪芹	人民文学出版社	36	2010-9-8 00:00:00
004	数据结构	严蔚敏	清华大学出版社	35	2010-7-8 00:00:00
NULL	NULL	NULL	NULL	NULL	NULL

图 8-8 添加数据表内容

8.3　基础知识

8.3.1　LINQ 基础

（1）LINQ 概念

LINQ（Language Integrated Query），语言集成查询，是一组用于 C#和 Visual Basic 语言的扩展。它允许编写 C#或者 Visual Basic 代码以查询数据库相同的方式操作内存数据。

查询是一种从数据源检索数据的表达式。查询通常用专门的查询语言来表示。随着时间的推移，人们已经为各种数据源开发了不同的语言，例如，用于关系数据库的 SQL 和用于 XML 的 XQuery。因此，开发人员不得不针对它们必须支持的每种数据源或数据格式而学习新的查询语言。LINQ 通过提供一种跨各种数据源和数据格式使用数据的一致模型，简化了这一情况。

（2）LINQ 优点

1）无需复杂学习过程即可上手。

2）编写更少代码即可创建完整应用。

3）更快开发错误更少的应用程序。

4）无需求助奇怪的编程技巧就可合并数据源。

5）让新开发者开发效率更高。

6）任何对象或数据源都可以定制实现 LINQ 适配器，为数据交互带来真正方便。

（3）LINQ 查询实例

所有 LINQ 查询操作都由 3 个不同的操作组成：获取数据源、创建查询、执行查询。

下面先介绍一个示例。在这个示例中，创建了一个查询，使用 LINQ 在一个简单的内存对象数组中查找一些数据，并输出到控制台上。代码如下：

```
static voidMain(string[] args)
{
    string [] names = { "Alonso", "Zheng", "Smith", "Jones", "Smythe","Small", "
          Ruiz", "Hsieh", "Jorgenson", "Ilyich","Singh", "Samba", "Fatimah" };
    var queryResults = from n in names where n.StartsWith("S")  select n;
    Console.WriteLine("Names beginning with S: ");
    foreach (var item in queryResults)
        {
            Console.WriteLine(item);
        }
}
```

在上面的示例中，第一步是创建一些数据，就是声明并初始化 names 数组：

```
string[] names = { "Alonso", "Zheng", "Smith", "Jones", "Smythe", "Small","Ruiz",
"Hsieh", "Jorgenson", "Ilyich", "Singh", "Samba", "Fatimah" };
```

程序的下一部分是创建 LINQ 查询语句：

```
var queryResults =
    from n in names
    where n.StartsWith("S")
    select n;
```

这是一个看起来比较古怪的语句。它不像是 C#语言，实际上 from... where... select 类似于 SQL 数据库查询语言。

但是，这个语句不是 SQL，而是在编译器中输入这些 C#代码时，from、where 和 select 会突出显示为关键字，这个古怪的语法对编译器而言是完全正确的。

这个程序中的 LINQ 查询语句使用了 LINQ 声明性查询语法。该语句包括 4 个部分：以 var 开头的结果变量声明，使用查询表达式给该结果变量赋值，查询表达式包含 from 子句、where 子句和 select 子句。下面逐一介绍它们。

1. 用 var 关键字声明结果变量

```
var queryResults =
```

var 在前面已经介绍过，用于声明一般的变量类型，特别适合于包含 LINQ 查询的结果。var 关键字告诉 C#编译器，根据查询推断结果的类型。这样，就不必提前声明从 LINQ 查询返回的对象类型了——编译器会推断出该类型。如果查询返回多个结果，该变量就是查询数据源中的一个对象集合（在技术上它并不是一个集合，只是看起来像是集合而已）。

2. 指定数据源（from 子句）：

```
from n in names
```

本例中的数据源是前面声明的字符串数组 names。变量 n 只是数据源中某一元素的代表，类似于 foreach 语句后面的变量名。指定 from 子句，就可以只查找集合的一个子集，而不用迭代所有的元素。说到迭代，LINQ 数据源必须是可枚举的——必须是数组或集合，可以从中选择出一个或多个元素。

注意：数据源不能是单个值或对象，例如单个 int 变量。

3. 指定条件（where 子句）：

```
where n.StartsWith("S")
```

可以在 where 子句中指定能应用于数据源中各元素的任意布尔（true 或 false）表达式。实际上，where 子句是可选的，甚至可以忽略，但在大多数情况下，都要指定 where 条件，把结果限制为需要的数据。where 子句称为 LINQ 中的限制运算符，因为它限制了查询的结果。

4. 指定元素（select 子句）。

最后，select 子句指定结果集中包含哪些元素。select 子句如下：

```
select n;
```

select 子句是必需的，因为必须指定结果集中有哪些元素。因为在结果集的每个元素中都只有一项 name。如果结果集中有比较复杂的对象，使用 select 子句的有效性就比较明显。

5. 完成（使用 foreach 循环）。

现在输出查询的结果。与把数组用作数据源一样，像这样的 LINQ 查询结果是可以枚举的，即可以用 foreach 语句迭代结果：

```
foreach (var item in queryResults)
{
    Console.WriteLine(item);
}
```

8.3.2 LINQ to SQL

LINQ to SQL 是 ADO.NET 和 LINQ 结合的产物，它将关系数据库模型映射到编程语言所表示的对象模型，开发人员通过使用对象模型来实现对数据库数据的操作。在操作过程中，LINQ to SQL 会将对象模型中的语言集成查询转换为 SQL，然后将它们发送到数据库进行执行，当数据库返回结果时，LINQ to SQL 会将它们转换成相应的编程语言处理对象。

使用 LINQ to SQL 可以完成的常用数据库操作包括：选择、插入、更新、删除。这 4 种操作包含了数据库应用的所有功能，LINQ to SQL 全部都能实现。LINQ to SQL 的使用主要可以分为两个步骤：

（1）创建对象模型

要实现 LINQ to SQL，首先必须根据现有的数据库的元数据创建对象模型，对象模型就是按照开发人员所用的编程语言来表示的数据库。有了这个表示数据库的对象模型后，才能创建查询语句操作数据库。

（2）使用对象模型

在创建了对象模型后，就可以在该模型中请求和操作数据了，使用对象模型的基本步骤如下：

1）创建查询以便从数据库中检索信息。

2）重写 insert、update、delete 的默认方法。

3）设置适当的选项以便检测和报告可能发生的并发冲突。

4）建立继承层次结构。

5）提供合适的用户界面。

6）调试应用程序。

8.4 系统实现

8.4.1 创建 LINQ to SQL 实体类

（1）启动 Visual Studio 2010，如图 8-9 所示，创建一个 ASP.NET Web 应用程序，命名为 bookManage。

（2）执行“视图”菜单→“服务器资源管理器”，打开服务器资源管理器，右击“数据连接”，在弹出菜单中选择“添加连接”命令，如图 8-10 所示。

（3）在弹出的“添加连接”对话框中，首先选择数据库服务器名称，然后选择建立连接的数据库，单击“测试连接”查看连接是否成功，如果成功则单击“确定”按钮完成数据连接，如图 8-11 所示。

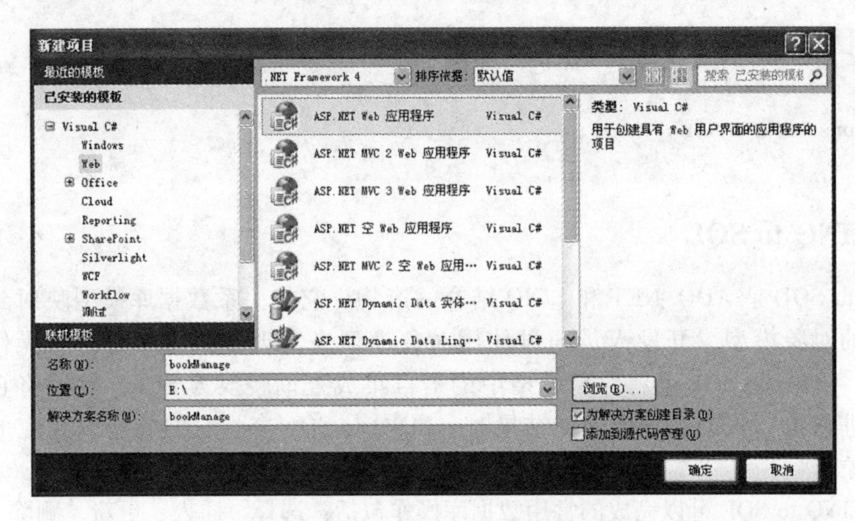

图 8-9 创建 ASP. NET Web 应用程序

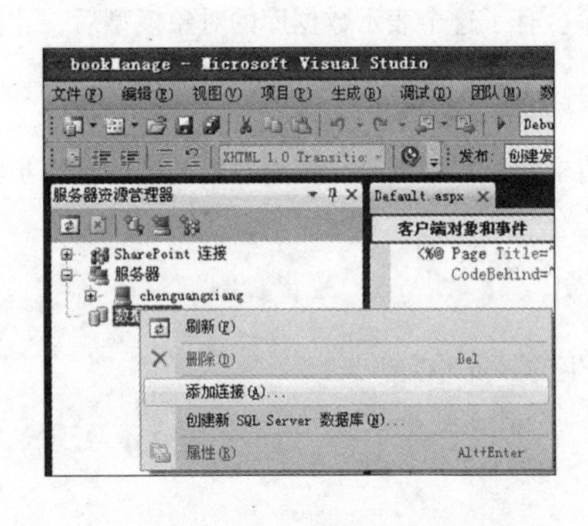

图 8-10 添加连接

图 8-11 “测试连接成功”对话框

（4）单击“视图”菜单→“解决方案资源管理器”，打开解决方案资源管理器，右击项目名称“bookManage”，选择“添加新项”，在随后弹出的“添加新项”对话框中，选择“Visual C#”模板，在右侧模板群中选择“LINQ to SQL 类”，名称为 DataClasses1. dbml，单击“添加”按钮。如图 8-12 所示。

（5）这时，在“解决方案资源管理器”中，会生成一个 dataClasses1. dbml 文件，该文件还包含一个“dataClasses1. dbml. layout”文件和“dataClasses1. designer. cs”文件。双击“dataClasses1. dbml”文件，出现 LINQ to SQL 实体类的“对象关系设计器”界面，将 my-shopping 数据库中的 book 表拖拽到该窗口中，这样就生成了对应 book 表的实体类，如图 8-13 所示。打开“dataClasses1. designer. cs”文件，可以看到该文件自动生成了图书实体类、

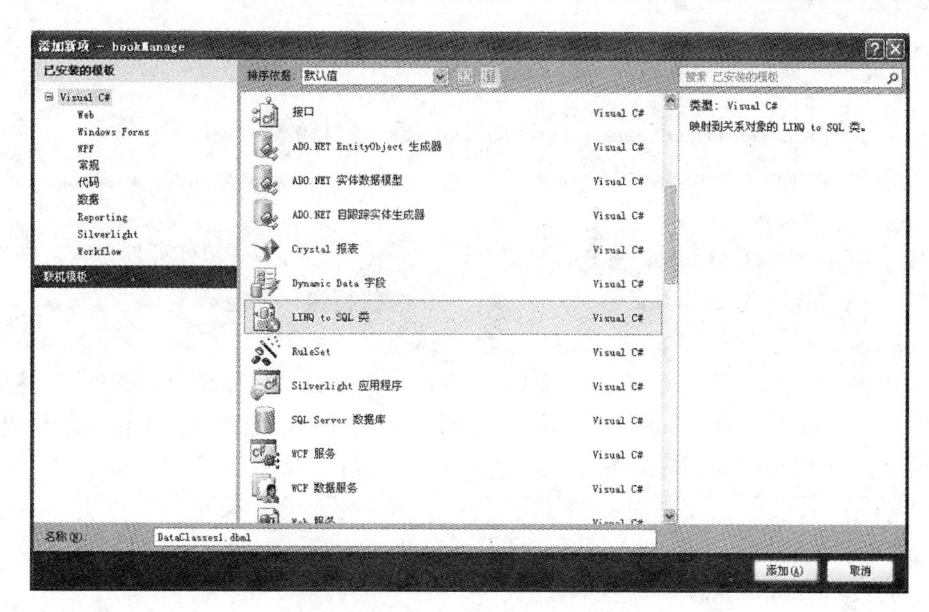

图 8-12　添加 LINQ to SQL 实体类

强类型 DataClassesDataContext 的定义。

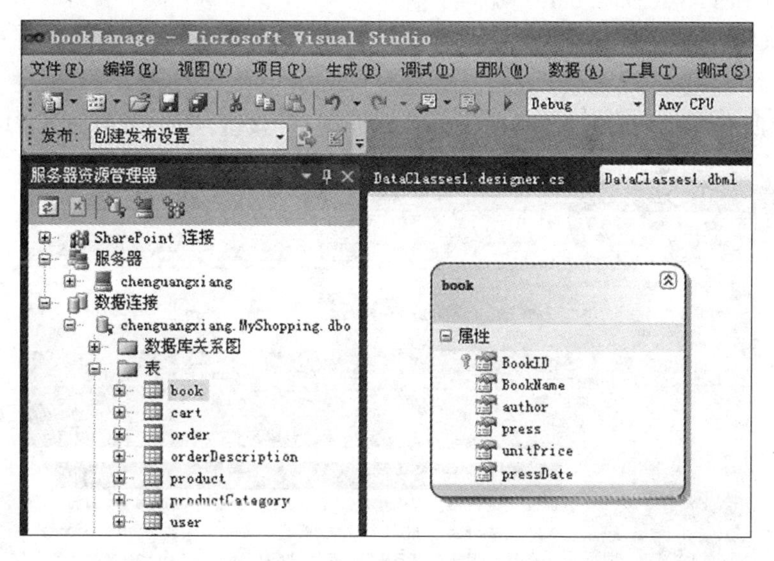

图 8-13　将 book 表添加到对象关系设计器

8.4.2　浏览图书信息页面实现

（1）双击 "default. aspx" 文件，进入 "源" 视图，选择 "视图" 菜单→ "工具箱"，调出 "工具箱"。在 "工具箱" 中选择 "gridview"、"textbox"、"button" 控件各一个，拖拽到 default. aspx 文件中的 <form> </form>标签中间。

（2）切换到 "设计" 视图，单击 "gridview" 控件右侧的 " > "，进入 "自动套用格式"，选择喜好的显示格式。

（3）双击 "default. aspx. cs" 文件，编写 page_ load 函数代码如下：

```
protected void Page_Load(object sender, EventArgs e) //页面加载时执行
    {
        DataClasses1DataContext da = new DataClasses1DataContext();
        Var user = from s in da. book
            select s;
        GridView1. DataSource = user;              //设置 gridview 控件数据源
        GridView1. DataBind();                     //执行数据绑定
    }
```

（4）选择“button”控件，右击，选择“属性”，将 TEXT 名称改为“查询”。然后双击“button”按钮，在弹出的“Button1_ Click”事件处理文件中增加查询图书信息的代码如下：

```
protected void Button1_Click(object sender, EventArgs e)
    {
        DataClasses1DataContext da = new DataClasses1DataContext();
        Var user = from s in da. book
                where s. author = = TextBox1. Text
                select s;
        GridView1. DataSource = user;
        GridView1. DataBind();
    }
```

（5）保存所有修改。单击“工具栏”→“启动调试”按钮，运行效果如图 8-14 和图 8-15。

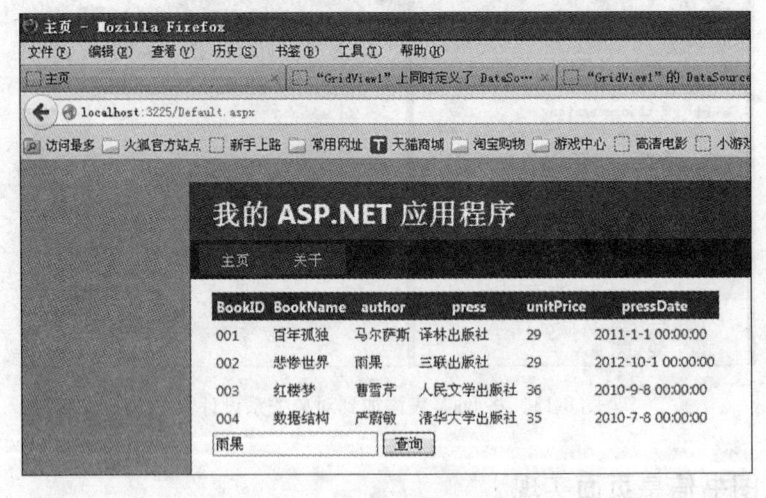

图 8-14 显示所有图书信息

8.4.3 增加图书信息页面实现

（1）创建一个使用母版页的 Web 窗体文件 insert. aspx，如图 8-16 所示，在随后弹出的对话框中选择 Site. Master 为母版页，如图 8-17 所示，单击“确定”按钮创建完成 insert. aspx 文件。

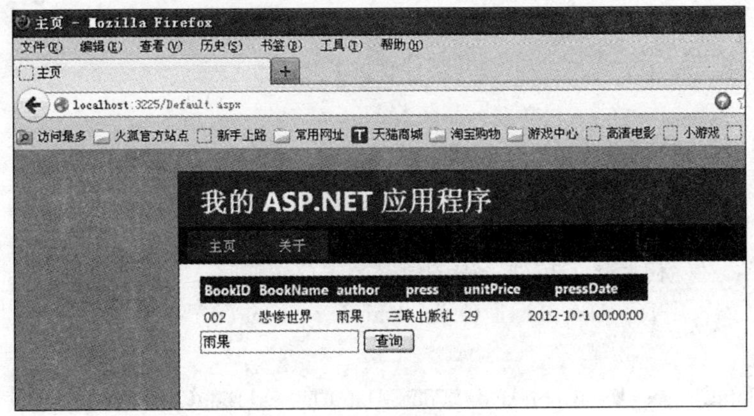

图 8-15　显示查询图书信息

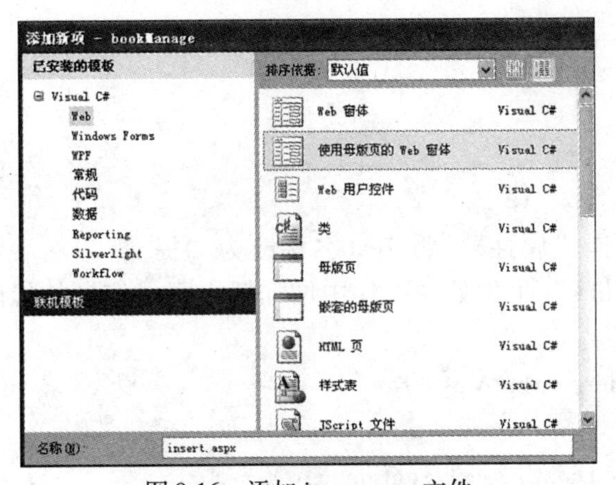

图 8-16　添加 insert. aspx 文件

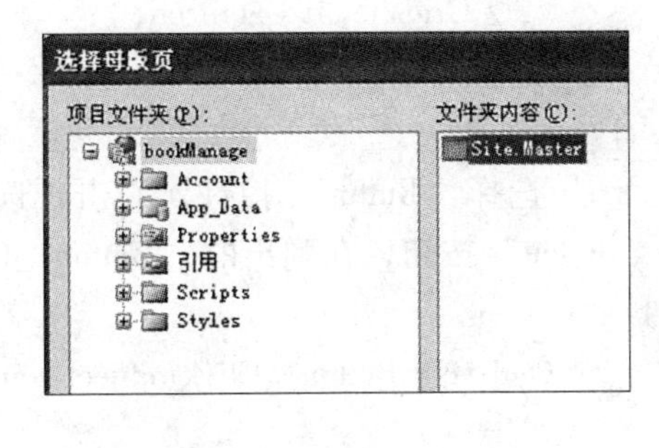

图 8-17　选择母版页

（2）双击“insert. aspx”文件，切换到“设计”视图，打开“工具箱”，从中拖动 1 个 GridView 控件、4 个 textbox 控件、1 个 DropDownList 控件、1 个 Calender 控件、1 个 Button 控件到设计视图中 MainContent 模块中，修改 DropDownList 控件属性 AutopostBack 值为 true，然后切换到“源”视图，给相应的控件增加描述文字。如图 8-18 所示。

```
<%@ Page Title="" Language="C#" MasterPageFile="~/Site.Master" AutoEventWireup="true"
<asp:Content ID="Content1" ContentPlaceHolderID="HeadContent" runat="server">
</asp:Content>
<asp:Content ID="Content2" ContentPlaceHolderID="MainContent" runat="server">
<form>
<asp:GridView ID="GridView1" runat="server">
</asp:GridView>
<br />
书号<asp:TextBox ID="TextBox1" runat="server"></asp:TextBox>
<br />
书名<asp:TextBox ID="TextBox2" runat="server"></asp:TextBox>
<br />
作者<asp:TextBox ID="TextBox3" runat="server"></asp:TextBox>
<br />
出版社<asp:TextBox ID="TextBox4" runat="server"></asp:TextBox>
<br />
价格<asp:DropDownList ID="DropDownList1" runat="server">
</asp:DropDownList>
<br />
出版日期<asp:Calendar ID="Calendar1" runat="server"></asp:Calendar>
<asp:Button ID="Button1" runat="server" Text="提交" />
<br />
</form>
</asp:Content>
```

图 8-18　insert. aspx 源码

（3）双击“insert. aspx. cs”文件，编写 Page_Load 函数代码如下：

```
protected void Page_Load(object sender, EventArgs e)
    {
        if (! IsPostBack)
        {
            for(int i = 1;i <= 150;i ++)
            {//初始化下拉列表中的值
                DropDownList1. Items. Add(i. ToString());
            }
        DataClasses1DataContext da = new DataClasses1DataContext();
        var user = from s in da. book
            select s;
        GridView1. DataSource = user;
        GridView1. DataBind();
    }
}
```

（4）选择“Button”控件，右击，选择“属性”，将 Text 名称改为“提交”。然后双击“Button”按钮，在弹出的“Button1_Click”事件处理文件中增加插入图书信息的代码如下：

```
protected void Button1_Click(object sender, EventArgs e)
    {
        DataClasses1DataContext da = new DataClasses1DataContext();
        book book1 = new book();// 实例化一个 book 类对象
        book1. BookID = TextBox1. Text;// 从提交控件中提取信息赋值给 book1 对象
        book1. BookName = TextBox2. Text;
        book1. author = TextBox3. Text;
        book1. press = TextBox4. Text;
        book 1. unitPrice = Convert. ToInt32(DropDownList1. Text); //convert. toint32()转换
            函数
        book1. pressDate = Calendar1. SelectedDate;
        da. book. InsertOnSubmit(book1);//向 linq to sql table 中插入该条数据
        da. SubmitChanges();//提交更改
        var user = from s in da. book
            select s;
        GridView1. DataSource = user;
        GridView1. DataBind();//绑定数据
    }
```

（5）单击“调试”→“启动调试”，新增一本书目信息，单击“提交”按钮，结果如图 8-19、图 8-20 所示。

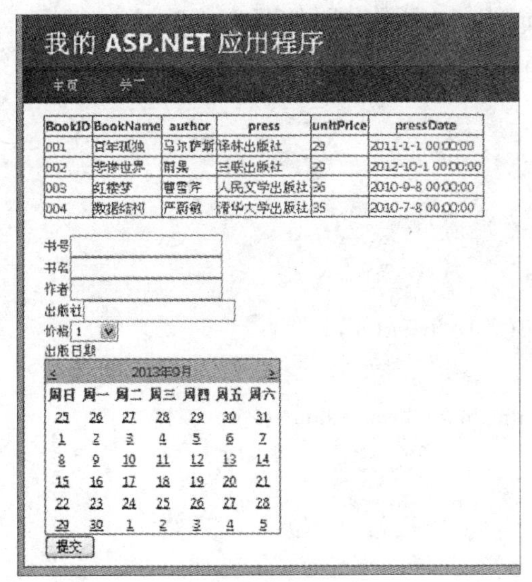

图 8-19　运行 insert. aspx 插入一条书目

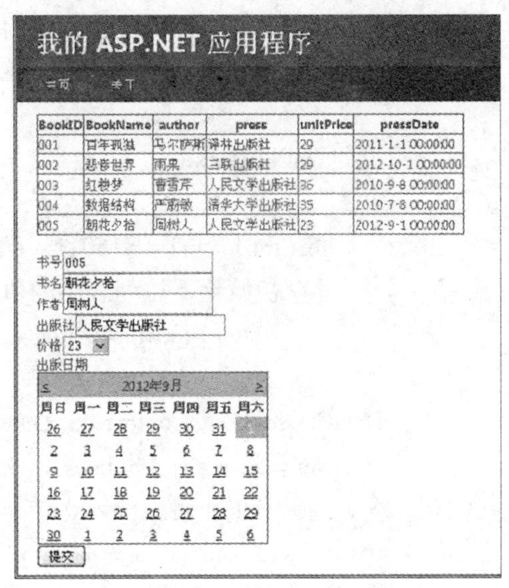

图 8-20　插入图书信息成功

8.4.4　修改图书信息页面实现

（1）创建一个使用母版页的 Web 窗体文件 modify. aspx，在随后弹出的对话框中选择 site. master 为母版页，单击“确定”按钮创建完成 modify. aspx 文件。

（2）双击“modify. aspx”文件，切换到“设计”视图，打开“工具箱”，从中拖动 1 个 GridView 控件、3 个 Textbox 控件、2 个 DropDownList 控件、1 个 Calender 控件、1 个 Button控件到设计视图中 MainContent 模块中，修改 DropDownList 控件属性 AutopostBack 值为 true，然后切换到“源”视图，给相应的控件增加描述文字。如图 8-21 所示。

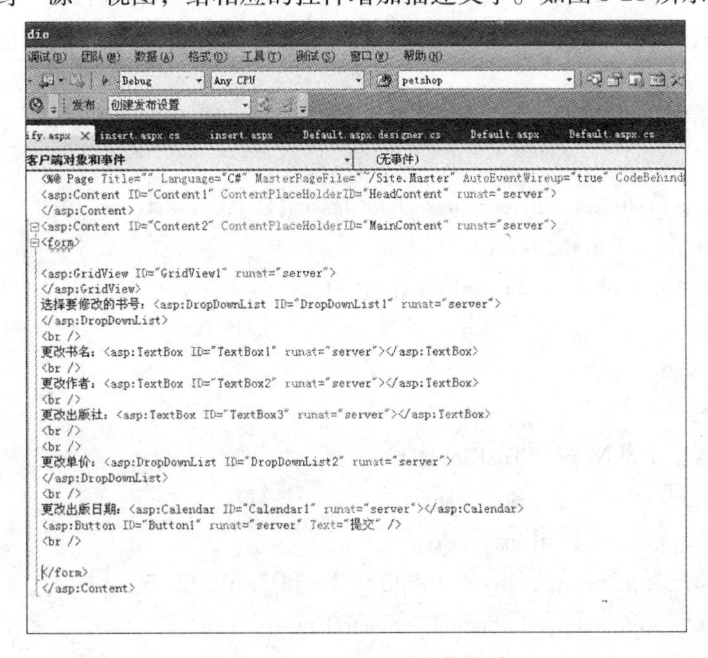

图 8-21　modify. aspx 文件设计

（3）双击“modify. aspx. cs”文件，编写 Page_Load 函数代码如下：

```
protected void Page_Load(object sender, EventArgs e)
    {
        if (! IsPostBack)
        {
            for(int i =1;i <=150;i ++)
            {//初始化下拉列表中的值
                DropDownList2. Items. Add(i. ToString());
            }
        DataClasses1DataContext da = new DataClasses1DataContext();
        var user = from s in da. book
                select s;
        GridView1. DataSource = user;
        GridView1. DataBind();

        Var   user1 = from s in da. book
                    select s. bookiD;
        dropdownlist1. DataSource = user1;   //设置查询语句找出所有书号,放到下拉列表中
        dropdownlist1. DataBind();


    }
}
```

（4）选择“Button”控件，右击，选择“属性”，将 Text 名称改为“提交”。然后双击“Button”按钮，在弹出的“Button1_Click”事件处理文件中增加插入图书信息的代码如下：

```
protected void Button1_Click(object sender, EventArgs e)
{
    DataClasses1DataContext da = new DataClasses1DataContext();
    var user = from s in da. book
        where s. BookID = = DropDownList1. Text
        select s;
    foreach(book book1 in user)
    {
        book1. BookName = TextBox1. Text;
        book1. author = TextBox2. Text;
        book1. press = TextBox3. Text;
        book1. unitPrice = Convert. ToInt32( DropDownList2. Text);
        book1. pressDate = Calendar1. SelectedDate;
    }
```

```
        da. SubmitChanges();
        var user1 = from s in da. book
            select s;
        GridView1. DataSource = user1;
        GridView1. DataBind();
}
```

（5）单击“调试”→“启动调试”，新增一条书目信息，单击“提交”按钮，结果如图 8-22、图 8-23 所示。

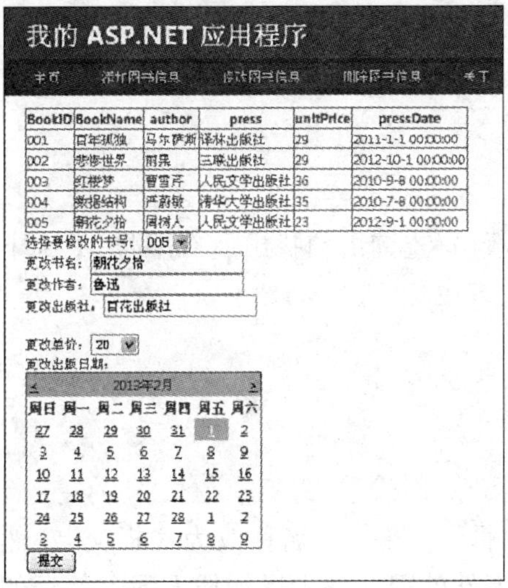

图 8-22　选择一条书目并做修改

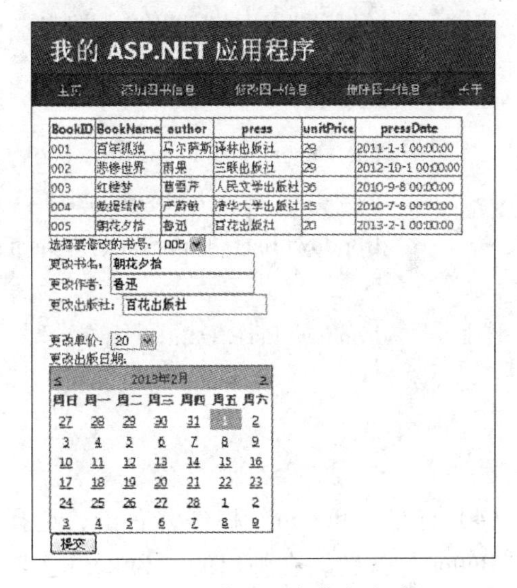

图 8-23　修改图书信息成功

8.4.5　删除图书信息页面实现

（1）创建一个使用母版页的 Web 窗体文件 delete. aspx，在随后弹出的对话框中选择 site. master 为母版页，单击“确定”按钮创建完成 delete. aspx 文件。

（2）双击“delete. aspx”文件，切换到“设计”视图，打开“工具箱”，从中拖动 1 个 GridView 控件、1 个 DropDownList 控件、1 个 button 控件到设计视图中 MainContent 模块中，修改 DropDownList 控件属性 AutopostBack 值为 true，然后切换到“源”视图，给相应的控件增加描述文字。如图 8-24 所示。

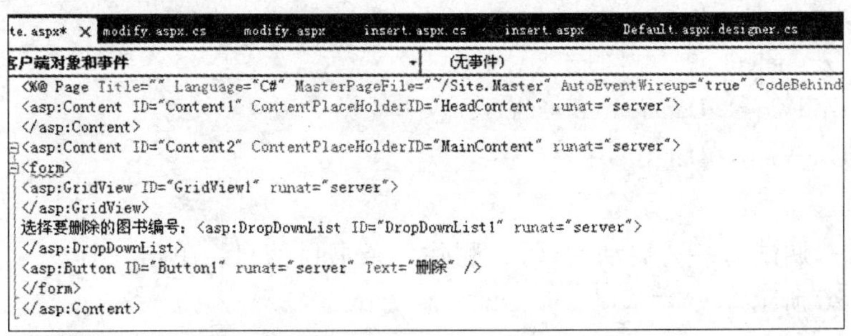

```
<%@ Page Title="" Language="C#" MasterPageFile="~/Site.Master" AutoEventWireup="true" CodeBehind
<asp:Content ID="Content1" ContentPlaceHolderID="HeadContent" runat="server">
</asp:Content>
<asp:Content ID="Content2" ContentPlaceHolderID="MainContent" runat="server">
<form>
<asp:GridView ID="GridView1" runat="server">
</asp:GridView>
选择要删除的图书编号: <asp:DropDownList ID="DropDownList1" runat="server">
</asp:DropDownList>
<asp:Button ID="Button1" runat="server" Text="删除" />
</form>
</asp:Content>
```

图 8-24　delete. aspx 文件设计

（3）双击“delete. aspx. cs”文件，编写 Page_Load 函数代码如下：

```
protected void Page_Load(object sender, EventArgs e)
    {
        if (! IsPostBack)
        {
        DataClasses1DataContext da = new DataClasses1DataContext();
        var user = from s in da.book
                select s;
        GridView1.DataSource = user;
        GridView1.DataBind();

        Var  user1 = from s in da.book
                   select s.bookiD;
        dropdownlist1.DataSource = user1; //设置查询语句找出所有书号,放到下拉列
                                          表中
        dropdownlist1.DataBind();

    }
}
```

（4）选择“Button”控件，右击，选择“属性”，将 Text 名称改为“提交”。然后双击“Button”按钮，在弹出的“Button1_Click”事件处理文件中增加插入图书信息的代码如下：

```
protected void Button1_Click(object sender, EventArgs e)
{
    DataClasses1DataContext da = new DataClasses1DataContext();
    var user = from s in da.book
        where s.BookID = = DropDownList1.Text
        select s;
        da.book.DeleteAllOnSubmit(user);
        da.SubmitChanges();
        var user1 = from s in da.book
            select s;
        GridView1.DataSource = user1;
        GridView1.DataBind();
}
```

（5）单击“调试”→“启动调试”，删除一条书目信息，单击“提交”按钮，结果如图 8-25、图 8-26 所示。

我的 ASP.NET 应用程序

BookID	BookName	author	press	unitPrice	pressDate
001	百年孤独	马尔萨斯	译林出版社	29	2011-1-1 00:00:00
002	悲惨世界	雨果	三联出版社	29	2012-10-1 00:00:00
003	红楼梦	曹雪芹	人民文学出版社	36	2010-9-8 00:00:00
004	数据结构	严蔚敏	清华大学出版社	35	2010-7-8 00:00:00
005	朝花夕拾	鲁迅	百花出版社	20	2013-2-1 00:00:30

选择要删除的图书编号：005 删除

图 8-25　选择一条书目

我的 ASP.NET 应用程序

BookID	BookName	author	press	unitPrice	pressDate
003	红楼梦	曹雪芹	人民文学出版社	36	2010-9-8 00:00:00
004	数据结构	严蔚敏	清华大学出版社	35	2010-7-8 00:00:00

选择要删除的图书编号：006 删除

图 8-26　删除图书信息成功

第9章　电子商务购物网站系统

随着网络的普及，电子商务在人们的生活中已经扮演着越来越重要的角色，比较流行的电子商务类型主要包括B2B、B2C、C2C、G2C、G2B等，它们的基本原理差别不大，只是在具体的应用中表现的侧重点有所不同。其中应用最为广泛、人们最为熟悉就是B2C类型的电子商务。现在在线购物已经成了一种时尚，它为人们提供了真正足不出门就可以购买需要的商品，因此越来越多的人应用它。当然，成功的电子商务并不只是简单地编写一套程序，它不仅需要与金融系统紧密联系在一起，还要有完善的物流系统作为支持，另外也要有良好的美誉度、强大的前期宣传，以及完善售后服务。国内就有很多成功的在线购物网站，比如淘宝网、京东商城、当当网。

本章主要内容是模拟电子商务，以网上音乐商城作为实例，演示了电子商城的主要功能以及这些功能是如何实现的。普通的电子商城应包括音乐商品展示、购物车管理、订单管理、商品管理等主要功能，本章案例围绕这些功能展开叙述，并按照管理信息系统的设计步骤和方法逐一介绍。

学习目标与任务

学习目标

1. 掌握网上商城唱片管理模块的设计与实现；
2. 学会网上商城唱片搜索模块的使用；
3. 学会网站购物车模块设计与实现；
4. 掌握网站订单管理模块的设计与实现。

工作任务

设计一个唱片销售网站，实现用户管理、商品管理、商品搜索、购物车、订单管理等功能。

9.1　系统需求分析与设计

9.1.1　需求分析

（1）根据电子商务购物网站的日常经营和管理，本系统的用户主要分为两类：网站的用户、网站的管理员。两者的身份不同，权限也不同，所以具体的功能也不同。

（2）消费者可以通过浏览产品目录或者搜索特定产品，查看和选择产品。当用户浏览目录的时候，可以遍历产品类别的层次，并且查看属于各个类别的产品列表。

（3）查看唱片，当消费者通过浏览图书目录或者执行搜索到一本书之后，就可以查看所有唱片信息，包括名称、描述、图片及价格等要素。

（4）选择产品，当查看完产品之后，消费用户就能够将其放到他们的虚拟购物车中，并选择要购买的产品。

（5）管理购物车，消费客户能够查看虚拟购物车内的所有产品，并且可以删除或者更新各项的数量。当客户删除产品项或者改变了项的数量之后，系统会重新计算订货的估价。因为购物车没有与客户的账号相关联，所以消费客户不必首先登录到系统就可以管理购物车。

（6）登录，如果消费客户想要下订单或者访问其过去的订单，系统会自动提示其登录到站点。使用者可以在购物会话期间的任何时候进行登录。登录到站点需要输入创建客户账号的时候规定的电子邮箱地址和密码的组合。如果客户输入了不正确的组合，系统就会要求他们重新登录。如果用户没有客户账户，就要建立新账户。

（7）建立账户，如果使用者以前没有建立客户账户，则会要求在订单之前建立账户，当使用者创建了新账户的时候，必须输入姓名以及联系信息及发货地址。建立新的账号之后就可以回到商务系统，并且使用规定的电子邮件地址和密码组合进行登录。

（8）付款，在查看和管理了购物车之后，消费客户就可以执行付款过程，为选择的产品下订单。如果用户还没有登录到站点，系统会在继续处理付款过程之前，要求他们进行登录或者建立新账号。在登录或者建立新账号之后，系统就会要求消费客户输入其信用卡信息。接下来，客户就能够查看其订单细节，提交或者取消付款过程。在查看订单的时候，客户能够浏览订单上的所有图书项。

（9）管理账号，用户登录到商务系统，该系统的账号管理功能只限于查看过去的订货历史，也可以修改密码等用户基本信息。管理员登录后，可以增、删、改用户的基本信息。

（10）专辑管理。管理员登录到系统后，可以增、删、改专辑的基本信息。

（11）专辑流派管理。管理员登录到系统后，可以增、删、改专辑流派的基本信息。

9.1.2　系统功能设计

作为在线购物商城，其主要功能应包括唱片管理，用户管理，专辑检索、订单管理、购物车管理等。具体描述如下：

（1）专辑管理功能

专辑分类的管理，包括唱流派的添加、删除、类别名称更改等功能。

专辑信息的管理，包括专辑的添加、删除、专辑信息的变更等功能。

（2）用户管理

用户注册，如果用户注册为会员，就可以使用在线购物的功能。

用户信息管理，用户可以更改自己的私有信息，如密码等。

（3）专辑检索

专辑速查，根据查询条件，速查用户所需专辑。

专辑分类浏览，按照商品的类别列出专辑目录。

(4) 订单管理

订单信息浏览。

订单结算。

订单维护。

(5) 购物车管理

购物车中专辑的增删。

采购数量的改变。

生成采购订单。

根据上节分析的系统功能需求，可以得到系统的功能模块，如图 9-1 所示。系统用例图如图 9-2 所示。

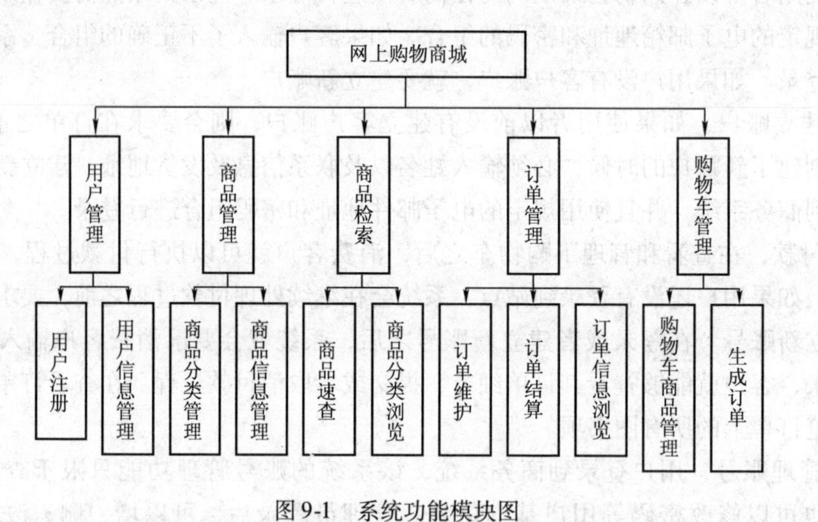

图 9-1 系统功能模块图

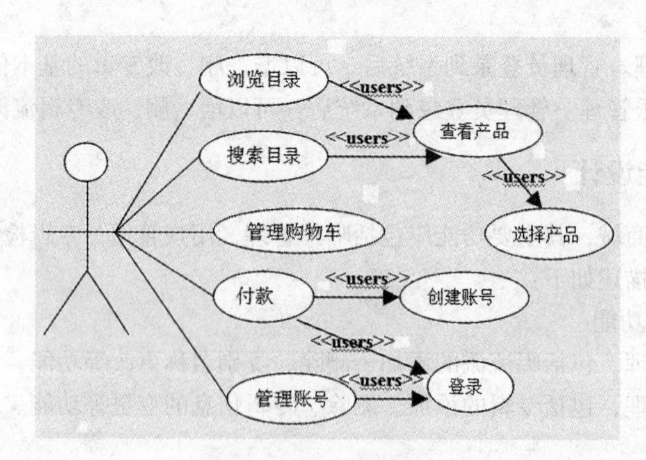

图 9-2 系统用例图

根据上述的系统需求分析和功能描述，把本系统分成数据访问、实体类、用户登录、购物车、后台管理 5 个主要的模块。其中，数据访问模块使用 ASP. NET MVC 中的 controller 来实现，实体类模块主要使用 ASP. NET MVC 中的 model 来实现。页面的显示使用 ASP. NET MVC 中的 view 来实现。各模块所包含的文件及其功能见表 9-1。

表9-1 网上购书商城各模块一览表

模 块 名	文 件 名	功 能 描 述
数据访问模块	Controllers/accountController. cs	用户账户管理控制器文件
	Controllers/checkoutController. cs	用户结账控制器文件
	Controllers/homeController. cs	首页控制器文件
	Controllers/shoppingcartController. cs	购物车控制器文件
	Controllers/storeController. cs	商品浏览控制器文件
	Controllers/storeManageController. cs	后台管理控制器文件
实体类模块	Models/accountModels. cs	用户账户模型文件
	Models/order. cs	订单详情实体类文件
	Models/shoppingcart. cs	购物车实体类文件
	Models/album. cs	专辑实体类文件
	Models/Genre. cs	流派实体类文件
	Models/Artist. cs	艺术家实体类文件
	Models/cart. cs	购物记录实体类文件
	Models/orderDetail. cs	订单详情实体类文件
	viewModels/shoppingCartRemoveView. cs	删除购物车视图模型
	viewModels/shoppingCartViewModel. cs	购物车视图模型
用户登录模块	Views/account/login. aspx	用户登录视图页面
	Views/account/register. aspx	用户注册视图页面
	Views/home/index. aspx	网站首页视图页面
购物车模块	Views/store/browse. aspx	商品浏览视图页面
	Views/store/details. aspx	商品详情浏览视图页面
	Views/store/index. aspx	根据类别浏览商品视图页面
	Views/shoppingcart/index. aspx	购物车视图页面
	Views/checkout/complete. aspx	完成结账视图页面
	Views/checkout/addresspayment. aspx	填写订单视图页面
后台管理模块	Views/storemanage/create. aspx	新建商品视图页面
	Views/storemanage/delete. aspx	删除商品视图页面
	Views/storemanage/edit. aspx	编辑商品视图页面
	Views/storemanage/index. aspx	管理商品视图页面

9.1.3 系统运行演示

系统运行演示如图9-3～图9-10所示。

图 9-3　程序主界面

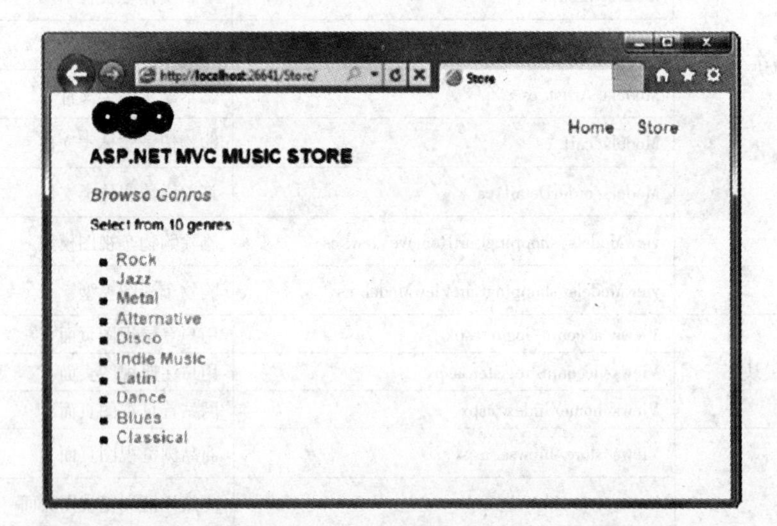

图 9-4　显示专辑流派信息

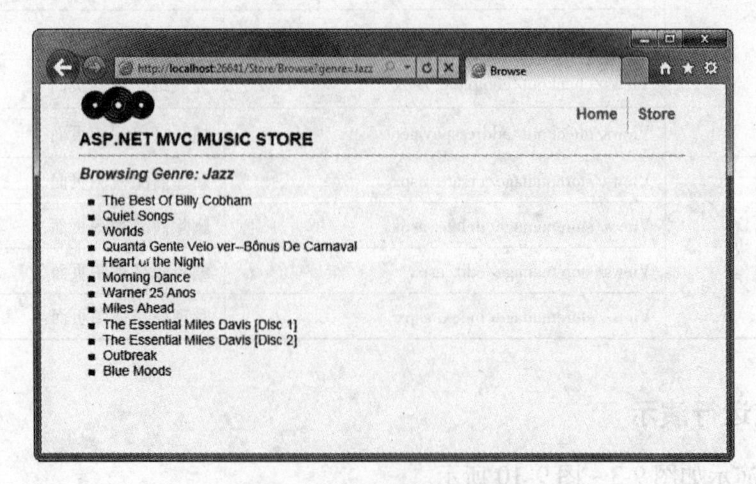

图 9-5　显示流派内专辑信息

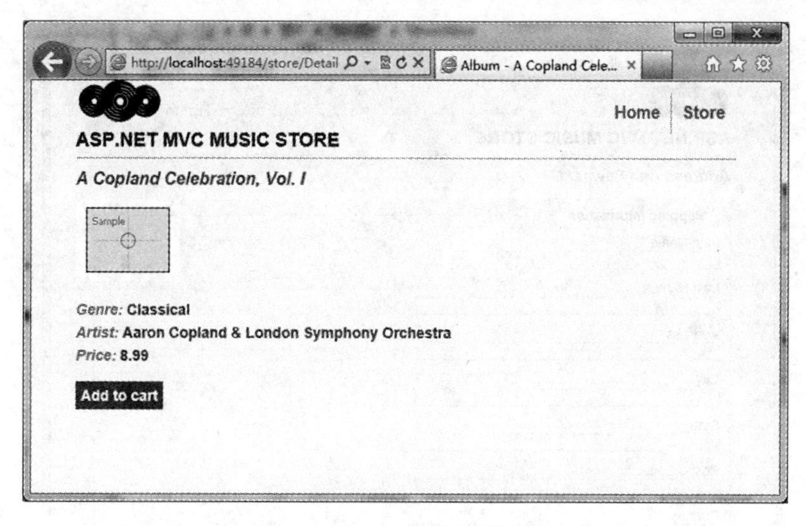

图 9-6　显示专辑详细信息

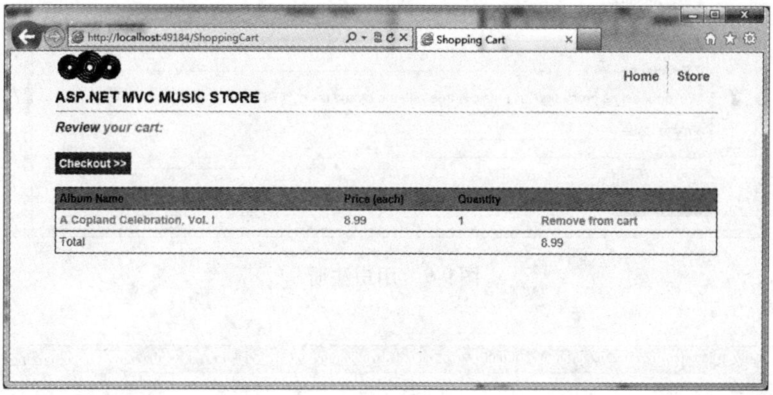

Album Name	Price (each)	Quantity	
A Copland Celebration, Vol. I	8.99	1	Remove from cart
Total			8.99

图 9-7　购物车

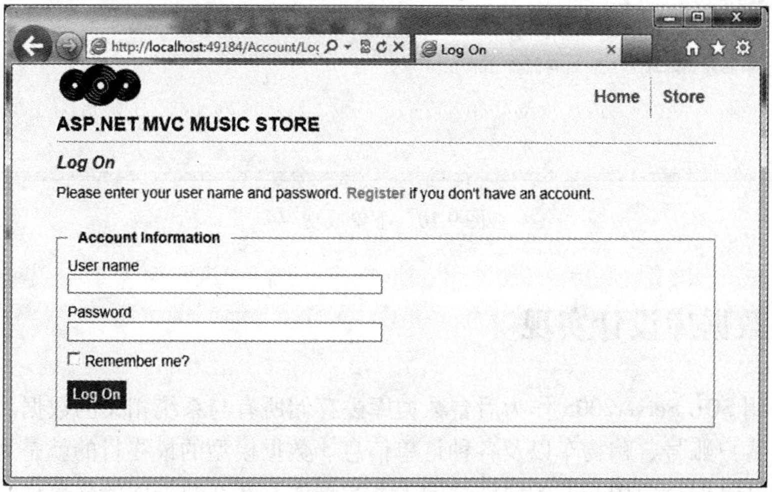

图 9-8　用户登录

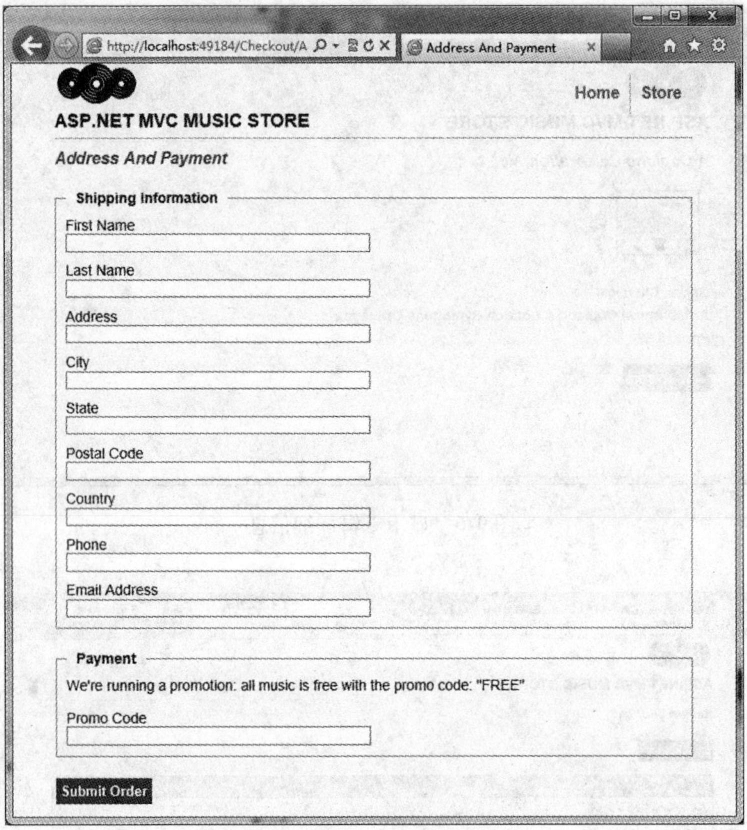

图 9-9　用户注册

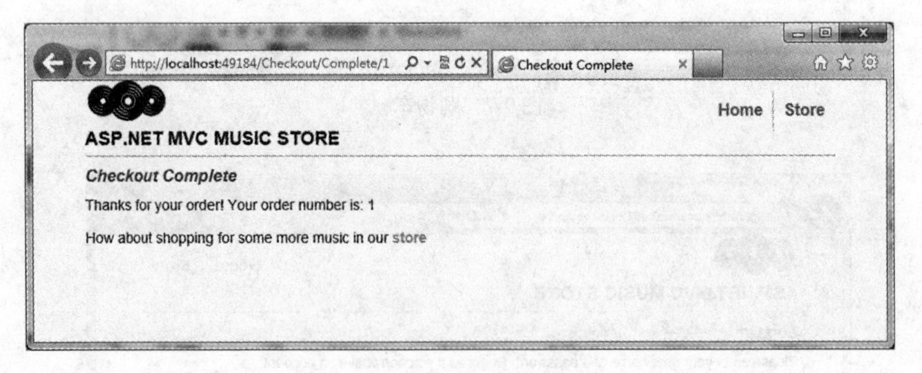

图 9-10　下单成功

9.2　系统数据库设计实现

该系统采用 SQL Server2005 作为后台数据库去存储所有与系统相关的数据。这些数据包括商品信息、客户账号、购物车以及各种订单信息。数据模型的最终目的就是规划能够有效地处理事务，并且保持应用开发的简洁性的关系数据库，并在数据库的规范话、性能优化以及数据的简洁性之间达到平衡。

数据库表设计

根据系统分析和功能的说明，可以将该系统的数据库划分为4个基本逻辑块。

（1）产品目录模块。该模块存储了有关售卖产品以及在电子商务的目录中的组织信息，由唱片信息表，唱片类型表、艺术家表组成，见表9-2～表9-4。

表9-2　专辑表 album

字　段	中文描述	数据类型	可否空	备　注
AlbumID	商品编号	Int	否	主键
GenreID	商品类别	Int	否	外键
ArtistID	艺术家编号	Int	否	外键
Title	商品名称	Varchar	否	
Price	商品单价	Numeric	否	
AlbumArtUrl	专辑图片路径	Nvarchar	否	

表9-3　Genre 表

字　段	中文描述	数据类型	可否空	备　注
GenreID	商品类别	Int	否	主键/外键
Name	商品类别名称	Varchar	否	
Description	类别描述	Varchar	是	

表9-4　Artist 表

字　段	中文描述	数据类型	可否空	备　注
ArtistID	艺术家编号	Int	否	主键/外键
Name	艺术家名称	Varchar	否	

（2）订单处理用来存储所有电子商务系统所需要处理的订单信息，订单处理模块包括订单信息表和订购产品信息表，见表9-5、表9-6。

表9-5　订单信息表

字　段	中文描述	数据类型	可否空	备　注
OrderID	订单 ID	Varchar	否	主键/外键
UserName	用户 ID	Varchar	是	外键
OrderDate	下单日期	Date	否	
FirstName	用户姓	Nvarchar	是	
LastName	用户名	Nvarchar	是	
Address	用户地址	Nvarchar	是	
City	用户所在省	Nvarchar	是	

（续）

字　段	中文描述	数据类型	可否空	备　注
State	用户所在州	Nvarchar	是	
PostCode	用户邮编	Nvarchar	是	
Country	用户所在国家	Nvarchar	是	
Phone	用户联系电话	Nvarchar	是	
Email	用户电子信箱	Nvarchar	是	
Total	订单总价	Numeric	否	

表9-6　订单产品信息表

字　段	中文描述	数据类型	可否空	备　注
OrderDetailID	订单详情编号	Varchar	否	主键、标识
OrderID	订单 ID	Varchar	否	外键
AlbumID	商品编号	Varchar	否	外键
UnitPrice	商品单价	Money	否	
Quantity	购买数量	int	否	

（3）购物车管理模块主要存储当前购物车的商品信息，用来存储临时或者永久的顾客购物信息。当用户提交时该记录存储到订单表中。购物车管理表存储了当前购物车的商品信息，其详细参数见表9-7。

表9-7　购物车信息表

字　段	中文描述	数据类型	可否空	备　注
RecordID	记录号	Int	否	主键、标识
CartID	购物车号	Varchar	否	外键
AlbumID	商品编号	Varchar	否	外键
DateCreated	创建日期	Date	否	
Count	购货数量	int	否	

9.3　系统实现

9.3.1　安装 MVC3

在 VS2010 上安装 MVC3.0，首先需要必备的安装文件（MVC3.0 安装包和 Vistual Studio 工具更新包）：

MVC3.0 安装包下载地址：

http://www.microsoft.com/downloads/zh-cn/details.aspx? familyid = d2928bc1-f48c-4e95-a064-2a455a22c8f6&displaylang = zh-cn

VS 工具更新包下载地址：

http://www.microsoft.com/downloads/zh-cn/details.aspx? familyid = 82cbd599-d29a-43e3-b78b-0f863d22811a&displaylang = zh-cn

所需下载文件如下（需要说明的是，以 CHS 结尾的为语言包，单纯下载安装语言包是没用的）：

按照图 9-11 安装包的排列顺序依次进行安装即可。整个过程可能会花费一段时间，请耐心等待。安装成功后如图 9-12 所示。

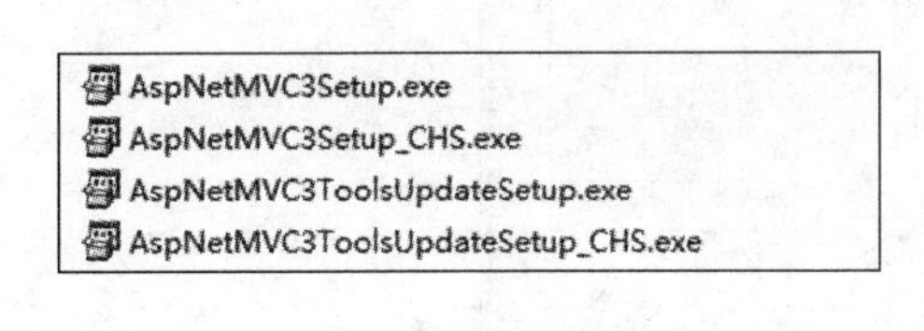
AspNetMVC3Setup.exe
AspNetMVC3Setup_CHS.exe
AspNetMVC3ToolsUpdateSetup.exe
AspNetMVC3ToolsUpdateSetup_CHS.exe

图 9-11　安装包

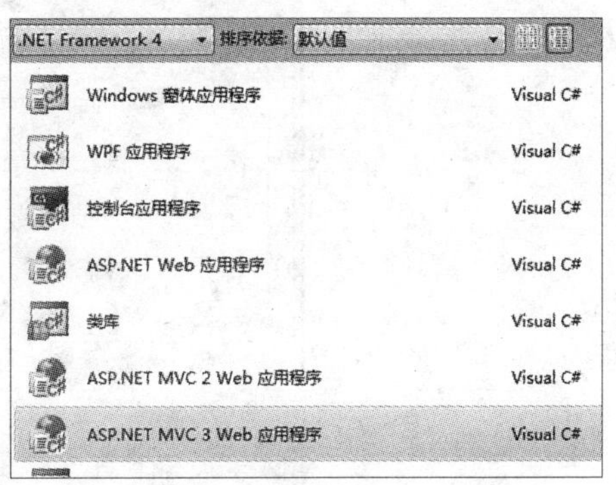

图 9-12　安装 MVC3 效果图

9.3.2　创建项目

在 Visual Studio 中的文件菜单中选择“新建”菜单→“项目”开始创建一个新的项目，如图 9-13 所示。

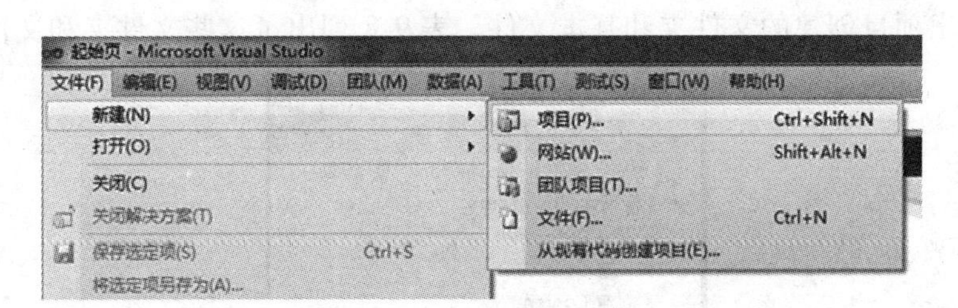

图 9-13　选择创建项目

然后，选择 C# 中的 Web 模板组，在右边的项目模板中选择 ASP. NET MVC3 Web 应用程序，在项目的名称输入框中，输入 MvcMusicStore ，单击确定，如图 9-14 所示。

图 9-14　创建 MVC3 项目 MvcMusicStore

这时，会看到第二个对话框，允许设置这个项目关于 MVC 的一些设置，确认选中了“空”项目模板，视图引擎选中 Razor，单击确定，如图 9-15 所示。

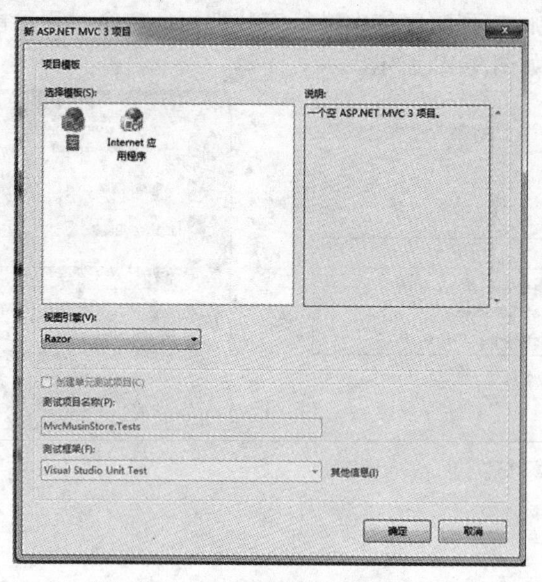

图 9-15　选择项目模板和视图引擎

这样项目就创建成功了！来看一下在这个项目都创建了哪些内容。从图 9-16 所示的文件目录可以看出项目创建的文件夹和基本文件。表 9-8 列出了这些文件夹和文件命名约定。

图 9-16　解决方案文件目录

表 9-8　ASP. NET MVC 中使用了下面的一些基本的命名约定

文件夹	功能
/Controllers	控制器接收来自浏览器的请求，进行处理，然后向用户返回回应
/Views	视图文件夹保存用户界面的模板
/Models	这个文件夹定义处理的数据
/Content	图片，CSS 以及其他任何的静态内容放在这里
/Scripts	放置脚本文件
/App_ Data	数据库文件

这些文件夹在一个空的 ASP. NET MVC 应用中也会存在，因为 ASP. NET MVC 的框架默认使用“约定胜于配置”的原则，已经假定这些文件夹有着特定的用途。例如，控制器将会在 Views 文件夹中寻找相应的视图，而不需要在代码中显示设置，这样可以节省大量的编程工作，也可以使其他的开发人员更加容易理解程序。在创建这个程序的过程中，将会详细地说明这些约定。

9.3.3 添加 HomeController 控制器

应用商店从增加一个首页的控制器开始，使用默认的命名约定，控制器的名称应该以 Controller 作为后缀，将这个控制器命名为 HomeController。

在 Controller 文件夹上右击，然后选择”“ 添加” →“控制器（T)”，如图 9-17 所示。

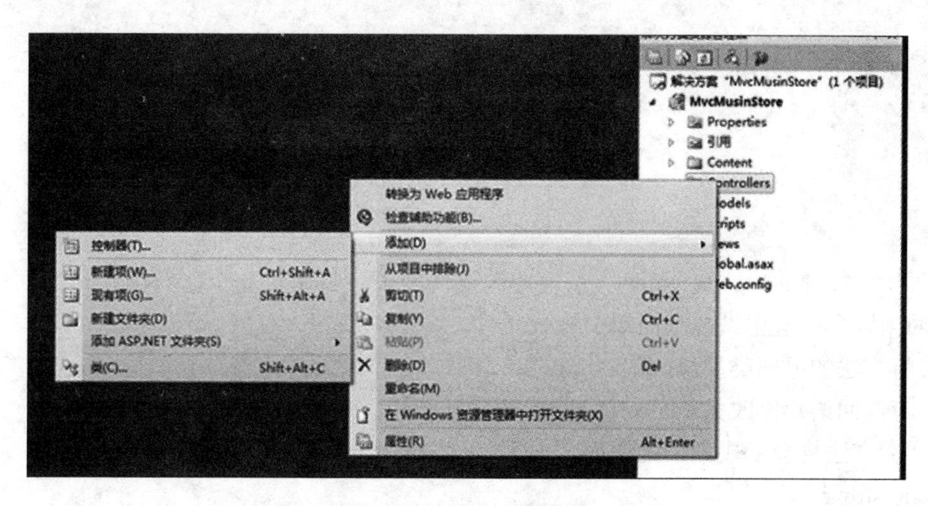

图 9-17 添加一个控制器

在弹出的对话框中，输入控制器的名字 HomeController，按下“添加”按钮，如图 9-18 所示。

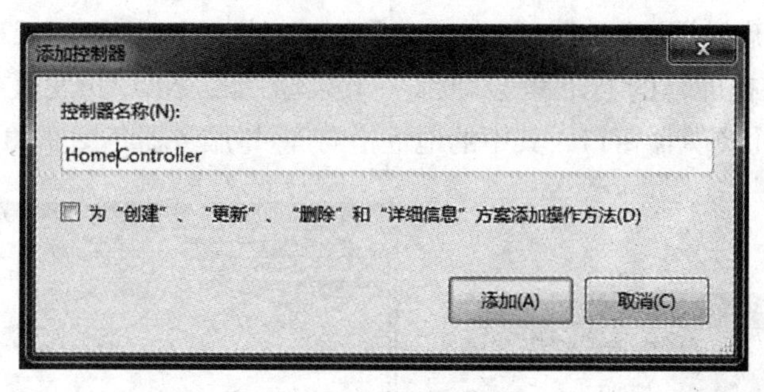

图 9-18 控制器命名

单击“添加”按钮后，系统将会创建一个名为 HomeController. cs 的文件，代码如下：

```
using System;
using System. Collections. Generic;
using System. Linq;
using System. Web;
```

```
using System.Web.Mvc;

namespace MvcMusinStore.Controllers
{
    public class HomeController : Controller
    {
        //
        // GET: /Home/

        public ActionResult Index()
        {
            return View();
        }

    }
}
```

为了尽可能地简单，让 Index 方法简单地返回一个字符串，这个字符串将作为回应内容直接返回浏览器，这里做两个简单的修改。

1）将方法的返回类型修改为 string;

2）将返回语句修改为 return " Hello form Home"。

这样，方法将会变成如下的内容：

```
public string Index()
{
    return "Hello form Home";
}
```

单击工具栏的“启动调试”按钮启动 Visual Studio 中内建的 ASP. NET 开发服务器编译项目，如图 9-19 所示。在屏幕的右下角会弹出一个启动 ASP. NET 开发服务器的提示，Visual Studio 将自动打开一个浏览器窗口，其中的地址指向 Web 服务器，图 9-20 便是运行的效果图。

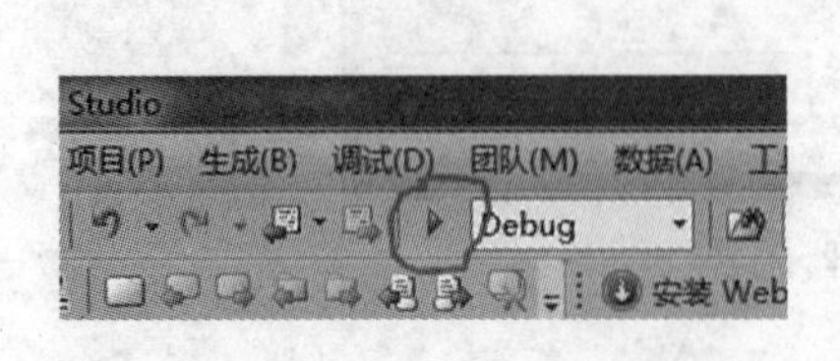

图 9-19 启动项目调试

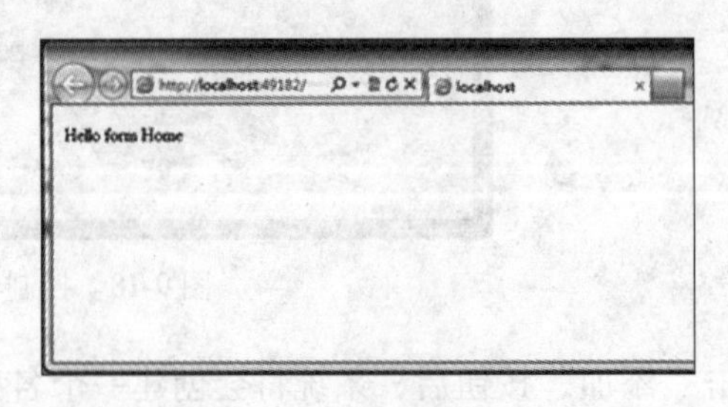

图 9-20 项目运行效果图

9.3.4 增加 StoreController 控制器

上节已经为站点增加一个简单的 HomeController 作为首页，现在，增加另外一个控制器，可以用来浏览音乐商店，商店控制器将要支持3个功能：

1）列出商店中唱片的分类；

2）浏览商店中某个分类中的唱片列表；

3）显示特定唱片的详细信息。

像HomeController一样，创建StoreController控制器。使用Index（）这个方法来实现列出所有分类的列表，同时，增加两个新的方法来实现另外两个功能浏览和明细。这些包含在控制器中的方法，被称为控制器的Action，HomeController中的Index方法就是一个Action，这些Action的作用就是处理请求，然后返回对请求的处理结果。

对于StoreController，首先让Index这个Action返回一个“Hello”串，然后，增加两个方法：Browse( )实现唱片分类浏览和Detials( )获取唱片详细信息，代码如下：

```
using System;
using System. Collections. Generic;
using System. Linq;
using System. Web;
using System. Web. Mvc;

namespace MvcMusinStore. Controllers
{
    public class StoreController : Controller
    {
        //
        // GET: /Store/

        public string Indcx( )
        {
            return "Hello from Store. Index( )";
        }

        public string Browse( )
        {
            return "Hello from Store. Browse( )";
        }

        public string Details( )
        {
            return "Hello from Store. Details( )";
        }

    }
}
```

重新运行程序，就可以访问下面的地址了。

```
/Store
/Store/Browse
/Store/Details
```

但是现在仅仅能够返回一些常量的字符串，应将它们变成动态的，首先从 URL 中获取一些信息，然后把它们显示在返回的页面中。

首先，修改 Browse 这个 Action，使得它可以从 URL 地址中获取查询信息，为方法增加一个名为“genre”的字符串类型参数，当这样做的时候，ASP. NET MVC 就会自动把任何名为 genre 的请求参数的值赋予这个参数，代码如下：

```
public string Browse( string genre)
{
    string message = HttpUtility. HtmlEncode( "Store. Browse, Genre = " + genre);
    return message;
}
```

注意：这里使用了 HttpUtility. HtmlEncode 方法来处理用户的输入，这样可以防止用户的脚本注入攻击。例如：/Store/Browse? Genre = <script> window. location = ' http://hacker-site. com' </script>。

现在，在浏览器中访问一下：/Store/Browse? Genre = Disco，运行效果如图 9-21 所示。

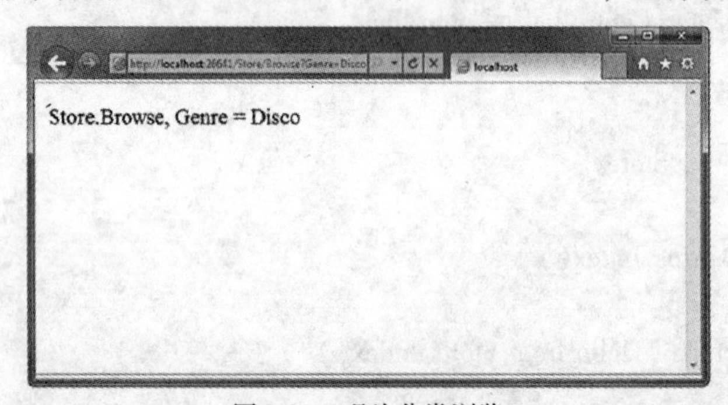

图 9-21 唱片分类浏览

下一步，处理 Details 这个 Action，使它能够处理名为 ID 的整数类型参数。这次，不再在请求参数中传递这个整数，而是嵌在请求的 URL 地址中。例如：/Store/Details/5。

在 ASP. NET MVC 中，可以轻易地完成这个任务而不需要配置任何东西，ASP. NET MVC 默认的路由约定会将跟在 Action 方法之后的部分看作名为 ID 的参数的值，如果 Action 方法有一个名为 ID 的参数，那么，ASP. NeT MVC 就会自动将这部分作为参数传送给 Action 方法，需要注意的是，MVC 可以帮助完成数据类型之间的转换，所以，地址的第三部分一定要可以转换为整数，代码如下：

```
public string Details( int id)
{
    string message = "Store. Details, ID = " + id;
    return message;
}
```

再次运行程序访问/Store/Details/5，效果如图9-22所示。

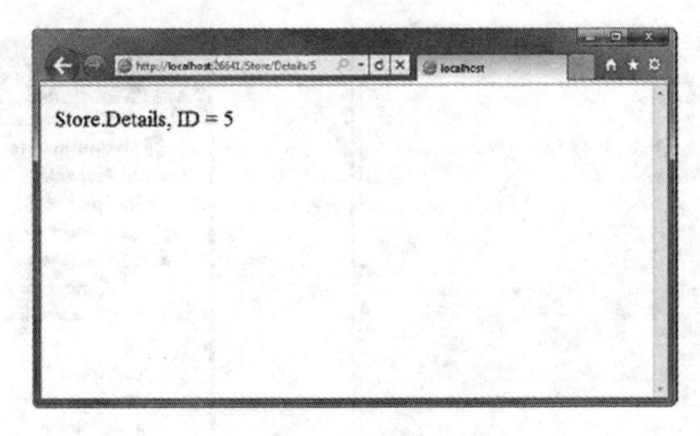

图9-22　唱片详情浏览

9.3.5　增加HomeController控制器视图模板

上一节中，已经可以从控制器的Action中返回一个字符串，这可以帮助大家更好地理解Controller是如何工作的。但是对于创建一个Web程序来说这是不够的。下面使用更好的方法来生成HTML，主要是通过模板来生成需要的HTML，这就是视图所要做的。

为了使用视图模板，需要将HomeController中的Index这个Action的返回类型修改为ActionResult，然后，让它像下面一样返回一个视图。这些修改表示使用视图来替换掉原来的字符串，以便生成返回的结果。代码如下：

```
public class HomeController : Controller
{
        public ActionResult Index()
        {
            return View();
        }
}
```

现在为Index()方法增加一个视图。将光标移到Index方法内，然后，右击，在右键菜单中选择“添加视图（D）…”，这样将会弹出添加视图的对话框，如图9-23所示。

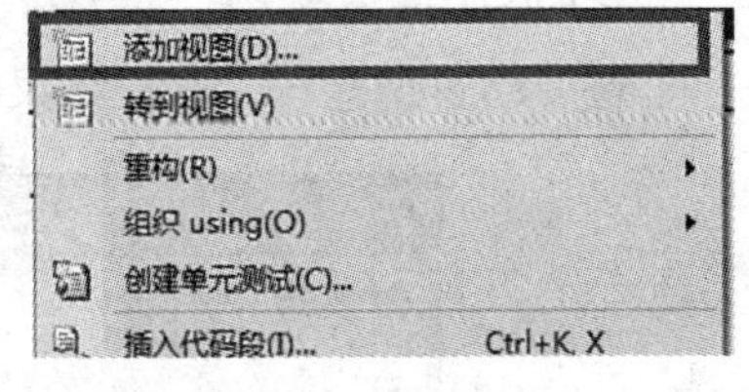

图9-23　添加视图

如图9-24为添加视图对话框。添加视图对话框可以快速、简单地创建一个视图模板，默认情况下，视图的名称使用当前Action的名字。因为是在Index这个Aciton上添加模板，所以添加视图对话框中，视图的名字就是Index，视图引擎为“Razor”，不勾选“创建强类型视图”，勾选“使用布局或母版页”，单击“添加”按钮。

在单击添加之后，Visual Studio将会创建一个名为Index.cshtml的视图模板，放置在\Views\Home目录中，如果没有这个目录，MVC将会自动创建它，添加视图后的文件结构如图9-25所示。Index.cshtml所在文件夹的名称和位置是很重要的，它是根据ASP.NET MVC的约定来指定的。它所在目录名称为\Views\Home，匹配的控制器就是HomeController，而 index. cshtml 文件匹配的方法就是 HomeController 控制器下的 Index 方法。

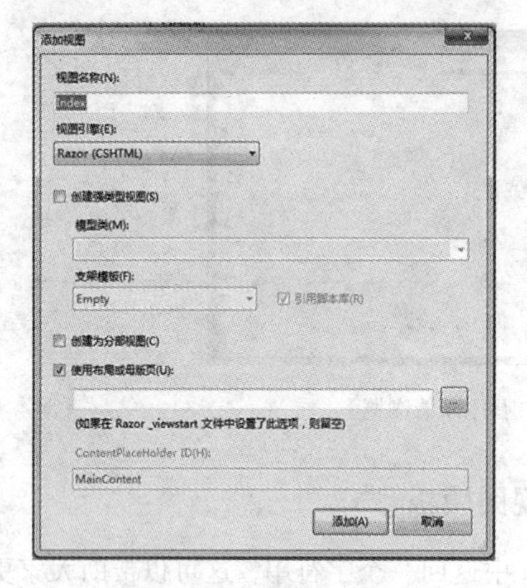

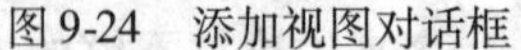
图 9-24　添加视图对话框　　　　图 9-25　项目文件结构图

打开 Index. cshtml 视图模板，其中的内容如下：

```
@{
    ViewBag. Title = "Index";
    Layout = "~/Views/Shared/_Layout. cshtml";
}
<h2>Index</h2>
```

前 3 行使用 ViewBag. Title 设置了页面的标题，在此替换一下网页的内容，将 <h1> 标记中的内容修改为 This is the Home Page，代码如下：

```
@{
    ViewBag. Title = "Index";
    Layout = "~/Views/Shared/_Layout. cshtml";
}
<h2>This is the Home Page</h2>
```

按<F5>键运行，运行结果如图 9-26。

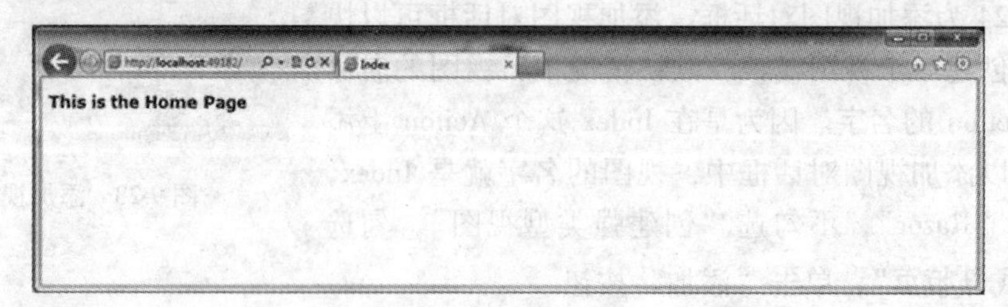

图 9-26　运行效果图

9.3.6　为页面的公共内容使用布局

大多数的网站在页面之间有许多共享的内容：导航、页首、页脚、公司的 Logo，样式表等。Razor 引擎默认使用名为 _ Layout. cshtml 的布局来自动化管理，它保存在 /Views/Shared 文件夹中，如图 9-27 所示。

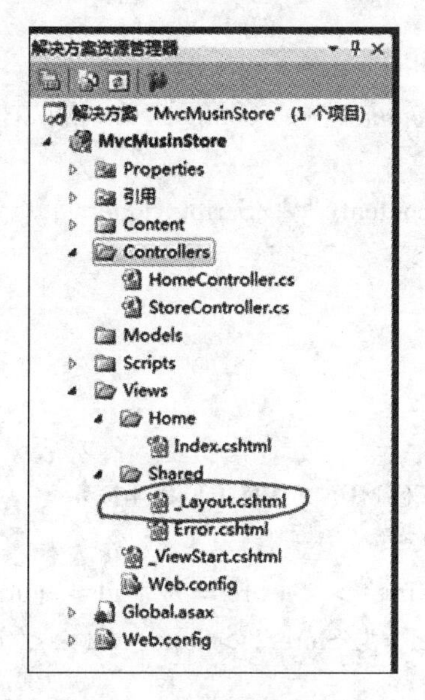

图 9-27　公共布局文件

打开之后，可以看到下列代码：

```
<! DOCTYPE html >
<html >
<head >
    <title >@ ViewBag. Title </title >
    <link href = "@ Url. Content( " ~/Content/Site. css" )" rel = "stylesheet" type = "text/
        css" / >
    <script src = "@ Url. Content( " ~/Scripts/jquery-1. 4. 4. min. js" )" type = "text/javas-
        cript" > </script >
</head >

<body >
    @ RenderBody( )
</body >
</html >
```

来自内容视图中的内容将会通过@ RenderBody( ) 来显示，任何出现在网页中的公共内容就加入到 _Layout. cshtml 中。要在 MVC 音乐商店建一个公共的首页，其中含有链接到首页和商店区域的链接，所以，在此将这些内容直接添加到这个布局中。下面代码中，<ul > 标签表示无编号列表，<li > <a href = "/" >Home </a > </li >表示添加一个列表内容为当前文件上一级目录的链接（也就是 home 文件夹），<li > <a href = "/Store/" >Store </a > </li >表示添加一个列表内容为 Store 文件夹的链接。代码如下：

```
<! DOCTYPE html>
<html>
<head>
    <title>@ViewBag.Title</title>
    <link href="@Url.Content("~/Content/Site.css")" rel="stylesheet" type="text/
        css"/>
    <script src="@Url.Content("~/Scripts/jquery-1.4.4.min.js")" type="text/javas-
        cript"></script>
</head>
<body>
    <div id="header">
        <h1>
            ASP.NET MVC MUSIC STORE</h1>
        <ul id="navlist">
            <li class="first"><a href="/" id="current">Home</a></li>
            <li><a href="/Store/">Store</a></li>
        </ul>
    </div>
    @RenderBody()
</body>
</html>
```

9.3.7 更新样式表

在创建项目使用的空项目模板中，仅仅包含很简单的用来显示验证信息的样式。提供了一些额外的 CSS 样式和图片来改进网站的观感，现在就使用它们来更新样式表。

首先，到网站 mvcmusicstore. codeplex. com 下载 MvcMusicStore-v3. 0. zip，这里面有一个文件夹 MvcMusicStore-Assets，将这个文件夹的 Content 文件夹 image 文件夹和 site. css 文件选中，然后拖动到 content 文件夹下，将上述内容复制到项目的 Content 文件夹中，方法如图 9-28 所示。在此过程中，会有文件已存在的提示，选择“覆盖”即可。随后单击“启动调试”，可以看到项目运行结果如图 9-29 所示。

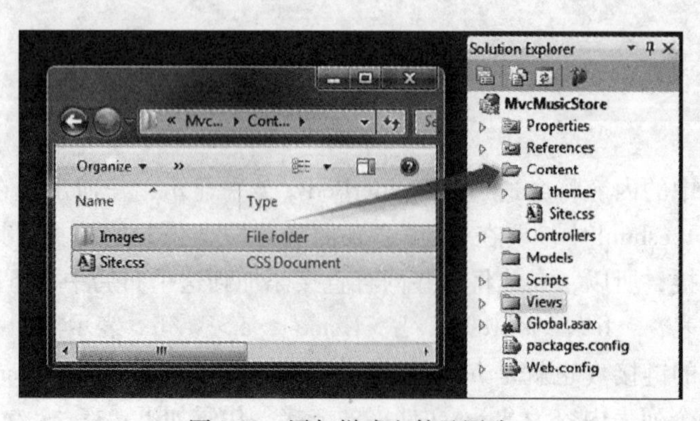

图 9-28 添加样式文件及图片

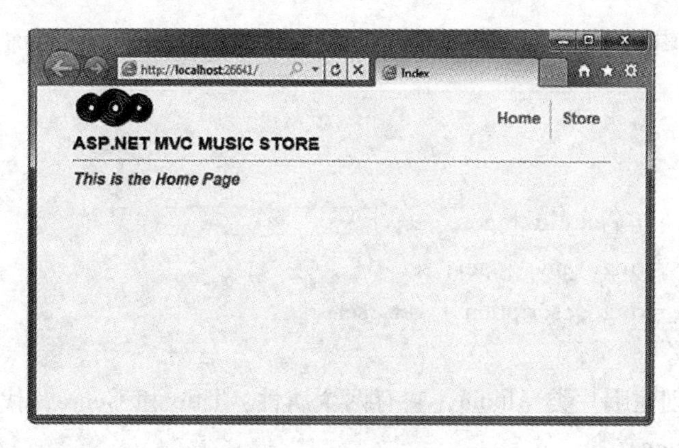

图9-29　项目运行效果

9.3.8　使用模型为视图传递信息

创建动态网站，需要从控制器的 Action 传送信息给视图模板。控制器的 Action 方法通过返回的 ActionResult 可以传送模型对象给视图。这就允许控制器可以将所有生成回应需要的数据打包，然后传送给视图模板，以便生成适当的 HTML 回应。

1）首先，创建一些模型类来表示商店中的唱片类型和专辑类型，从创建专辑类 Genre 开始，在项目中，右击模型 Models 文件夹，然后选择增加类选项，然后命名为 Genre.cs。如图9-30、9-31所示。

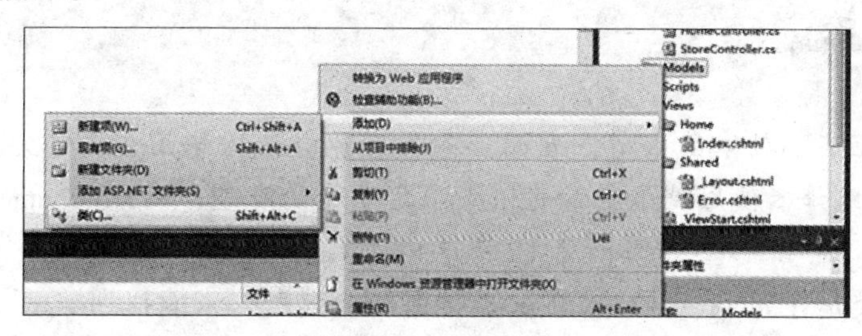

图9-30　创建类

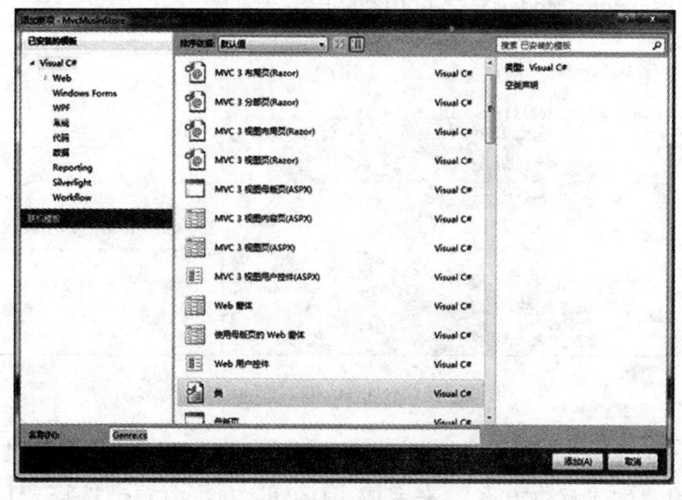

图9-31　创建唱片类 Genre

在新创建的专辑类 Genre 中增加 3 个属性：专辑编号、专辑名称、专辑描述，代码如下：

```
public class Genre
{
        public int GenreId { get; set; }
        public string Name { get; set; }
        public string Description { get; set; }
}
```

用同样的方法创建唱片类 Album，它有两个属性：Title 和 Genre，代码如下：

```
public class Album
{
    public string Title { get; set; }
    public Genre Genre { get; set; }
}
```

2）更新 StoreController 控制器的 Details 方法，使得返回 ActionResult 类型的结果而不是字符串。同时，修改方法的处理逻辑，返回一个专辑对象到视图中，代码如下：

```
public ActionResult Details(int id)
{
var album = new Album { Title = "Album " + id };
return View(album);
}
```

注意：对于上述函数体第一句，表面上看，可能会认为使用 var 定义变量使用了迟绑定。实际上，C# 编译器使用赋予变量的值来推定变量的类型，因此 album 变量的类型就是 Album 类型。

因为 album 类是在 Models 下定义的，所以系统会提示“未能找到类型”，这时可以右击“album”，选择“解析”，添加对 Models 类的引用，如图 9-32 所示。这样，系统会添加一条引用“using MvcMusicStore. Models;”在文件的开头。

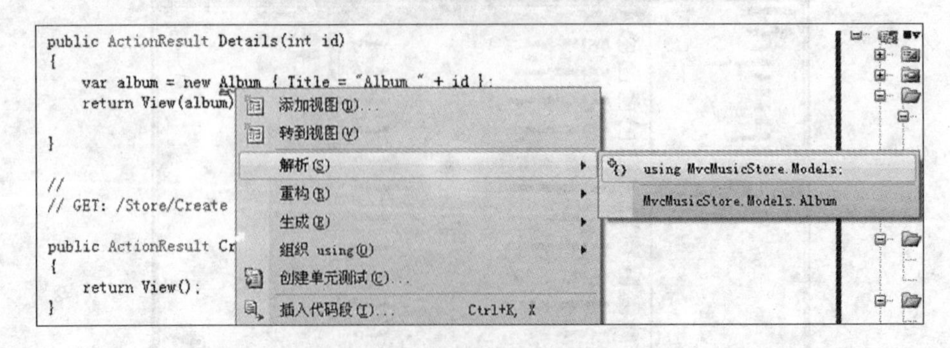

图 9-32　添加 Models 类的引用

下面创建一个使用专辑来生成 HTML 的模板，在这样做之前，需要编译项目，可以通过菜单“生成”的“生成解决方案”来完成。Details 方法中右键选择“增加视图…”，像以前一样，看到创建视图的对话框，不一样的是，要选中“创建强类型视图”，然后在下面的列表中选择“Album”类，这样视图将会期望得到一个 Album 类型的对象，如图 9-33 所示。

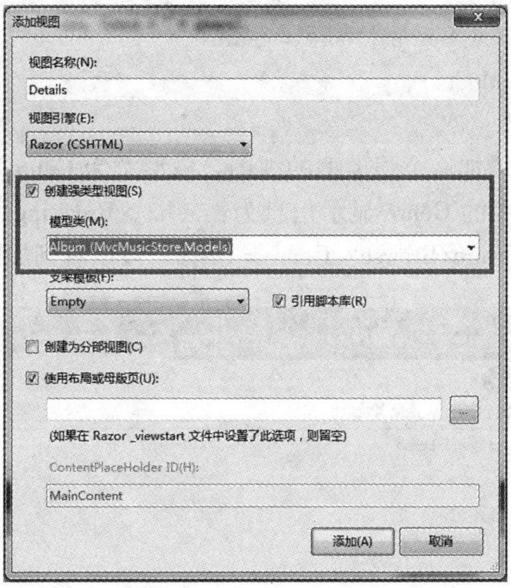

添加视图
视图名称(N):
Details
视图引擎(E):
Razor (CSHTML)
创建强类型视图(S)
模型类(M):
Album (MvcMusicStore.Models)
支架模板(F):
Empty
引用脚本库(R)
创建为分部视图(C)
使用布局或母版页(U):
(如果在 Razor _viewstart 文件中设置了此选项，则留空)
ContentPlaceHolder ID(H):
MainContent
添加(A)　取消

图 9-33　创建强类型视图

在单击增加之后，视图模板 \ Views \ Store \ Details. cshtml 被创建了，其中包含的代码如下：

```
@ model MvcMusicStore. Models. Album
@ {
    ViewBag. Title = " Details" ;
}
< h2 > Details < /h2 >
```

注意： 上述代码第一行，表示视图使用强类型的 Album 类。Rozer 视图引擎理解传送来的 Album 对象，所以可以容易地访问模型的属性。

更新 <h2> 标记，<h2>Album：@Model. Title</h2>，使得可以显示专辑的 Title 属性。再次运行并访问 /Store/Details/5，可以得到图 9-34 所示的结果。

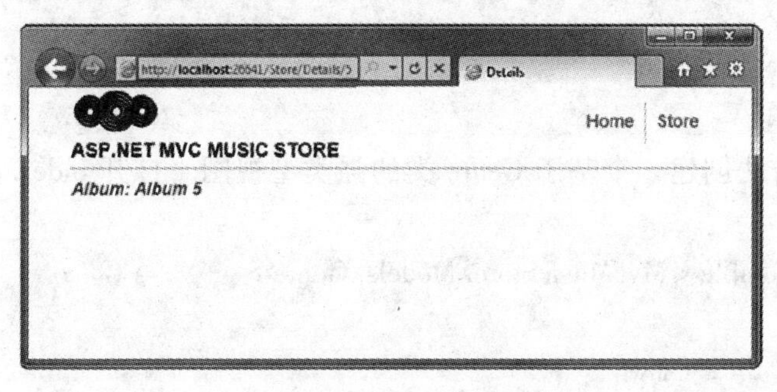

图 9-34　Details 视图

3）修改 StoreController 控制器下的 Browse 方法，更新方法返回 ActionResult 类型的结果，修改方法的处理，返回一个 Genre 类型的对象实例如下：

```
public ActionResult Browse(string genre)
{
    var genreModel = new Genre {Name = genre};
    return View(genreModel);
}
```

然后在方法上右击，增加一个强类型的视图，模型类为 Genre。在生成的 browse. cshtml 文件中修改 <h2> 标记中的 Genre 显示信息为：<h2>Browsing Genre：@Model. Name</h2>。重新运行，访问 /Store/Browse? Genre = Disco，可以看到如图 9-35 所示的效果。

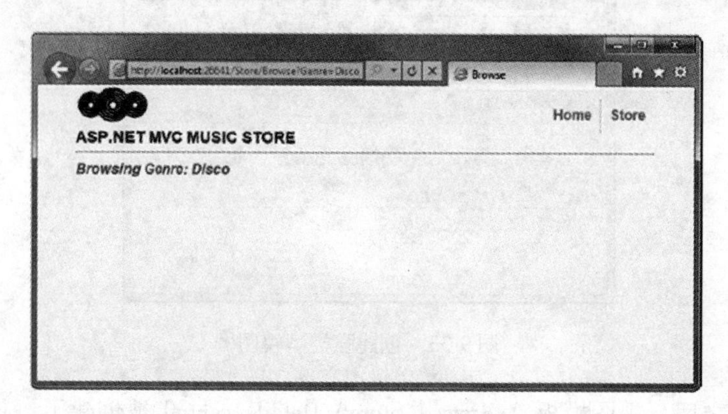

图 9-35　browse 视图

4）修改 storeController 控制器中的 Index 方法。本项目使用 Genre 的一个列表显示所有唱片的类别，而不是单个的 Genre 对象。修改 index 方法代码如下：

```
public ActionResult Index()
{
    var genres = new List<Genre>
        {
        new Genre { Name = "Disco"},
        new Genre { Name = "Jazz"},
        new Genre { Name = "Rock"}
        };
    return View(genres);
}
```

然后对 index 方法创建一个基于 Genre 类的强类型视图。打开 index. cshtml 文件，修改代码如下：

```
@model IEnumerable<MvcMusicStore. Models. Genre>
@{
    ViewBag. Title = "Store";
}
```

```
<h3> Browse Genres </h3>
<p>
    Select from @Model.Count() genres: </p>   //显示专辑类别的数量
<ul>
    @foreach (var genre in Model)   // 遍历模型中的每个专辑
    {
        <li>@Html.ActionLink(genre.Name, "Browse", new { genre = genre.Name })
            </li>//
    }
</ul>
```

注意：

第 1 行，@ model IEnumerable < MvcMusicStore. Models. Genre >，这告诉视图引擎模式是一个包含多个 Genre 对象的集合，使用 IEnumerable < Genre > 而不是 List < Genre >，因为这样更通用，可以允许在以后改变集合为任何实现 IEnumerable 接口的集合。

第 9 行，使用@ foreach( ) 函数遍历集合中的 Genre 对象。

第 11 行，使用 Html. actionLink( ) 方法实现地址链接。

ASP. NET MVC 包含了一个 HTML 的助手类，其中的方法专门用于在视图模板中完成多种常见的任务，其中的 Html. ActionLink( ) 助手方法就是常用的一个，这使得可以容易地创建 <a>，包括关于链接的一些细节处理，像地址需要进行 URL 编码之类。

Html. ActionLink( ) 有多个重载用于多种情况，在简单的情况下，只需要提供提示的文本，以及指向的 Action 方法即可，比如希望链接到 /Store 的 Index 方法，提示文本为 Go to the Store Index，那么下面的代码就可以实现。

@ Html. ActionLink("Go to the Store Index", "Index")

在本例中，使用另外一种重载方法来传递 3 个参数。①链接的提示文本，这里显示分类的名称。②控制器的名称，Browse。③路由参数，genre。

再次运行程序，访问 /Store 的时候，可以看到如图 9-36 所示的结果。出现一个唱片分类的列表，每一个分类都是一个超级链接，当单击链接的时候，将会被导航到 /Store/Browse? genre = [genre] 的地址。

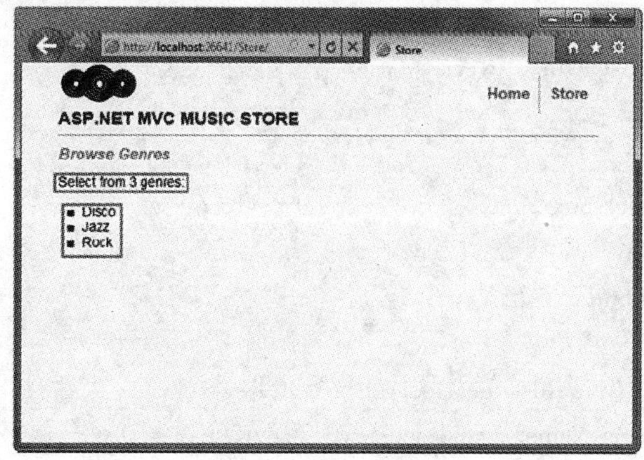

图 9-36 唱片浏览视图

9.3.9 数据访问

上一节，使用了模拟的数据从控制器发送到视图模板。现在，开始使用真正的数据库，学习如何使用 SQL Server Compact 版的数据库，它经常被称为 SQL CE，来作为数据库引擎，SQL CE 是一个免费的、嵌入式的、基于文件的数据库系统，不需要任何的安装配置，很适合本地的开发使用。

注意：可能需要单独安装 SQL Server Compact 4.0 数据库以及 Entity Framework。在计算机上，这两个软件都是需要单独安装的。

1. 修改模型类，增加艺术家类，修改 album 唱片类、修改 genre 专辑类

代码如下：

```
namespace MvcMusicStore. Models
{
    public class Artist //艺术家类
    {
        public int ArtistId { get; set; }//艺术家编号
        public string Name { get; set; }//艺术家姓名
    }
}
namespace MvcMusicStore. Models
{
    public class Album //唱片类
    {
        public int AlbumId { get; set; }//唱片编号
        public int GenreId { get; set; }//专辑编号
        public int ArtistId { get; set; }//艺术家编号
        public string Title { get; set; }//唱片名
        public decimal Price { get; set; }//价格
        public string AlbumArtUrl { get; set; }//唱片链接
        public Genre Genre { get; set; }//专辑类对象
        public Artist Artist { get; set; }//艺术家类对象
    }
}
namespace MvcMusicStore. Models
{
    public class Genre//专辑类
    {
        public int GenreId { get; set; }//专辑编号
        public string Name { get; set; }//专辑名称
        public string Description { get; set; }//专辑描述
```

```
        public List < Album > Albums { get; set; }//专辑列表
    }
}
```

2. 增加 App_Data 文件夹

在项目中增加 App_Data 文件夹用来保存数据库文件，App_Data 是一个特殊的文件夹，已经被网站对其中数据的访问进行了安全限制。在解决方案资源管理器中，右击项目，选择“添加”→“添加 ASP. NET 文件夹”→“App_Data”，如图 9-37 所示。

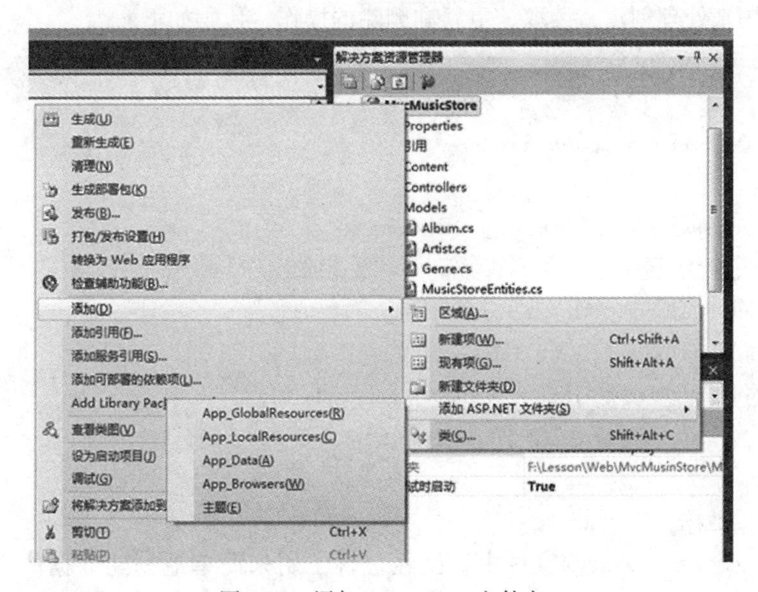

图 9-37　添加 App_ Data 文件夹

3. 在 Web. config 中创建数据库连接串

在网站的配置文件中增加一些行，以便 Entity Framework 知道如何连接到数据库，双击打开 Web. config 文件。在文件的最后，然后增加一个 < connectionStrings > 的配置节，代码如下：

```
< connectionStrings >
    < add name = " MusicStoreEntities"
    connectionString = " Data Source = |DataDirectory|MvcMusicStore. sdf"
    providerName = " System. Data. SqlServerCe. 4. 0" / >
</connectionStrings >
```

注意：这里数据库连接串的名称很重要，以后使用 EF Code-First 的时候，通过它来找到数据库，这里的链接串种使用了 Data Source = | DataDirectory | MvcMusicStore. sdf，这里的 DataDirectory 指的就是项目中的 App_ Data 文件夹。如果使用 SQL Server，可以使用如下的链接串。

注意 providerName 也要替换成 SQLServer 使用的提供器。

```
<! --数据库连接串的配置 -- >
  < connectionStrings >
    < add name = " MusicStoreEntities"
```

```
            connectionString = " server = . \sqlexpress; database = musicstore; integrated security
                = true; "
            providerName = " System. Data. SqlClient"/ >
    </connectionStrings >
```

4. 增加上下文类

在模型文件夹上右击，然后，增加一个新的名为 MusicStoreEntities. cs 的文件。需要注意的是，这个类的名称必须与数据库连接串的名称一致。这个类将反映 Entity Framework 数据库的上下文，用来处理创建、读取、更新和删除的操作，代码如下：

```
using System. Data. Entity;


namespace MvcMusicStore. Models
{
    public class MusicStoreEntities : DbContext
    {  //通过扩展 DbContext 基类获得对数据库操作的能力
        public DbSet < Album > Albums { get; set; }
        public DbSet < Genre > Genres { get; set; }
        public DbSet < Artist > Artists { get; set; }
    }
}
```

5. 增加原始数据

在 MvcMusicStore-Asset. zip 文件中，已经包含了用来简单地创建数据的文件。在 Code 文件夹的子文件夹 Models 中找到 SampleData. cs 文件，将它加入到 Models 文件夹中。

然后，双击项目根目录中的Global. asax 文件，在 Application_ Start 方法中，使用SetInitializer 设定初始化数据来源。代码如下：

```
//一般用来进行网站的初始化
protected void Application_Start( )
{
  System. Data. Entity. Database. SetInitializer( new MvcMusicStore. Models. SampleData( ) );
    AreaRegistration. RegisterAllAreas( );
    RegisterGlobalFilters( GlobalFilters. Filters);
    RegisterRoutes( RouteTable. Routes);
}
```

6. 修改 StoreController 控制器

打开 StoreController. cs 文件，定义一个 MusicStoreEneities 类的对象实例，把它命名为 storeDB。代码如下：

```
using MvcMusicStore. Models;
namespace MvcMusicStore. Controllers
{
    public class StoreController : Controller
```

```
    {
        MusicStoreEntities storeDB = new MusicStoreEntities( ) ;
```

更新一下 StoreController 的 Index 方法来获取全部的分类数据。原来使用硬编码的数据，现在，可以使用 Entity Framework 的 Generes 集合来取代它。代码如下：

```
public ActionResult Index( )
{
    var genres = storeDB. Genres. ToList( ) ;
    return this. View(  genres  ) ;
}
```

对于视图模板不需要任何修改。

运行程序，访问 /Store 地址的时候，现在可以看到数据库中分类的列表，如图 9-38 所示。

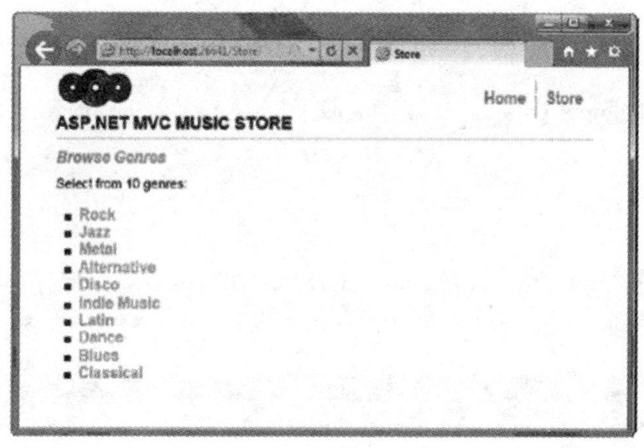

图 9-38　唱片流派浏览视图

当在首页通过 /Store/Browse? genre = [some-genre] 链接访问 Browse 这个方法时，需要通过流派的名称来获取相应的专辑，对于音乐店来说，每个流派的名称是唯一的，所以，可以通过 LINQ 中的 Single 扩展方法来获取查询结果中的唯一的流派对象。

```
var example = storeDB. Genres. Single( g = >  g. Name = = "Disco" ) ;
```

Single 方法使用一个 Lambda 表达式作为参数，表示希望获取匹配指定值的单个流派对象，在上面的例子中，将会获得名为 Disco 的流派对象。

在获得流派对象的同时，还可以获取流派相关的对象，例如属于这个流派的专辑集合，可以提前获取相关的专辑信息，这就需要修改一下上面的查询，包含专辑信息。通过 Include 方法可以指定希望获取的相关信息，这种方式非常有效，这样，就可以在一次数据访问中，既可以获取流派对象，也可以同时获取相关的专辑对象。

更新 browse 方法代码如下：

```
public ActionResult Browse(  string genre  )
{
    var genreModel = storeDB. Genres. Include ( " Albums" ) . Single ( g =  >  g. Name  =  =
        genre) ;
```

```
    return this. View( genreModel) ;
}
```

然后，可以更新一下 Store 的 Browse 视图来显示相应的专辑，打开视图模板，增加一个列表。代码如下：

```
@ model MvcMusicStore. Models. Genre
@ {
    ViewBag. Title = " Browse" ;
}
< h2 >
    Browsing Genre：@ Model. Name < /h2 >
< ul >
    @ foreach ( var album in Model. Albums)
    {
        < li >
            @ album. Title
        < /li >
    }
< /ul >
```

运行程序，浏览 /Store/Browse？ genre = Jazz，现在就可以看到保存在数据库中的的专辑数据了，如图 9-39 所示。

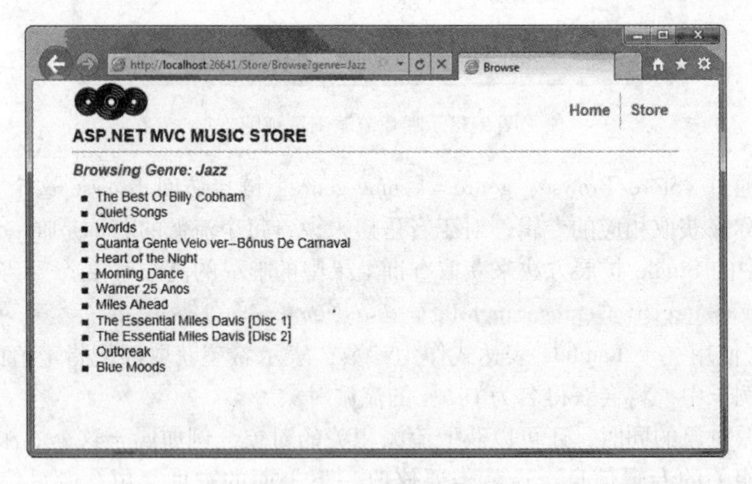

图 9-39　显示流派中的专辑

同样，还可以修改一下 Details ，通过传递的参数来获取专辑对象。修改后的方法代码如下：

```
public ActionResult Details( int id)
{
    var album = storeDB. Albums. Find( id) ;
    return View( album) ;
}
```

运行程序，访问 /Store/Details/1，可以看到如图 9-40 所示的内容。

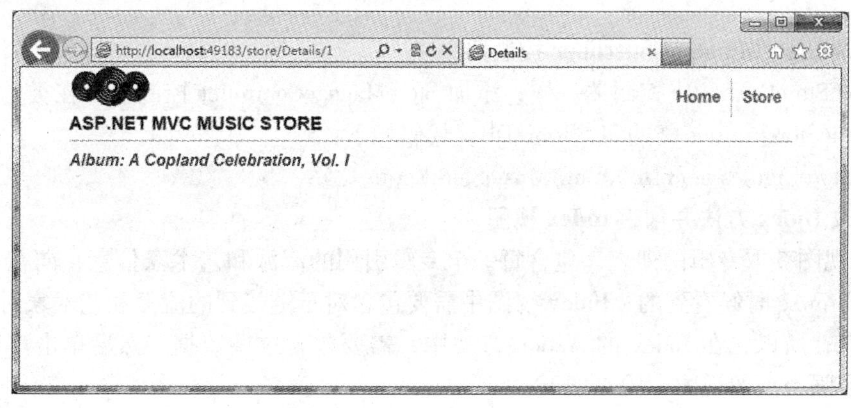

图 9-40　查看具体专辑信息

更新 Browse 视图，提供链接到明细页面的超级链接，这里，使用 ActionLink 方法，修改后的代码如下：

```
@model MvcMusicStore. Models. Genre
@{
    ViewBag. Title = "Browse";
}
<h2>Browse Genre: @Model. Name</h2>
<ul>
    @foreach (var album in Model. Albums)
    {
        <li>
            @Html. ActionLink(album. Title, "Details", new { id = album. AlbumId});
        </li>
    }
</ul>
```

再次浏览 Browse 的时候，每个专辑应该已经成为了一个链接，如图 9-41 所示。

图 9-41　browse 视图

9.3.10 设计 StoreManagerController 控制器

1. 添加 StoreManageController 控制器

同添加 StoreController 控制器一样，添加 StoreManageController 控制器。在类的第一行定义一个 MusicStoreEntities 类的实例 storeDB，代码如下：

```
MusicStoreEntities storeDB = new MusicStoreEntities();
```

2. 修改 Index 方法并创建 index 视图

Index 视图获取专辑的列表，包含每一个专辑引用的流派和艺术家信息，向在前面 Store 控制器的 Browse 时候看到的，Index 视图中需要包含对于链接到的流派和艺术家对象来显示相关的信息，所以，在 Index 的 Action 方法中，需要包含这些数据。然后单击“index”方法创建一个强类型的视图，代码如下：

```
public ActionResult Index()
{
    var albums = storeDB. Albums. Include("Genre"). Include("Artist");
    return View(albums. ToList());
}
```

3. 修改 Details 方法

在 Details 方法中，类似于 Store 控制器的 Details 方法，通过专辑的 Id 来获取专辑对象，这里使用 Find() 方法完成，最后，把这个对象传递给视图，代码如下：

```
public ViewResult Details(int id)
{
    MvcMusicStore. Models. Album album = storeDB. Albums. Find(id);
    return View(album);
}
```

4. 创建 Create 方法

与前面看到的不同，Create 方法需要处理表单，当用户第一次访问地址 /StoreManager/Create 的时候，用户将会看到一个空的表单，HTML 页面中包含一个 <form> 元素，其中包含了下拉列表和文本框等输入元素，用户可以借助它们输入专辑的详细信息。

当用户填写了专辑的信息之后，可以通过单击“保存”按钮来提交表单信息到服务器，应用程序可以获取这些信息保存到数据库中。在用户单击“保存”的时候，浏览器发出一个 Http 的 Post 请求，到 /StoreManager/Create 地址，表单的内容作为这个 Post 请求的一部分发送回服务器。

ASP. NET MVC 可以容易地分割这两种同样对于 Create 方法的请求处理，通过提供两个同名的 Create 方法，一个用来处理 Http Get 请求，一个用来处理 Http Post 请求，区分的方式是在处理 Post 请求的方法前面增加一个［HttpPost］的标签。如果增加［HttpGet］标签，则表示这个方法仅仅处理 Http Get 请求。通常没有这个标签，则表示无论是 Get 请求还是 Post 请求都可以由这个 Action 方法处理。修改 Greate 方法代码如下：

```
// GET：/StoreManager/Create
public ActionResult Create()
```

```
{
    ViewBag. GenreId = new SelectList( storeDB. Genres, "GenreId", "Name");
    ViewBag. ArtistId = new SelectList( storeDB. Artists, "ArtistId", "Name");
    return View( );
}
```

注意：ViewBag是信息传递的一种方法。它允许向视图传递信息而不需要首先定义强类型的Model，在创建专辑的过程中，在表单中需要两个列表框，便于选择专辑所属流派和专辑的艺术家，使用viewbag来传递这两个信息最好不过了。

ViewBag是动态对象，这意味着可以使用ViewBag. Foo或者ViewBag. YourNameHere形式的属性而不需要预先定义这些属性，控制器中的代码使用ViewBag. GenreId和ViewBag. Artisid传递流派和艺术家的信息以便生成表单中下拉列表的值。

传递到视图的下拉列表的值使用SelectList对象表示，代码如下：

```
ViewBag. GenreId = new SelectList( db. Genres, "GenreId", "Name");
```

该方法中的3个参数被用于创建这个对象：

第一个参数用来生成下拉列表中信息的集合，这里是流派对象的集合。

第二个参数提供下拉列表中的值，这是一个字符串，实际上是流派对象的一个属性GenreId。

最后的参数提供下拉列表中显示出来的值，这里使用流派的Name属性。后两个参数的名称必须包含在第一个对象的属性集合中。

5. 添加Create视图

选择“create” action，右击选择“添加视图”，在随后弹出的如图9-42所示的添加视图对话框中，选择视图引擎为“Razor”，勾选“创建强类型视图”，选择模型类为album，选择支架模板为“create”，单击“添加”按钮完成视图创建工作。

图9-42　添加Create强类型视图

打开views/StoreManage/create. cshtml文件，找到唱片流派编辑框，将@ Html. EditFor (model = > model. GenreId) 修改为@ Html. DropDownList ("GenreId", String. Empty)。将@ Html. EditFor (model = > model. ArtistId) 修改为 @ Html. DropDownList ("ArtistId", String. Empty)。

注意：Html. DropDownList 方法需要两个参数，从哪里获取显示用的列表，和哪一个值需要被预先选中，方法的第一个参数，GenreId，告诉 DropDownList 从模型对象或者 ViewBag 对象中寻找名为 GenreId 的属性值，第二个参数用来指出下拉列表默认选中的值。这是创建专辑的表单，所以，没有需要预先选中的值，这里传递了一个 String. Empty 。

6. 创建 Create 方法获取 post 表单值

前面讨论过，对于一个表单可以有两个对应的处理方法，一个处理 Http Get 请求显示表单，另外一个用于处理 Http Post 请求，用于处理提交的表单数据，注意，在控制器中，处理 Http Post 请求的方法需要通过标签［HttpPost］进行标注，这样，这个方法将会被 ASP. NET 仅仅用来处理 Post 请求。代码如下：

```
[HttpPost]
public ActionResult Create(Album album)
{
    if (ModelState. IsValid)//如果验证为合法,则添加到专辑中并转到 index 视图
    {
        storeDB. Albums. Add(album);
        storeDB. SaveChanges();
        return RedirectToAction("Index");
    }//如果非法,返回并显示刚才提交的数据
     ViewBag. GenreId = new SelectList ( storeDB. Genres, " GenreId ", " Name ",
            album. GenreId);
     ViewBag. ArtistId = new SelectList ( storeDB. Artists, " ArtistId ", " Name ",
            album. ArtistId);
    return View(album);
}
```

这个 Action 方法完成 4 个任务：①读取表单的数据。②检查表单的数据是否通过了验证规则。③如果表单通过了验证，保存数据，然后显示更新之后的专辑列表。④如果表单没有通过验证，重新显示带有验证提示信息的表单，如图 9-43 所示。

注意：Create() 方法的参数是 Album，而不是 FormCollection 类型。控制器处理的表单提交中包含了流派的标识 GenreId 和艺术家标识 ArtistId，这些来自下拉列表框，以及通过文本框输入的 Title，Price 等数据，虽然可以直接通过 FormCollection 来访问表单数据，但是，更好的做法是使用 ASP. NET MVC 内置提供的模型绑定。因为当 Action 方法的参数是模型类型的时候，ASP. NET MVC 将会试图使用表单中的数据来填充对象的属性，它通过检查表单参数的名字是否匹配模型对象的属性来进行，例如，对于专辑对象的 GenreId 属性来说，它将会在表单数据中查找名为 GenreId 的值赋予它。当使用标准的模型方式生成视图的时候，表单会使用模型对象的属性名称来生成表单输入项目的名称，这样，在发出表单的时候，请求参数就会正好匹配模型的属性了。

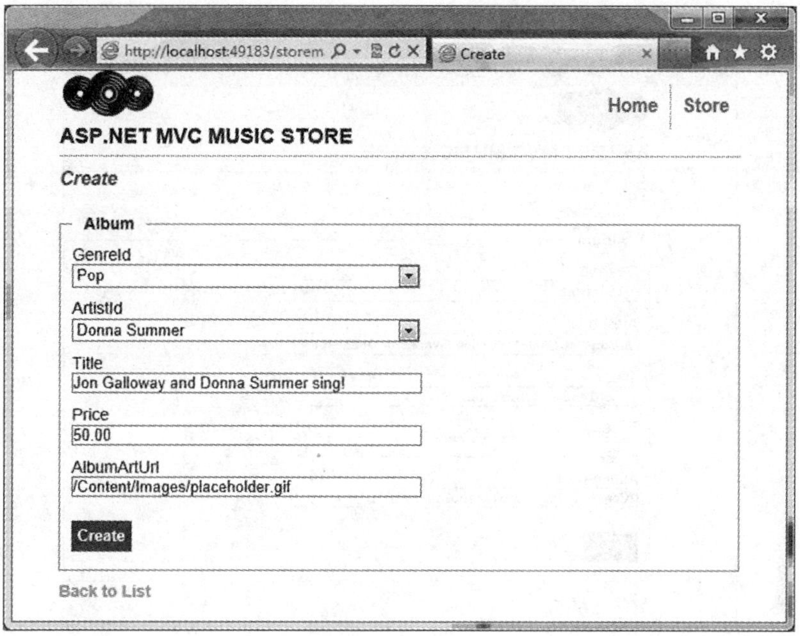

图 9-43　添加专辑

7. 修改 Edit 方法

在 Edit 的 Get 方法中，使用唱片的 Id 来加载原有的唱片，这个参数通过路由传递过来，实际的代码类似在 Details 中看到的处理。除了专辑对象，同时还有处理下拉列表，所以，这里也通过 ViewBag 来处理，这样就允许在传递一个 Model 的同时还通过 ViewBag 传递了两个额外的 SelectList。代码如下：

```
public ActionResult Edit(int id)
{
    Album album = storeDB.Albums.Find(id);
    ViewBag.GenreId = new SelectList(storeDB.Genres, "GenreId", "Name",
        album.GenreId);
    ViewBag.ArtistId = new SelectList(storeDB.Artists, "ArtistId", "Name",
        album.ArtistId);
    return this.View(album);
}
```

然后，选择 Edit 方法，右击“添加视图”，创建一个强类型的视图文件 edit.cshtml。然后修改流派和艺术家两栏为下拉选择框类型。@ Html.DropDownList (" GenreId", String.Empty)、@ Html.DropDownList (" ArtistId", String.Empty)。运行效果如图 9-44 所示。

处理 Post 请求的 Edit 方法也非常类似于 Create 的 Post 处理方法，仅有的不同就是不用创建一个新的专辑对象加入到集合中，而是将现有的专辑对象，注意已经通过模型绑定获取了请求参数，将这个对象的状态属性 State 修改为 Modified ，这就会告诉 EF 正在修改一个存在的专辑对象，而不是创建一个新的。代码如下：

图 9-44 编辑专辑

```
[HttpPost]
public ActionResult Edit(Album album)
{
    if (ModelState.IsValid)
    {
        storeDB.Entry(album).State = System.Data.EntityState.Modified;
        storeDB.SaveChanges();
        return RedirectToAction("Index");
    }
    ViewBag.GenreId = new SelectList(storeDB.Genres, "GenreId", "Name",
        album.GenreId);
    ViewBag.ArtistId = new SelectList(storeDB.Artists, "ArtistId", "Name",
        album.ArtistId);
    return View(album);
}
```

下面运行程序测试一下，浏览/StoreManager，然后单击 Edit 链接即可以修改专辑的信息，如图 9-45 所示。单击 Save，回到专辑列表，可以看到专辑信息已经被更新，如图 9-46 所示。

8. 处理删除方法

删除的处理模式与 Edit 和 Create 一样，使用控制器的一个删除 action 显示确认信息，使用另外一个 Action 来处理提交。

删除的 Get 处理非常类似于前面的 Details 处理，代码如下：

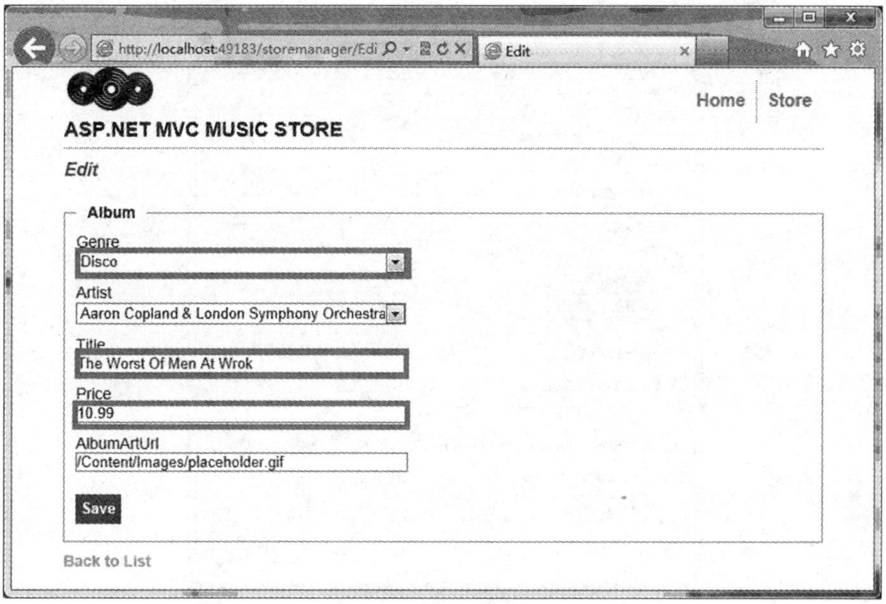

http://localhost:49183/storemanager/Edi　Edit

ASP.NET MVC MUSIC STORE　Home　Store

Edit

Album

Genre
Disco

Artist
Aaron Copland & London Symphony Orchestra

Title
The Worst Of Men At Wrok

Price
10.99

AlbumArtUrl
/Content/Images/placeholder.gif

Save

Back to List

图 9-45　修改专辑信息

	GenreId	ArtistId	Title	Price
Edit | Details | Delete	Disco	Aaron Copland & London Symphony Orchestra	The Worst Of Men At Wrok	10.99
Edit | Details | Delete	Classical	Adrian Leaper & Doreen de Feis	Górecki: Symphony No. 3	8.99

图 9-46　更新后的专辑信息

```
public ActionResult Delete(int id)
{
    Album album = storeDB. Albums. Find(id);
    return View(album);
}
```

右击“delete”方法，添加视图，在如图 9-47 所示打开的“添加视图”对话框中，视图名称不变，勾选“构建强类型视图”，选择“支架模板”为 delete，勾选“使用布局或母版页”，单击“添加”按钮完成视图的创建。

随后打开 delete. cshtml 文件，默认的 Delete 视图使用模型来显示所有对象信息，但是，这里仅仅需要简单地显示确认信息就可以。下列代码即是把这个视图修改一下，只保留确认信息。

```
@ model MvcMusicStore. Models. Album
@ {
    ViewBag. Title = " Delete" ; }
<h2 > Delete Confirmation </h2 >
<p >
    Are you sure you want to delete the album titled  < strong > @ Model. Title </strong > ?
</p >
```

图 9-47　添加删除视图

```
@ using (Html. BeginForm( ))
{
    <p>
        <input type = "submit" value = "Delete" />
    </p>
    <p>
        @ Html. ActionLink( "Back to List", "Index" )
    </p>
}
```

确认页面运行效果如图 9-48 所示。

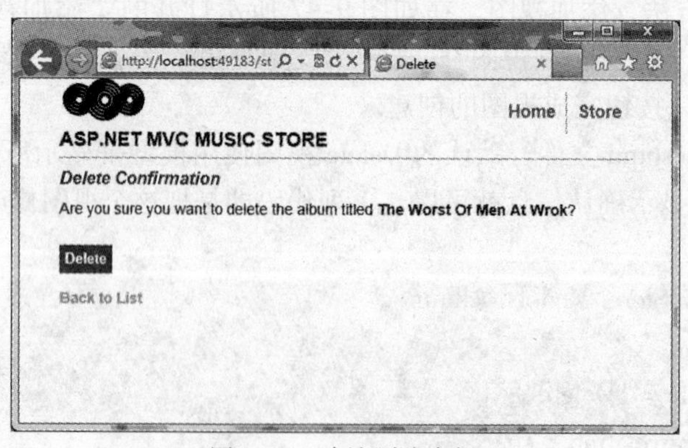

图 9-48　确认删除专辑

单击 Delete 按钮之后，将导致表单发送到服务器，在此重定义了 Delete 方法，方法名为 DeleteConfirmed，之所以修改方法名，是因为同一个方法名，如果参数相同，则不能同时出现。而且如果使用别名，则必须用［HttpPost，ActionName（" Delete"）］说明 DeleteConfirmed 方法是 Delete 的 Action 处理方法。下面代码是确认删除的处理代码，注意，方法的参数只有专辑 id。代码如下：

```
[HttpPost, ActionName("Delete")]
public ActionResult DeleteConfirmed(int id)
{
    Album album = storeDB. Albums. Find(id); //通过专辑的 Id 加载专辑对象
    storeDB. Albums. Remove(album);//删除特定专辑
    storeDB. SaveChanges();//保存更改
    return RedirectToAction("Index");//重新定向到 Index,
}
```

运行程序，选择一个专辑，然后删除它，如图 9-49 ~ 图 9-51 所示。

	GenreId	ArtistId	Title
Edit | Details | Delete	Disco	Aaron Copland & London Symphony Orchestra	The Worst Of Men At Wrok
Edit | Details | Delete	Classical	Adrian Leaper & Doreen de Feis	Górecki: Symphony No. 3

图 9-48　删除前专辑列表

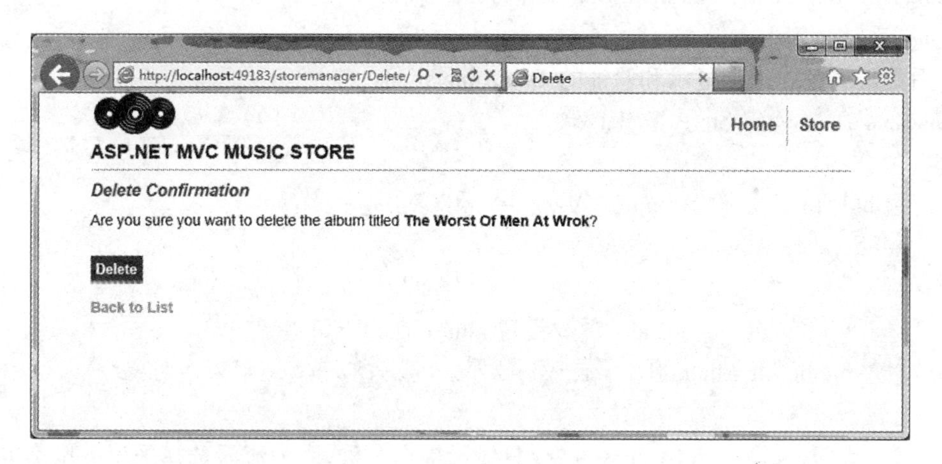

图 9-50　删除确认

	GenreId	ArtistId	Title
Edit | Details | Delete	Classical	Adrian Leaper & Doreen de Feis	Górecki: Symphony No. 3
Edit | Details | Delete	Classical	Barry Wordsworth & BBC Concert Orchestra	The Last Night of the Proms
Edit | Details | Delete	Classical	Berliner Philharmoniker & Hans Rosbaud	Sibelius: Finlandia

图 9-51　删除后专辑列表

9.3.11　为表单增加验证

在前面的创建专辑与编辑专辑的表单中存在一个问题：即没有进行任何验证。字段的内容可以不输入，或者在价格的字段中输入一些字符，在执行程序的时候，这些错误会导致数据库保存过程中出现错误，显示来自数据库的错误信息。

通过为模型类增加数据描述的 DataAnnotations，可以容易地为应用程序增加验证的功能。DataAnnotations 允许描述应用在模型属性上的验证规则，ASP. NET MVC 将会使用这些 DataAnnotations，然后将适当的验证信息返回给用户。

将会使用下列的 DataAnnotations 功能：

- Required（必须）——表示这个属性是必须提供内容的字段；
- DisplayName（显示名）——定义表单字段的提示名称；
- StringLength（字符串长度）——定义字符串类型的属性的最大长度；
- Range（范围）——为数字类型的属性提供最大值和最小值；
- Bind（绑定）——列出在将请求参数绑定到模型的时候，包含和不包含的字段；
- ScaffoldColumn（支架列）——在编辑表单的时候，需要隐藏起来的的字符。

注意：更多关于模型验证的信息，请参考：http://msdn. microsoft. com/zh-cn/library/ee256141%28VS. 100%29. aspx

1. 服务器端绑定和验证

打开 Album 类，首先增加下面的 using 语句，这些语句引用了 DataAnnotations 使用的命名空间。代码如下：

```
using System. ComponentModel;
using System. ComponentModel. DataAnnotations;
using System. Web. Mvc;
```

然后更新属性，增加显示和验证的 DataAnnotations

```
namespace MvcMusicStore. Models
{
    [Bind(Exclude = "AlbumId")]//albumID 不绑定
    public class Album
    {
        [ScaffoldColumn(false)]//设置 albumID 为不可编辑
        public int AlbumId { get; set; }

        [DisplayName("Genre")]//只显示提示名称,因为流派选择采用下拉菜单
        public int GenreId { get; set; }

        [DisplayName("Artist")]//只显示提示名称,因为艺术家选择采用下拉菜单
        public int ArtistId { get; set; }

        [Required(ErrorMessage = "An Album Title is required")]
        [StringLength(160)]
        public string Title { get; set; }//此字段必须填写,而且字符长度不超过 160

        [Required(ErrorMessage = "Price is required")]
        [Range(0.01, 100.00,ErrorMessage = "Price must be between 0.01 and 100.00")]
```

```
        public decimal Price { get; set; }//此字段必须填写,而且范围在0~100之间

        [DisplayName("Album Art URL")]////只显示提示名称,
        [StringLength(1024)]
        public string AlbumArtUrl { get; set; }
        public virtual Genre Genre { get; set; }
        public virtual Artist Artist { get; set; }
    }
}
```

然后，将专辑 Album 的属性 Genre 和 Artist 设置为虚拟的 virtual ，这将会使 EF-Code First 使用延迟加载。

```
public virtual Genre Genre { get; set; }
public virtual Artist Artist { get; set; }
```

注意：大家可能会想为什么在 album 类定义上方添加 [Bind (Exclude = "AlbumId")] 语句。回到 storeManage 控制器的 Create 方法，可以看到传入的参数只有 album，由于在新增 album 时要验证每一个字段，当然也包括 albumID（因为 Primary Key 不能为 Null），但是数据库设计时，albumID 又是自动生成的，并且 create 表单中不能编辑 albumID（隐藏）。所以如果不加上 [Bind (Exclude = "AlbumID")] 的话，在执行 ModelState. IsValid 就会永远都是 False 而导致无法新增 album 成功。但是当需要处理的 Action 一多，麻烦事也就来了，难道每个 Action 都要加上这个 Attribute 吗？其实是不用的！只要在类的定义中集中声明一次就可以了，这就是为什么在类定义上加绑定例外。

为专辑修改完成之后，创建和编辑界面立即就会验证字段，并且使用编程者提供的显示名称。运行程序，浏览 /StoreManager/Create。这里特意输入一些破坏验证规则的数据，在价格字段中输入 0，将标题字段的内容保留为空白，当单击创建的时候，将会看到表单中不符合验证规则的字段显示了验证的错误提示信息，如图 9-52 所示。

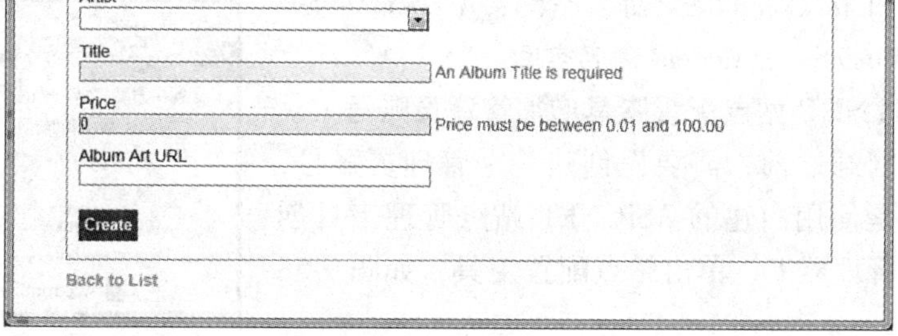

图 9-52　表单验证

2. 客户端验证

对于应用程序来说，服务器端验证非常重要，因为用户可能绕过了客户端验证，实际上，Web 页面仅仅实现服务器端验证存在 3 个显著的问题：

■ 在提交表单的时候，用户必须等待，验证在服务器端进行，需要将验证的结果发送回浏览器。

■ 用户不能在输入错误的时候立即得到回应，以便通过验证规则的检查。

■ 把可以在浏览器完成的工作交给了服务器，浪费了服务器的资源。

幸运的是，ASP. NET MVC3 支架模板还提供了内建的客户端验证，不需要做额外的工作就可以使用。可以采用下面的两种方法轻易地完成客户端验证。

（1）页面中引用 jQuery 的脚本（自动添加，不需用户编写）

```
<script src ="@ Url. Content(" ~/Scripts/jquery. validate. min. js")" type =" text/javas-
        cript" > </script >
<script src ="@ Url. Content(" ~/Scripts/jquery. validate. unobtrusive. min. js")" type ="
        text/javascript" > </script >
```

（2）在 web. config 中修改支持客户端验证。

```
<appSettings >
    <add key =" ClientValidationEnabled" value =" true"/ >
    <add key =" UnobtrusiveJavaScriptEnabled" value =" true"/ >
  </appSettings >
```

9. 3. 12 成员管理和授权

1. 增加 AccountController 和相应的视图

全功能的 ASP. NET MVC3 Web 应用程序与空的 ASP. NET MVC3 应用程序模板之间的区别在于，空的应用程序模板中没有包含账号控制器，可以从新创建的全功能的 ASP. NET MVC 应用程序中复制相应的文件，来增加账号控制器。

另外，在下载的 MvcMusicStore-Assets. zip 文件中，也包含了账号管理的文件。复制下面的内容到你的网站中。

■ 复制 AccountController. cs 到 Controllers 目录中；

■ 复制 AccountModels. cs 到 Models 目录中；

■ 在 Views 目录中创建 Account 目录，然后复制相应的 4 个视图。

注意修改控制器和模型类、视图类文件的命名空间为 MvcMusicStore。AccountController 类应该为 MvcMusicStore. Controllers 命名空间，AccountModels 类应用使用 MvcMusicStore. Models 命名空间。

图 9-53 站点配置

2. 使用 ASP. NET 站点配置工具增加管理员账号

在授权访问网站之前，需要先创建一个管理员账号，最简单的方式就是使用内建的 ASP. NET 站点管理工具创建。在解决方案管理器上，单击站点配置工具，如图 9-53 所示。

（1）启用角色。在打开的 ASP. NET 网站管理工具浏览器窗口中，单击首页中的安全选项卡，然后，单击屏幕中间的“启用角色”链接。如图 9-54 所示。

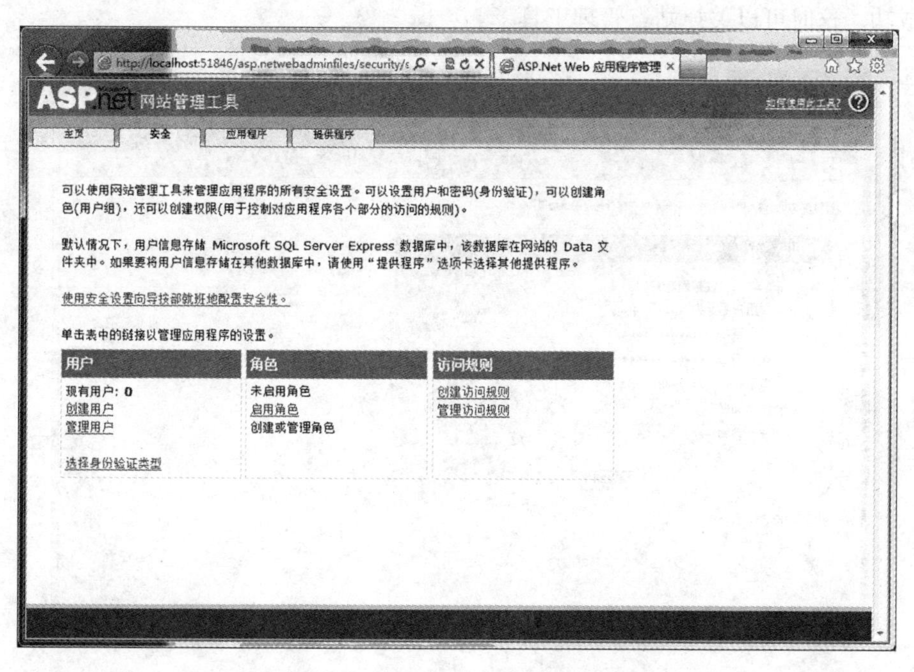

图 9-54　ASP. NET 站点管理窗口

（2）创建角色。单击“创建或管理角色”链接。在如图 9-55 所示的创建新角色对话框中，在角色名称的输入框中输入“Administrator”，单击增加角色按钮，就创建了一个 Administrator 角色。

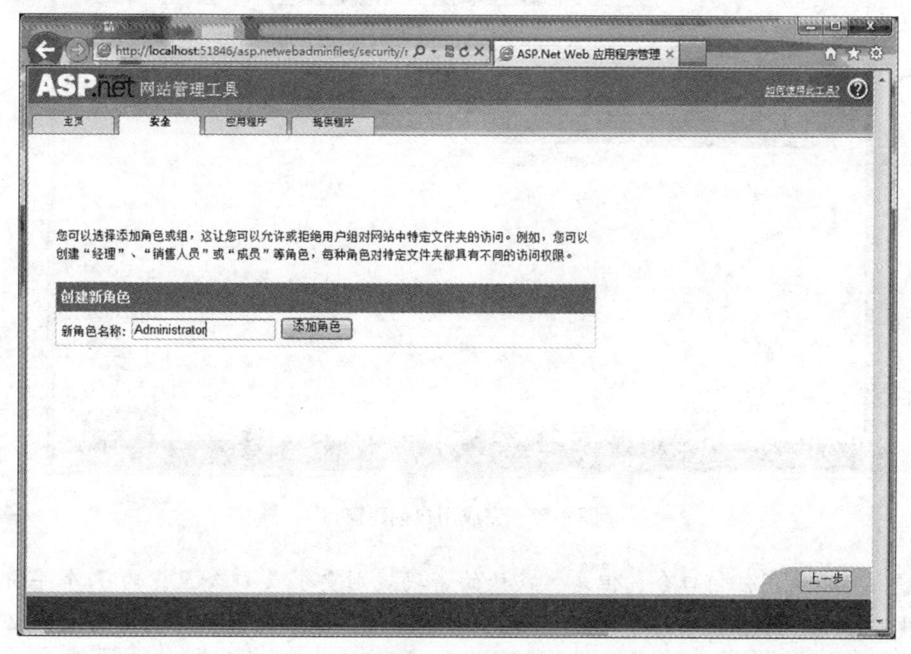

图 9-55　创建新角色

(3) 创建用户。回到“安全”选项卡，单击屏幕左边“创建用户”的链接。输入用户的基本信息。同时选择该用户属于 Administrator 角色，如图 9-56 所示。出现图 9-57 表示创建用户成功。这时可以关掉站点管理工具了。

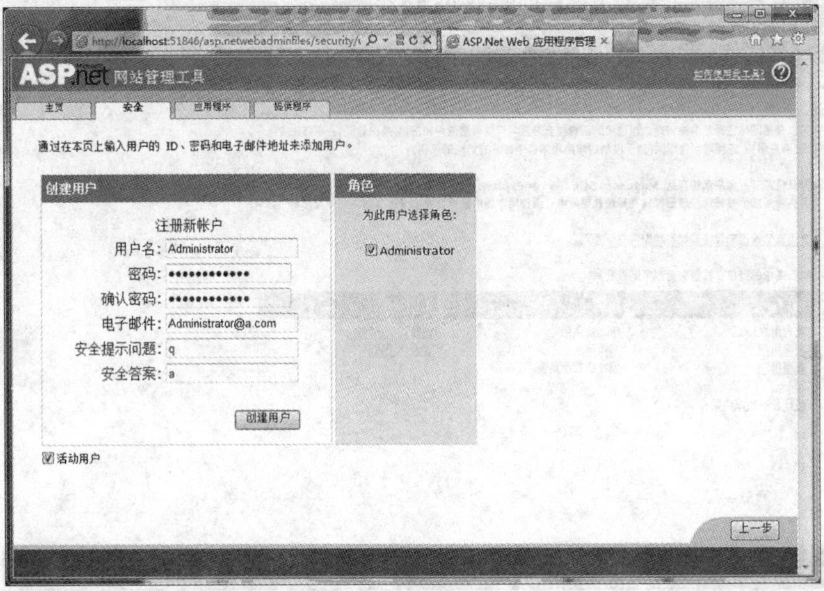

图 9-56　添加用户

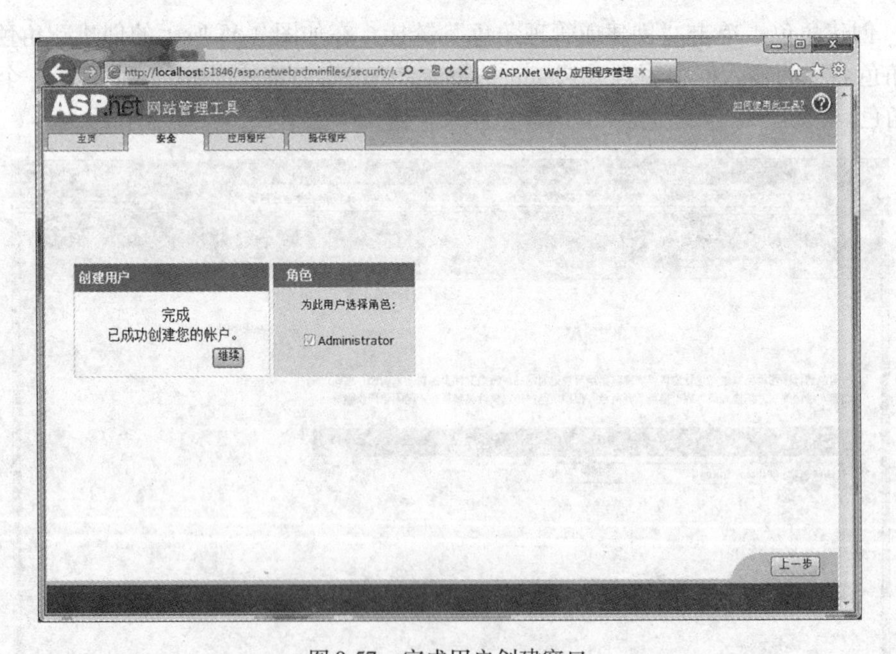

图 9-57　完成用户创建窗口

注意：可以使用任何口令，但是，默认的密码规则要求“口令至少为 7 个字符，其中包含至少一个非字母和数字的字符 1”。这个意思是说，非字母和数字的字符至少必须有一个，也就是必须有“~！@#$%^&*()_+”中的一个字符。解决办法如下：找到/win-

dows/Microsoft. NET/Framework ［版本号］/Config 目录下的 machine. config 文件，使用“编辑”菜单→“查找”功能找到 minRequiredNonalphanumericCharacters = " 1" 一行，只要把它改成0就可以了。当然也可以只修改当前站点的 web. config 文件，方法是将配置信息所在的 <membership>…. </membership> 条目从 machine. cofig 复制到 web. config 文件中 <system. web>… </system. web>，同时在 <providers>…. </providers> 条目的开头加上 <remove name = " AspNetSqlMembershipProvider" /> 项。

ASP. NET 通过 XML 格式的文件 Machine. Config 和 Web. Config 来完成对网站和网站目录的配置。对于一个网站整体而言，整个服务器的配置信息保存在 Machine. Config 文件中，该文件的具体位置在/windows/Microsoft. NET/Framework ［版本号］/Config 目录，它包含了运行一个 ASP. NET 服务器需要的所有配置信息。当你建立一个新的 Web Project 的时候，VS. NET 会自动建立一个 Web. Config 文件，WEB. Config 包含了各种专门针对一个具体应用的一些特殊的配置，比如 Session 的管理、错误捕捉等配置。一个 Web. Config 可以从 Machine. Config 继承和重写部分备置信息。因此，对于 ASP. NET 而言，针对一个具体的 ASP. NET 应用或者一个具体的网站目录，是有两部分设置可以配置的，一是针对整个服务器的 Machine. Config 配置，另外一个是针对该网站或者该目录的 Web. Config 配置，一般的，Web. Config 存在于独立网站的根目录，它对该目录和目录下的子目录起作用。Web. Config 只影响单个 Web 应用。如果要影响特定 Web 服务器上的所有 Web 应用，可以在 machine. config 中设置。

3. 基于角色的授权

现在，可以使用［Authorize］标注来限制对 StoreManage 控制器的访问了，设置访问 StoreManage 任何 Action 的用户必须拥有 Administrator 的角色。代码如下：

```
[Authorize(Roles = "Administrator")]
public class StoreManageController : Controller
{
// 在此增加控制代码
}
```

注意：［Authorize］也可以用在 Action 方法上。

现在浏览 /StoreManage ，将会被导航到登陆页面上，如图 9-58 所示。使用具有 Administrator 角色的账号登陆之后，就可以进入 StoreManage 了。

9.3.13　购物处理

在这个项目中，将允许用户在没有注册、登录的情况下将专辑加入购物车，但是，在完成结账的时候必须完成注册工作。购物和结账将会被分离到两个控制器中：一个 ShoppingCart 控制器，允许匿名用户使用购物车，另一个 Checkout 控制器处理结账。下面先从购物车的控制器开始，然后处理结帐。

1. 创建购物记录类、订单类和订单明细类

在购物车和结账的处理中将会使用到一些新的类，在 Models 文件夹上右击，然后使用下面的代码增加一个新的类 Cart，这个类包括记录号、购物车号、商品编号、商品数量、日期、商品索引等。

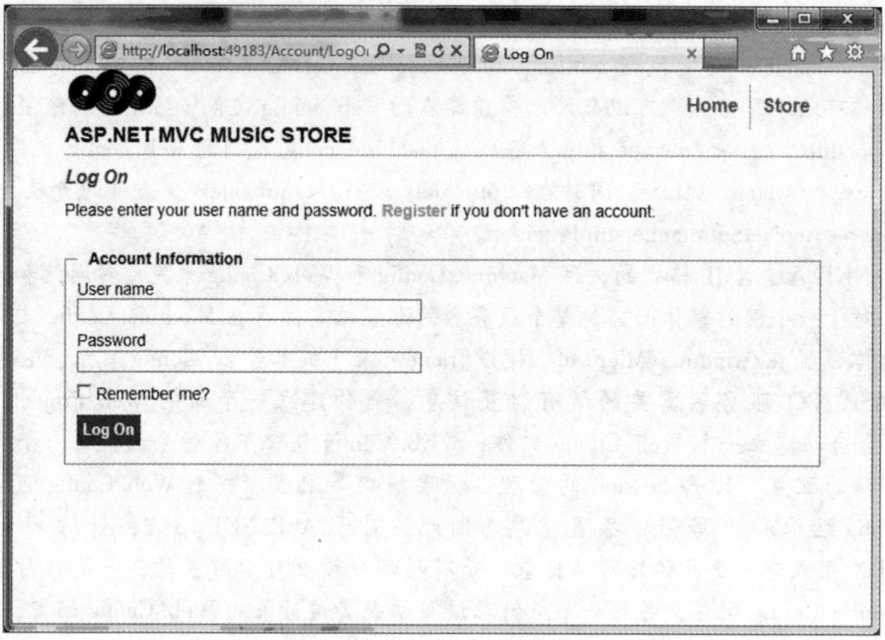

图 9-58　要求授权的登录

```
using System. ComponentModel. DataAnnotations;
namespace MvcMusicStore. Models
{
    public class Cart
    {
        [Key]
        public int RecordId { get; set; }
        public string CartId { get; set; }
        public int AlbumId { get; set; }
        public int Count { get; set; }
        public System. DateTime DateCreated { get; set; }
        public virtual Album Album { get; set; }
    }
}
```

这个类非常类似前面使用的类，除了 RecordId 属性上的 [Key] 标注之外。购物车拥有一个字符串类型的名为 CartId 的标识，用来允许匿名用户使用购物车，但是，CartId 并不是表的主键。因为允许一个购物车内容纳多个商品，所以购物车编号不能作为主键，所以单独定义一个 recordID 字段来作为记录的唯一标识。表的主键是整数类型的名为 RecordId 的字段，根据约定，EF CodeFirst 将会认为表的主键名为 CartId 或者 albumId，不过，如果需要的话，可以很容易地通过标注或者代码来重写这个规则。这里例子演示了在使用 EF Code-First 的时候。当表不是约定的样子时，也不必被约定所局限。因为用到 [key]，所以要添加引用 using System. ComponentModel. DataAnnotations。

然后，使用下面的代码增加订单 Order 类，在这个类中有订单编号、下单日期、用户相关信息等。

```
using System;
using System.Collections.Generic;
using System.Linq;
using System.Web;
using System.ComponentModel.DataAnnotations;
using System.Web.Mvc;
using System.ComponentModel;

namespace MvcMusicStore.Models
{
        [Bind(Exclude = "OrderId")]
          //order 类
         public partial class Order
         {
             //order 编号
             [ScaffoldColumn(false)]
             public int OrderId { get; set; }
             //下单日期
             [ScaffoldColumn(false)]
             public System.DateTime OrderDate { get; set; }
             //用户名
             [ScaffoldColumn(false)]
             public string Username { get; set; }

             [Required(ErrorMessage = "First Name is required")]
             [DisplayName("First Name")]
             [StringLength(160)]
             public string FirstName { get; set; }

             [Required(ErrorMessage = "Last Name is required")]
             [DisplayName("Last Name")]
             [StringLength(160)]
             public string LastName { get; set; }
             //用户地址
             [Required(ErrorMessage = "Address is required")]
             [StringLength(70)]
```

```
            public string Address { get; set; }
            //用户所在城市
            [Required(ErrorMessage = "City is required")]
            [StringLength(40)]
            public string City { get; set; }
            //用户所在省份
            [Required(ErrorMessage = "State is required")]
            [StringLength(40)]
            public string State { get; set; }
            //用户住址邮编
            [Required(ErrorMessage = "Postal Code is required")]
            [DisplayName("Postal Code")]
            [StringLength(10)]
            public string PostalCode { get; set; }
            //用户国藉
            [Required(ErrorMessage = "Country is required")]
            [StringLength(40)]
            public string Country { get; set; }
            //用户电话
            [Required(ErrorMessage = "Phone is required")]
            [StringLength(24)]
            public string Phone { get; set; }
            //用户 E-mail 地址
            [Required(ErrorMessage = "Email Address is required")]
            [DisplayName("Email Address")]
            [RegularExpression(@"[A-Za-z0-9._%+-]+@[A-Za-z0-9.-]+\.[A-Za-z]{2,4}",
            ErrorMessage = "Email is is not valid.")]
            [DataType(DataType.EmailAddress)]
            public string Email { get; set; }

            [ScaffoldColumn(false)]
            public decimal Total { get; set; }

            public List<OrderDetail> OrderDetails { get; set; }
        }
}
```

在这个类定义中使用了验证功能，所以需要添加与验证相关的引用。这个类跟踪订单的汇总和发货信息。在这个类中定义了一个 OrderDetails 属性来查看订单的明细。

最后，定义 OrderDetail 类，以描述订单详情。因为 orderDetail 类的记录是系统生成的，不需要用户输入，所以不需要增加验证功能。代码如下：

```
namespace MvcMusicStore. Models
{
    public class OrderDetail
    {
        public int OrderDetailId { get; set; }
        public int OrderId { get; set; }
        public int AlbumId { get; set; }
        public int Quantity { get; set; }
        public decimal UnitPrice { get; set; }
        public virtual Album Album { get; set; }
        public virtual Order Order { get; set; }
    }
}
```

把 MusicStoreEntities 更新一下，以便包含新定义的模型类，更新之后的 MusicStoreEntities 代码如下：

```
using System. Data. Entity;

namespace MvcMusicStore. Models
{
    public class MusicStoreEntities : DbContext
    {
        public DbSet < Album > Albums { get; set; }
        public DbSet < Genre > Genres { get; set; }

        public DbSet < Artist > Artists { get; set; }
        public DbSet < Cart > Carts { get; set; }
        public DbSet < Order > Orders { get; set; }
        public DbSet < OrderDetail > OrderDetails { get; set; }
    }
}
```

2. 创建购物车类

在 Models 文件夹中创建 ShoppingCart 类来处理购物车对 Cart 购物记录类的数据访问，另外，还需要处理在购物车中增加或者删除项目的业务逻辑。

因为并不希望用户必须登录系统才可以使用购物车，对于没有登录的用户，需要为他们创建一个临时的唯一标识，这里使用 GUID，或者被称为全局唯一标识符，对于已经登录的用户，直接使用他们的名称，这个标识将保存在 Session 中。

注意：Session 会话可以很方便地存储用户的信息，在用户离开站点之后，这些信息将会过期，滥用 Session 信息会对大型站点产生影响，这里使用 Session 达到演示目的。

ShoppingCart 类提供了如下的方法：

AddToCart，将专辑作为参数加入到购物车中，在 Cart 表中跟踪每个专辑的数量，在这个方法中，将会检查是在表中增加一个新行，还是仅仅在用户已经选择的专辑上增加数量。

RemoveFromCart，通过专辑的标识从用户的购物车中将这个专辑的数量减少 1，如果用户仅仅剩下一个，那么就删除这一行。

EmptyCart，删除用户购物车中所有的项目。

GetCartItems，获取购物项目的列表用来显示或者处理。

GetCount，获取用户购物车中专辑的数量

GetTotal，获取购物车中商品的总价

CreateOrder，将购物车转换为结账处理过程中的订单。

GetCart ，这是一个静态方法，用来获取当前用户的购物车对象，它使用 GetCartId 方法来读取保存当前 Session 中的购物车标识，GetCartId 方法需要 HttpContextBase 以便获取当前的 Session。

实际的代码如下：

```
namespace MvcMusicStore. Models
{
    public partial class ShoppingCart
    {
        MusicStoreEntities storeDB = new MusicStoreEntities( );
    //定义两个变量
        string ShoppingCartId { get; set; }
        public const string CartSessionKey = "CartId";
    // 获取购物车对象,静态方法,从请求的上下文的 Cookies 中保存的购物车编号获
          取对应的购物车信息
        public static ShoppingCart GetCart( HttpContextBase context)
        {
            var cart = new ShoppingCart( );
            cart. ShoppingCartId = cart. GetCartId( context) ;
            return cart;
        }
    //获取购物车对象,静态方法,从 ASP. NET MVC 的控制器请求的上下文获取对应的
          购物车信息
        public static ShoppingCart GetCart( Controller controller)
        {
            return GetCart( controller. HttpContext) ;
        }
    //添加购物车内商品
        public void AddToCart( Album album)
        {
```

```
            // 通过获取数据库中 Cart 对象,判断用户购物车内是否已有该商品
            var cartItem = storeDB. Carts. SingleOrDefault(
          c = >  c. CartId = = ShoppingCartId
            && c. AlbumId = = album. AlbumId);
            if (cartItem = = null)
            {//如果购物车内没有该商品购物记录则生成一个新的
                cartItem = new Cart
                {
                    AlbumId = album. AlbumId,
                    CartId = ShoppingCartId,
                    Count = 1,
                    DateCreated = DateTime. Now
                };
                storeDB. Carts. Add(cartItem);
            }
            else
            {//表示购物车内有该购物记录,那么只需要增加数量就可以
              cartItem. Count + +;
            }
            storeDB. SaveChanges();
        }
//删除购物车内购买商品
        public int RemoveFromCart(int id)
        {
            // 获取购物车的购物记录
            var cartItem = storeDB. Carts. Single(
            cart = >  cart. CartId = = ShoppingCartId
            && cart. RecordId = = id);

            int itemCount = 0;
            if (cartItem ! = null)
            {//如果购物车内该商品购买数量大于1,则购物数量减一操作
                if (cartItem. Count  >  1)
                {
                    cartItem. Count - - ;
                    itemCount = cartItem. Count;
                }
                else//如果该商品购买数量为1,则直接删除该条购物记录
                {
```

```
                    storeDB. Carts. Remove( cartItem) ;
                }
                storeDB. SaveChanges( ) ;
            }
            return itemCount;//返回购物车内当前商品数量
        }
//清空购物车的购物记录
        public void EmptyCart( )
        {
            //获取购物记录列表
            var cartItems = storeDB. Carts. Where( cart = > cart. CartId = =ShoppingCartId) ;
            //循环删除这些购物记录
            foreach (var cartItem in cartItems)
            {
                storeDB. Carts. Remove( cartItem) ;
            }
            storeDB. SaveChanges( ) ;//保存修改
        }
//返回当前购物车中所有购物记录列表
        public List < Cart > GetCartItems( )
        {
            return storeDB. Carts. Where( cart = > cart. CartId = =ShoppingCartId). ToList( ) ;
        }
//获取购物车内所有商品数量(使用 linq 语法检索符合条目并计算数量和)
        public int GetCount( )
        {
            int? count = ( from cartItems in storeDB. Carts
                          where cartItems. CartId = =ShoppingCartId
                          select (int?) cartItems. Count). Sum( ) ;
            //返回购物车内商品总数,如果为空,返回 0
            return count ?? 0;
        }
//获取购物车内所有商品价格(使用 linq 语法检索符合条目并计算乘积和)
        public decimal GetTotal( )
        {
            decimal? total = ( from cartItems in storeDB. Carts
                      where cartItems. CartId = =ShoppingCartId
                      select (int?) cartItems. Count * cartItems. Album. Price). Sum( ) ;
            //返回商品价格总额,如果为空,返回 0
```

```
                return total ?? decimal. Zero;
            }
//生成订单详情并设置订单参数
        public int CreateOrder( Order order)
        {
            decimal orderTotal = 0;//定义一个局部变量暂存订单总金额
            var cartItems = GetCartItems( );//调用 getCartItems 获取购物车内购物记录
            //遍历购物车内所有购物条目并生成订单详情类对象
            foreach ( var item in cartItems)
            {
                var orderDetail = new OrderDetail //针对每个购物记录定义一个订单详
                    情类对象
                {
                    AlbumId = item. AlbumId,
                    OrderId = order. OrderId,
                    UnitPrice = item. Album. Price,
                    Quantity = item. Count
                };
                // 累加购物车购物商品金额
                orderTotal + = ( item. Count  *  item. Album. Price);
                storeDB. OrderDetails. Add( orderDetail);//向数据库添加订单详情记录
            }
            // 将购物车内商品总额赋值给 order. total
            order. Total = orderTotal;
           storeDB. SaveChanges( );//保存修改
            EmptyCart( );//生成订单后,清空购物车
            return order. OrderId;//将订单号作为参数返回
        }

//获取购物车编号
        public string GetCartId( HttpContextBase context)
        { // 请求上下文的当前会话中没有购物车编号的情况下
            if ( context. Session[ CartSessionKey ] = = null)
            {
                if ( ! string. IsNullOrWhiteSpace( context. User. Identity. Name) )
                { //当前用户登录的情况下设置购物车编号为当前用户名
                    context. Session[ CartSessionKey ] = context. User. Identity. Name;
                }
                else
```

```
                { // 用户没有登录的情况下生成一个全局唯一标识符
                    Guid tempCartId = Guid.NewGuid();
                //将该改标识符作为临时购物车编号保存到当前会话当中
                //该会话会将该编号保存到客户端的 Cookie 中
                    context.Session[CartSessionKey] = tempCartId.ToString();
                }
            }
            return context.Session[CartSessionKey].ToString();
        }
    //迁移购物车,当用户登录时,将用户登录之前的购物车信息,迁移到登录后的购物车中
        public void MigrateCart(string userName)
        { // 提取购物车中的购买项
            var shoppingCart = storeDB.Carts.Where(c => c.CartId == ShoppingCartId);
          // 将所有购买项的购物车编号更换为用户名
          foreach (Cart item in shoppingCart)
            {
                item.CartId = userName;
            }
            storeDB.SaveChanges();
        }
    }
}
```

分析上面的类成员函数:

其中获取购物车方法 GetCart 重载了两个，一个使用 HttpContextBase 来获取购物车信息，一个使用 Controller 来调用上面使用 HttpContextBase 重载方法来获取购物车信息。这种做法可以通用将来使用 HTTPContext 和使用控制器的情况，非常方便。

AddToCart 方法用于将来添加新项目到购物车中。该方法中做了判断，可以添加重复项目，每次可以多加一个。但没有可以添加指定数量的方式。如果将来在购物车中要添加指定数量时，这里要使用这个类的话，就比较麻烦了，就需要重复调用 AddToCart 方法，这样每次都要先查出该购买项，然后判断，再增 1，再保存，依次循环。如果出现意外的话，那么就不好处理了。这里要提供将来在界面中可以添加指定数量的功能的话，就应该再重构一下该方法。

RemoveFromCart 方法用于在购物车中移除项，同样的每次也只操作一项。如果要移除这个购物内容话，而当前数量为 10 的话，岂不是要调用 10 次这个方法，因此这里可以重构一个移除项方法。

GetCartId 获取购物车编号，这里考虑了用户登录与没有登录的情况下处理。登录了就使用用户名作为购物车的标识符，匿名用户的话创建了一个临时的全局唯一标识符来作为购物车标识符。同时还提供了 MigrateCart 方法用来将匿名用户的购物车迁移到登录用户中去的方法。这个方法非常简单，就是将购物车的标识符修改为用户名作为标识符。

3. 创建对应 shoppingCart 的视图模型

ShoppingCart 控制器需要向视图传递复杂的信息，这些信息与现有的模型并不完全匹配，也不希望修改模型来适应视图的需要；模型类应该表示领域信息，而不是用户界面。一个解决方案是使用 ViewBag 来向视图传递信息，就像在 Store Manager 中的列表处理中那样，但是如果通过 ViewBag 来传递大量信息就不好管理了。

另外一个解决方案是使用视图模型模式，如果使用这个模式，就需要创建强类型的用于视图场景的类来表示信息，这个类拥有视图所需要的值或者内容。控制器填充信息，然后传递这种类的对象供视图使用，这样就可以得到强类型的、编译时检查支持，并且在视图模板中带有智能提示。

将会创建两个视图模型用于 ShoppingCart 控制器：ShoppingCartViewModel 将会用于用户的购物车，而 ShoppingCartRemoveViewModel 会用于在购物车中删除内容时确认提示信息。

首先在项目中创建 ViewModels 文件夹来组织项目文件，在项目上点击鼠标的右键，然后选择添加→新文件夹，添加项目文件夹 viewModels，如图 9-59 所示。

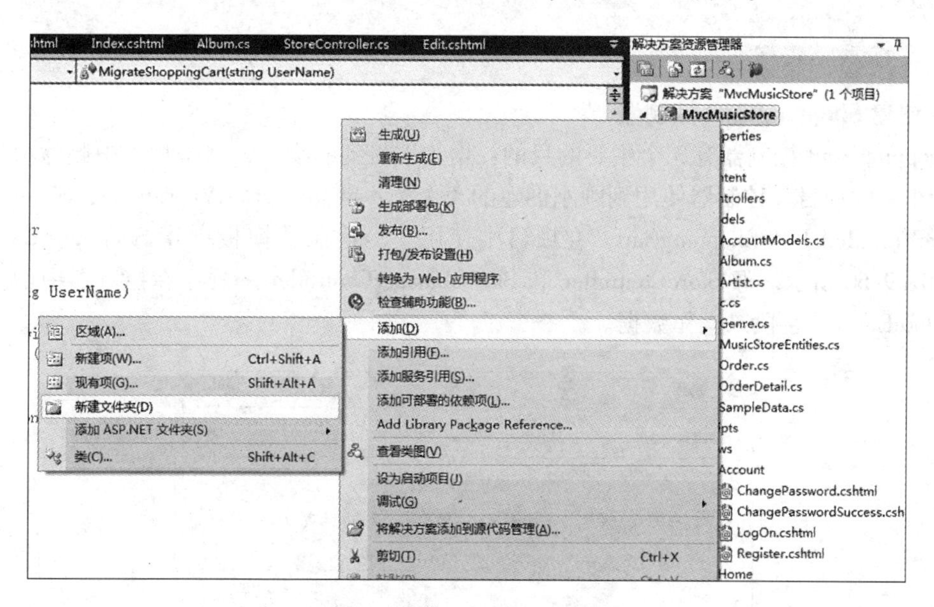

图 9-59　创建 viewModels 文件夹

然后，在 ViewModels 文件夹中增加 ShoppingCartViewModel 类，它包括两个属性，一个 CartItem 的列表，另外一个属性是购物车中的总价。代码如下：

```
using System. Collections. Generic;
using MvcMusicStore. Models;

namespace MvcMusicStore. ViewModels
{
    public class ShoppingCartViewModel
    {
        public List < Cart >  CartItems { get; set; }
```

```
            public decimal CartTotal { get; set; }
        }
    }
```

然后，增加 ShoppingCartRemoveViewModel 类，它包括 5 个属性。

```
namespace MvcMusicStore. ViewModels
{
    public class ShoppingCartRemoveViewModel
    {
        public string Message { get; set; }
        public decimal CartTotal { get; set; }
        public int CartCount { get; set; }
        public int ItemCount { get; set; }
        public int DeleteId { get; set; }
    }
}
```

4. 创建 ShoppingCart 控制器

Shopping Cart 控制器有 3 个主要的目的：增加项目到购物车，从购物车中删除项目，查看购物车中的项目。控制器使用到刚刚创建的 3 个类：ShoppingCartViewModel，ShoppingCartRemoveViewModel 和 ShoppingCart。在项目中使用空的控制器模板创建 Shopping Cart 控制器，如图 9-60 所示。像 StoreController 和 StoreManagerController 一样，在控制器中增加一个 MusicStoreEntities 字段来操作数据。

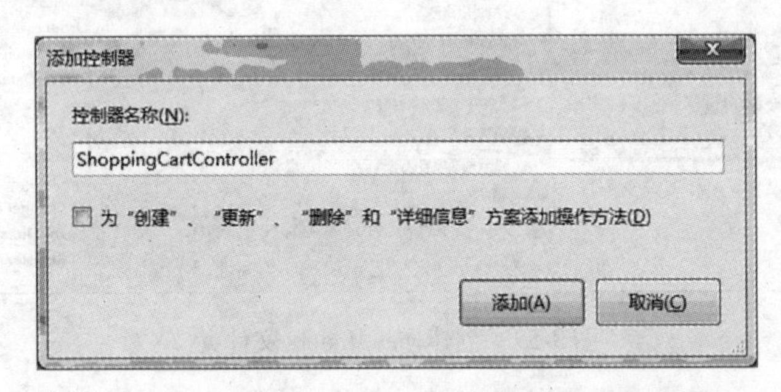

图 9-60　添加 ShoppingCartController 控制器

下面是已经完成的控制器代码，Index 和 Add 方法看起来非常熟悉。Remove 和 CartSummary 这两个 Action 方法处理两种特定的场景将在后面讨论。

```
using MvcMusicStore. Models;
using MvcMusicStore. ViewModels;

namespace MvcMusicStore. Controllers
{
    public class ShoppingCartController : Controller
    {
```

```
MusicStoreEntities storeDB = new MusicStoreEntities( ) ;
//
// //获取购物车
public ActionResult Index( )
{
    var cart = ShoppingCart. GetCart( this. HttpContext) ;
    //设置购物车视图模型,用于装载购物项和总价
    var viewModel = new ShoppingCartViewModel
    {
        CartItems = cart. GetCartItems( ) ,
        CartTotal = cart. GetTotal( )
    } ;
    // Return the view
    return View( viewModel) ;
}
//
// // 将指定项添加到购物车
public ActionResult AddToCart( int id)
{
    //从数据库中检索指定编号的音乐相册
    var addedAlbum = storeDB. Albums
    . Single( album = > album. AlbumId = = id) ;
    // 获取购物车
    var cart = ShoppingCart. GetCart( this. HttpContext) ;
    //将商品添加到购物车
    cart. AddToCart( addedAlbum) ;
    //重定向到主页
    return RedirectToAction( " Index" ) ;
}
//
/// 从购物车中移除指定编号的音乐相册
[ HttpPost]
public ActionResult RemoveFromCart( int id)
{
    // 获取购物车
    var cart = ShoppingCart. GetCart( this. HttpContext) ;
    //获取要删除的商品的名称,以便显示确认信息
    string albumName = storeDB. Carts. Single ( item = > item. RecordId = = id)
        . Album. Title;
```

```
            //将指定商品从购物车中删除
            int itemCount = cart. RemoveFromCart( id) ;
            /// 构建购物车移除项模板,装载对应的消息
            var results = new ShoppingCartRemoveViewModel
            {
                Message = Server. HtmlEncode( albumName) +
                " has been removed from your shopping cart. " ,
                CartTotal = cart. GetTotal( ) ,
                CartCount = cart. GetCount( ) ,
                ItemCount = itemCount,
                DeleteId = id
            };
            //以 json 形式反馈移除项后的信息。
            return Json( results) ;
        }

        ///// 购物车说明描述
        [ChildActionOnly] /// ChildActionOnly 特性用于指示操作方法只应作为子操作
            进行调用。
        public ActionResult CartSummary( )
        {
            var cart = ShoppingCart. GetCart( this. HttpContext) ;
            ViewData[ "CartCount" ] = cart. GetCount( ) ;
            return PartialView( "CartSummary" ) ;
        }
    }
}
```

CartSummary Action 用于呈现购物车的描述信息，该 Action 属于部分视图，ChildAction-Only 特性标记用于表示当前 Action 作为子操作进行调用，呈现出一个页面的一部分，用于将来组合一个完整的视图。

5. 使用 jQuery 进行 Ajax 更新

下面将创建 ShoppingCart 的 Index Action 视图，这个视图使用强类型的 ShoppingCart-ViewModel，像以前的视图一样，使用 List 视图模板，如图 9-61 所示。

在这里，不使用 Html. ActionLink 从购物车中删除项目，将会使用 JQuery 来包装客户端使用 RemoveLink 的类所有超级链接元素的事件，不是提交表单，而是通过客户端的事件向 RemoveFromCart 控制器方法发出 Ajax 请求，然后 RemoveFromCart 返回 JSON 格式的结果，这个结果被发送到在 AjaxOptions 的 OnSucess 参数中创建的 JavaScript 函数，在这里是 hndleUpdate，handleUpdate 函数解析 JSON 格式的结果，然后通过 jQuery 执行下面的 4 个更新：

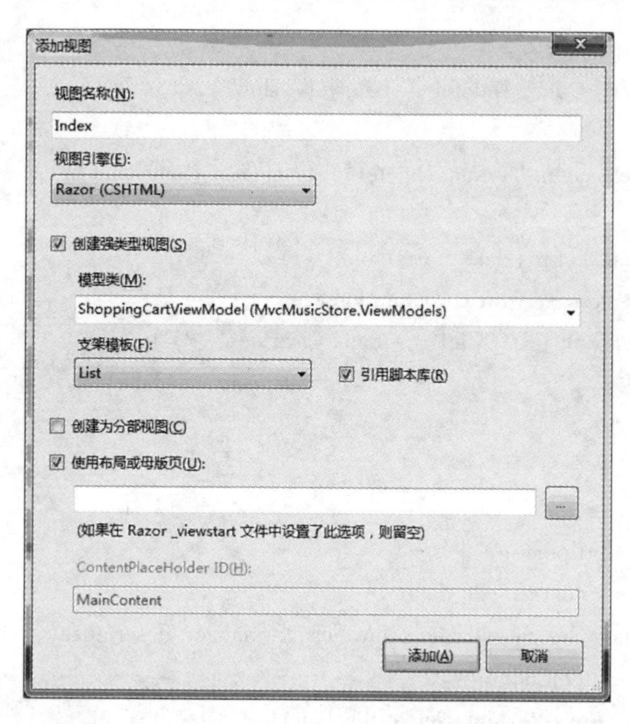

图9-61　添加 ShoppingCart 模型的 index 方法的视图

- 从列表中删除专辑；
- 更新头部的购物车中的数量；
- 向用户显示更新信息；
- 更新购物车中的总价。

因为在 Index 视图中处理了删除的场景，就不再需要为 RemoveFromCart 方法增加额外的视图。下面是视图的完整代码。

```
@ model MvcMusicStore. ViewModels. ShoppingCartViewModel
@ {
    ViewBag. Title = " Shopping Cart" ;
}
< script src = "/Scripts/jquery-1. 4. 4. min. js" type = " text/javascript" > </script >
< script type = " text/javascript" >
    $ ( function ( ) {
        // Document. ready - > link up remove event handler
        $ ( ". RemoveLink" ). click( function ( ) {
            // Get the id from the link
            var recordToDelete = $ ( this). attr( " data-id" ) ;
            if ( recordToDelete ! = '') {
                // Perform the ajax post
                $ . post( "/ShoppingCart/RemoveFromCart" , { " id" : recordToDelete } ,
function ( data) {
```

```
    if (data. ItemCount = =0) {
        $('#row-' + data. DeleteId). fadeOut('slow');
    } else {
        $('#item-count-' + data. DeleteId). text(data. ItemCount);
    }
    $('#cart-total'). text(data. CartTotal);
    $('#update-message'). text(data. Message);
    $('#cart-status'). text('Cart (' + data. CartCount + ')');
});
            }
        });
    });
    function handleUpdate() {
        var json = context. get_data();
        var data = Sys. Serialization. JavaScriptSerializer. deserialize(json);
        if (data. ItemCount = =0) {
            $('#row-' + data. DeleteId). fadeOut('slow');
        } else {
            $('#item-count-' + data. DeleteId). text(data. ItemCount);
        }
        $('#cart-total'). text(data. CartTotal);
        $('#update-message'). text(data. Message);
        $('#cart-status'). text('Cart (' + data. CartCount + ')');
    }
</script>
<h3>
    <em>Review</em> your cart:
</h3>
<p class="button">
    @Html. ActionLink("Checkout >>", "AddressAndPayment", "Checkout")
</p>
<div id="update-message">
</div>
<table>
    <tr>
        <th>
            Album Name
        </th>
        <th>
```

```
            Price (each)
        </th>
        <th>
            Quantity
        </th>
        <th>
        </th>
    </tr>
    @foreach (var item in Model.CartItems)
    { <tr id="row-@item.RecordId">
        <td>
            @Html.ActionLink(item.Album.Title, "Details", "Store", new { id = i-
                    tem.AlbumId }, null)
        </td>
        <td>
            @item.Album.Price
        </td>
        <td id="item-count-@item.RecordId">
            @item.Count
        </td>
        <td>
            <a href="#" class="RemoveLink" data-id="@item.RecordId">Remove
                    from cart</a>
        </td>
    </tr>
    }
    <tr>
        <td>
            Total
        </td>
        <td>
        </td>
        <td>
        </td>
        <td id="cart-total">
            @Model.CartTotal
        </td>
    </tr>
</table>
```

6. 更新 store 控制器下的 Details 视图

为了测试一下，需要向购物车中增加一些项目，更新 Store 的 Details 视图包含添加到购物车按钮，在这里，还需要包含后来增加的专辑的一些额外信息、流派、艺术家、价格等等。更新后的 details 视图如下：

```
@model MvcMusicStore.Models.Album
@{
    ViewBag.Title = "Album - " + Model.Title;
}
<h2>@Model.Title</h2>
<p>
    <img alt="@Model.Title" src="@Model.AlbumArtUrl" />
</p>
<div id="album-details">
    <p>
        <em>Genre:</em> @Model.Genre.Name
    </p>
    <p>
        <em>Artist:</em> @Model.Artist.Name
    </p>
    <p>
        <em>Price:</em> @String.Format("{0:F}", Model.Price)
    </p>
    <p class="button">
        @Html.ActionLink("Add to cart", "AddToCart", "ShoppingCart", new { id =
                Model.AlbumId }, "")
    </p>
</div>
```

7. 测试

现在，可以在商店中通过购物车来购买和删除一些项目了。运行程序，浏览 Store 控制器的 Index，然后单击某个分类来查看专辑的列表。再单击某个专辑来显示专辑的详细内容，现在已经有了加入购物车的按钮，如图 9-62 所示。单击加入购物车之后，可以在购物车中看到。如图 9-63 所示。在购物车中，可以单击从购物车中删除的链接从而删除购物车中的商品。

9.3.14 注册和结账

在这一节，将创建结账的控制器 CheckoutController 来收集用户的地址和付款信息，需要用户在结账前注册账户，因为这个控制器需要授权。如图 9-62 所示，当用户单击结账 Checkout 按钮的时候，用户将会被导航到结账的处理流程中。如果用户没有登录，将会被提示需要登录，如图 9-64 所示。

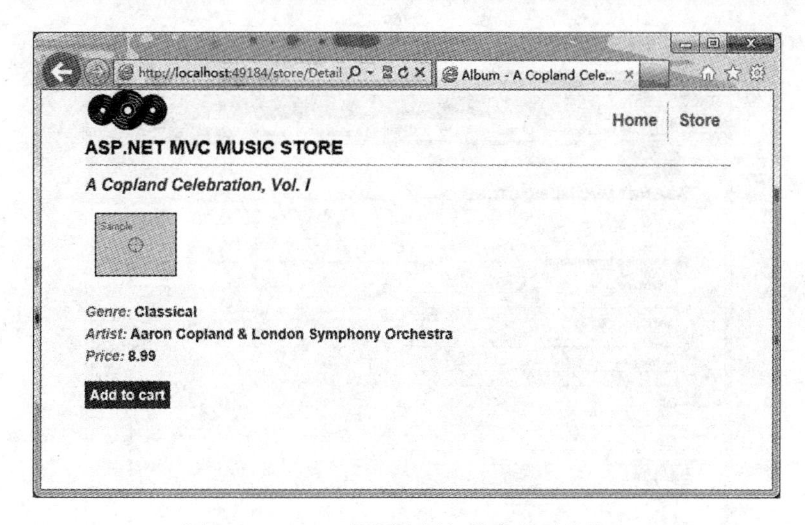

图 9-62　Details 视图中添加某商品到购物车

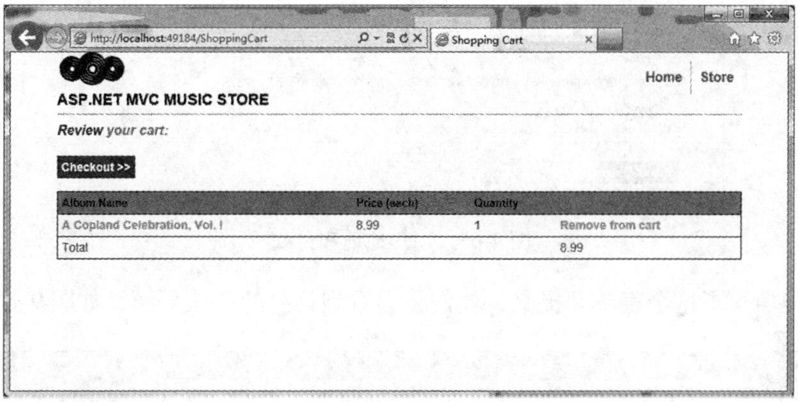

图 9-63　购物车

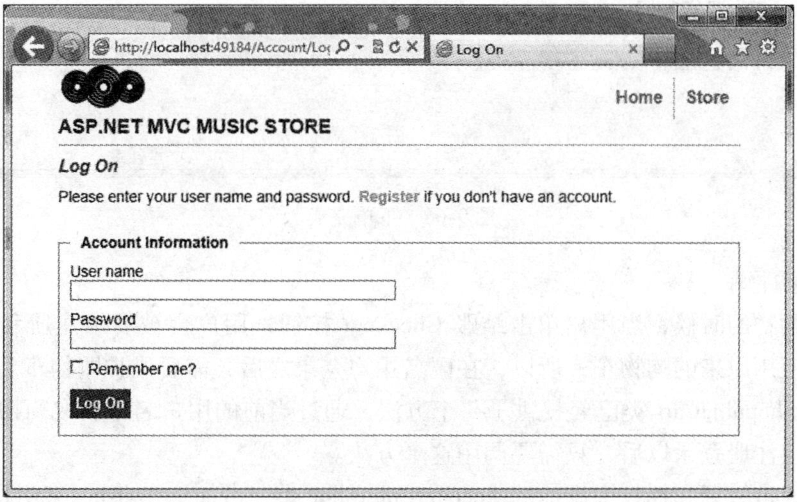

图 9-64　用户登录界面

一旦用户成功登录，用户就可以看到地址和付款的视图，如图 9-65 所示。

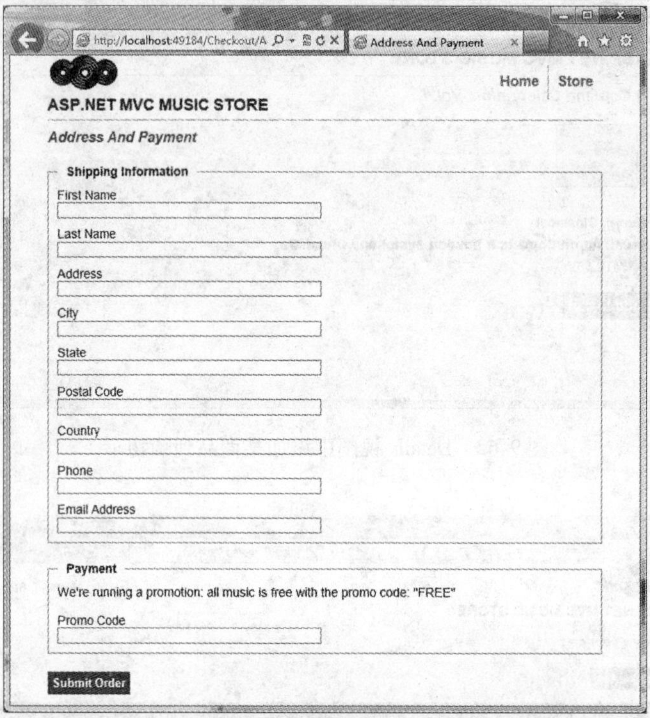

图 9-65　用户地址和付款

一旦用户填写了这个表单并提交，他们将会看到订单的确认页面，如图 9-66 所示。

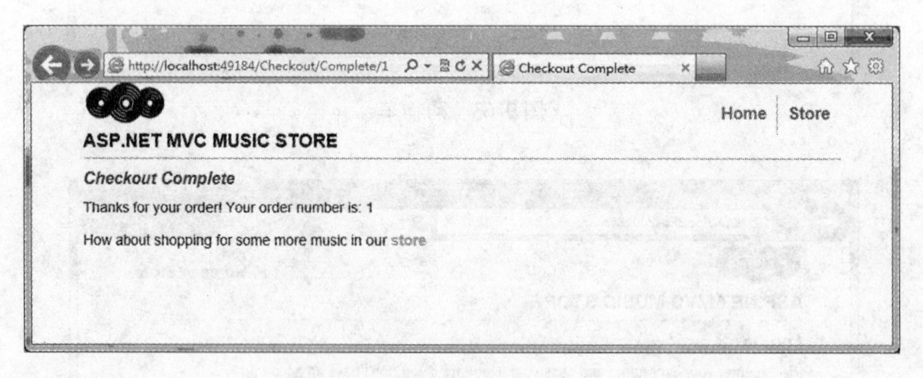

图 9-66　下单完成

1. 合并购物车

在匿名购物的时候，当用户单击结账 Checkout 按钮，用户会被要求注册和登录，用户会希望继续使用原来的购物车，所以，在匿名用户登录之后，需要维护购物车。实际上非常简单，因为 ShoppingCart 类已经提供了一个方法，通过当前的用户名来获取购物车中所有的项目，在用户注册登录以后，只需要调用这个方法。

打开在成员管理和授权中添加的 AccountController 类，增加一个 using 来引用 MvcMusic-Store. Models，然后，增加 MigrateShoppingCart 方法。代码如下：

```
private void MigrateShoppingCart(string UserName)
{
    // 指定登录用户的购物车编号
    var cart = ShoppingCart. GetCart(this. HttpContext);
    cart. MigrateCart(UserName);
    Session[ShoppingCart. CartSessionKey] = UserName;
}
```

然后，修改 LonOn 的 Post 处理方法，在用户通过验证之后，调用 MigrateShoppingCart 方法。代码如下：

```
[HttpPost]
public ActionResult LogOn(LogOnModel model, string returnUrl)
{
    if (ModelState. IsValid)
    {
     //调用 validateUser 函数验证用户登录信息
        if (Membership. ValidateUser(model. UserName, model. Password))
        {
            MigrateShoppingCart(model. UserName);//附加购物车到该用户
            FormsAuthentication. SetAuthCookie(model. UserName, model. RememberMe);
                if (Url. IsLocalUrl(returnUrl) && returnUrl. Length > 1 && retur-
                    nUrl. StartsWith("/")
            && ! returnUrl. StartsWith("//") && ! returnUrl. StartsWith("/\\"))
            {
                return Redirect(returnUrl);
            }
            else
            {
                return RedirectToAction("Index", "Home");
            }
        }
        else
        {
            ModelState. AddModelError("", "The user name or password provided is incor-
                rect. ");
        }
    }
    // If we got this far, something failed, redisplay form
    return View(model);
}
```

在 Register 的 Post 处理方法中，一旦用户成功创建账户，也进行类似的修改。代码如下：

```
[HttpPost]
public ActionResult Register(RegisterModel model)
{
    if (ModelState. IsValid)
    {
        //用户注册
        MembershipCreateStatus createStatus;
        Membership. CreateUser(model. UserName, model. Password, model. Email, "ques-
            tion", "answer", true, null, out createStatus);
        if (createStatus = = MembershipCreateStatus. Success)
        {
            MigrateShoppingCart(model. UserName); /附加购物车到该用户
            FormsAuthentication. SetAuthCookie(model. UserName, false /* createPersis-
                tentCookie */);
            return RedirectToAction("Index", "Home");
        }
        else
        {
            ModelState. AddModelError("", ErrorCodeToString(createStatus));
        }
    }
    return View(model);
}
```

2. 创建结账 CheckoutController 控制器

在 Controller 文件夹上右键，添加一个新的控制器，命名为 CheckoutController ，使用空的控制器模板，如图 9-67 所示。

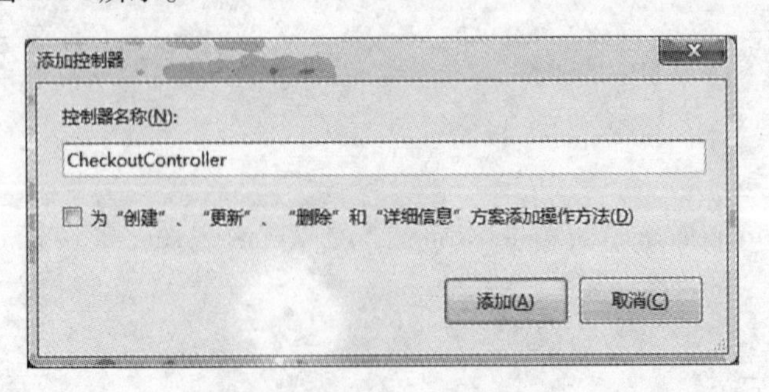

图 9-67　添加 checkout 控制器

首先，在控制器上增加授权的标注［Authorize］，来确定用户必须在登录之后才能访问。代码如下：

```
namespace MvcMusicStore. Controllers
{
    [Authorize]
    public class CheckoutController : Controller
```

注意：这一步很像前面在 StoreManager 控制器上的工作，但是，在那个时候，要求用户必须拥有 Administrator 的角色。在结账控制器中，不需要用户必须是 Administrator，而是必须登录。

出于简化的考虑，在这个教程中没有处理付款的信息，作为替代，允许用户输入一个促销代码，这里促销代码定义在常量 PromoCode。

像在 StoreController 中一样，在控制器中，也需要定义 MusicStoreEntities 的字段，将它命名为 storeDB，结账的开始部分代码如下：

```
using MvcMusicStore. Models;
namespace MvcMusicStore. Controllers
{
    [Authorize]
    public class CheckoutController : Controller
    {
        MusicStoreEntities storeDB = new MusicStoreEntities( );
        const string PromoCode = "FREE";
```

结账的控制器将包含下面的控制器方法：

AddressAndPayment（Get）用来显示一个用户输入信息的表单

AddressAndPayment（Post）验证用户的输入，处理订单。

Complete( ) 用来在用户完成订单之后显示用户的订单账号和确认信息。

首先，将 Index 方法改名为 AddressAndPayment，这个 Action 方法用来显示结账表单，所以，不需要任何的模型信息，代码如下：

```
public ActionResult AddressAndPayment( )
{
    return View( );
}
```

AddressAndPayment 的 Post 处理方法使用在 StoreManagerController 中类似的模式：如果成功了就完成订单，如果失败了就重新显示表单。在验证了表单之后，将会直接检查促销代码，假设所有的信息都是正确的，将会在订单中保存信息，告诉购物车对象完成订单处理，最后，重定向到完成的 Complete Action 方法，代码如下：

```
[HttpPost]
public ActionResult AddressAndPayment( FormCollection values)
{
    var order = new Order( );
    TryUpdateModel( order);
    try
```

```
        {
            if (string.Equals(values["PromoCode"], PromoCode,
            StringComparison.OrdinalIgnoreCase) == false)//如果促销代码不一致,返回当
                前订单
            {
                return View(order);
            }
            else
            {
                order.Username = User.Identity.Name; //赋值当前订单的属性
                order.OrderDate = DateTime.Now;
                //添加订单记录到数据库并保存更新
                storeDB.Orders.Add(order);
                storeDB.SaveChanges();
                //获取当前用户的购物车
                var cart = ShoppingCart.GetCart(this.HttpContext);
                cart.CreateOrder(order);//给当前购物车生成订单详情
                return RedirectToAction("Complete",//重定向到 complete action
                new { id = order.OrderId });
            }
        }
        catch
        {
            //Invalid - redisplay with errors
            return View(order);
        }
    }
```

一旦完成了结账处理，用户将被重定向到 Complete 方法，这个 Action 方法将会进行简单的检查，在显示订单号之前，检查订单是否属于当前登录的用户。代码如下：

```
public ActionResult Complete(int id)
{
    // Validate customer owns this order
    bool isValid = storeDB.Orders.Any(
    o => o.OrderId == id &&
    o.Username == User.Identity.Name);
    if (isValid)
    {
        return View(id);
    }
```

```
    else
    {
        return View("Error");
    }
}
```

3. 增加 AddressAndPayment 视图

现在，创建 AddressAndPayment 视图，在 AddressAndPayment 控制器的某个 Action 中单击鼠标的右键，增加名为 AddressAndPayment 的强类型 Order 视图，使用编辑模板，如图 9-68 所示。

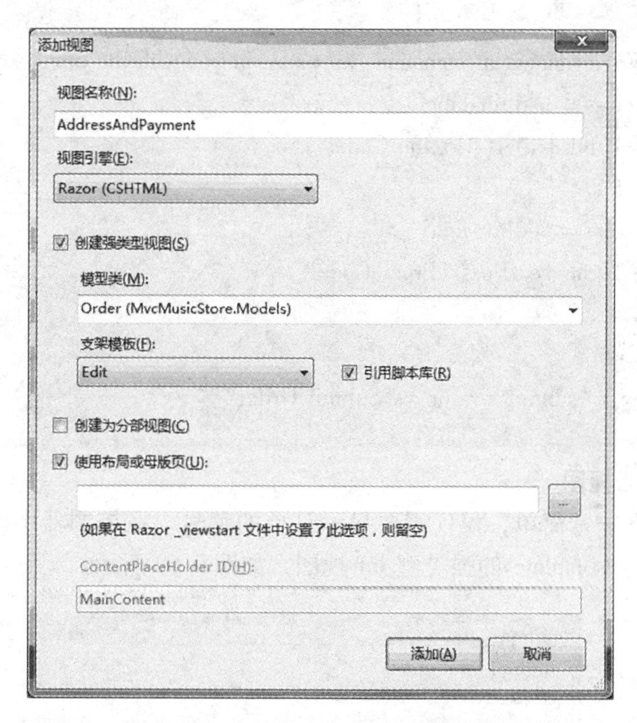

图 9-68 添加 AddressAndPayment 视图

打开 addressandpayment. cshtml 文件，先使用 Html. EditorForModel( ) 方法允许用户自定义视图，然后，增加额外的输入框用来输入促销码，代码如下：

```
@model MvcMusicStore.Models.Order
@{
    ViewBag.Title = "Address And Payment";
}
<script src="@Url.Content("~/Scripts/jquery.validate.min.js")" type="text/javas-
    cript"></script>
<script src="@Url.Content("~/Scripts/jquery.validate.unobtrusive.min.js")" type="
    text/javascript"></script>
@using (Html.BeginForm())
```

```
{
    <h2>
        Address And Payment </h2>
    <fieldset>
        <legend>Shipping Information </legend>
        @Html.EditorForModel()
    </fieldset>
    <fieldset>
        <legend>Payment </legend>
        <p>
            We're running a promotion: all music is free with the promo code: "FREE" </p>
        <div class = "editor-label" >
            @Html.Label("Promo Code")
        </div>
        <div class = "editor-field" >
            @Html.TextBox("PromoCode")
        </div>
    </fieldset>
    <input type = "submit" value = "Submit Order" />
}
```

4. 增加完成结账视图

完成结账的视图非常简单，仅仅需要显示订单的编号，在控制器中的 Complete 方法上单击右键，增加名为 Complete 的强类型 int 视图，如图 9-69 所示。

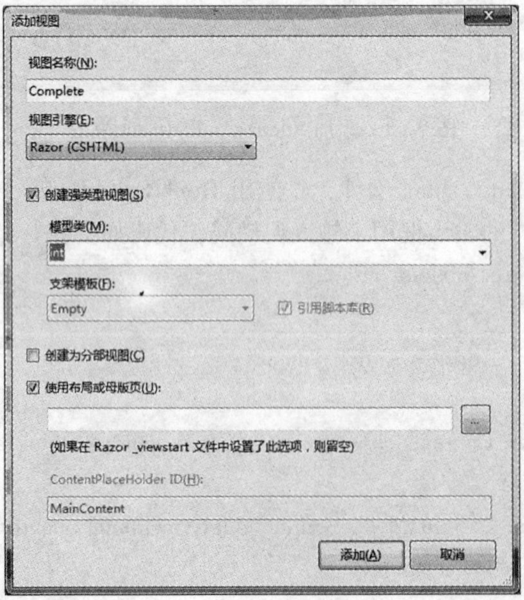

图 9-69　添加 Complete 视图

打开，修改视图显示订单的编号。代码如下：

```
@ model int
@ {
    ViewBag. Title = " Checkout Complete" ;
}
< h2 >
    Checkout Complete < /h2 >
< p >
    Thanks for your order! Your order number is: @ Model < /p >
< p >
    How about shopping for some more music in our @ Html. ActionLink( " store" , " Index" ,
        " Home" )
< /p >
```

5. 更新错误视图

项目的默认模板中，包含了定义在 /Shared Views 文件夹中的错误页面，可以在整个站点中使用。这个页面仅仅包含简单的信息，也没有使用自己的布局，应更新一下。

由于这是通用的错误页面，内容非常简单，仅仅包含一个提示信息和用来重做工作的导航到上一个页面的链接。代码如下：

```
@ { ViewBag. Title = " Error" ; }
< h2 >
    Error < /h2 >
< p >
    We're sorry, we've hit an unexpected error. < a href = " javascript:history. go( -1)" > Click
        here < /a > if you'd like to go back and try that again.
```

9. 3. 15　站点布局设计及导航

这里已经完成了网站的大部分工作，但是，还有一些添加到站点的导航功能、主页，以及商店的浏览页面。

1. 创建购物车汇总部分视图

如果希望在整个站点的页面上都可以看到购物车中的数量，可通过创建一个部分视图，然后添加到网站的布局中，就可以容易地完成。

在 ShoppingCart 控制器中已经设计了一个名为 CartSummary 的 Action 方法返回分部视图。代码如下：

```
[ ChildActionOnly]
public ActionResult CartSummary( )
{
    var cart = ShoppingCart. GetCart( this. HttpContext) ;
    ViewData[ " CartCount" ] = cart. GetCount( ) ;
    return PartialView( " CartSummary" ) ;
}
```

在这个 Action 方法上单击鼠标右键，或者在 Views/ShoppingCart 文件夹上单击鼠标右键，选择创建新视图，命名为 CartSummary，注意选中创建分部视图的复选框，如图 9-70 所示。

图 9-70 创建 CartSummury 分部视图

打开 cartsummary. cshtml 文件，这个分部视图非常简单，仅仅链接到 ShoppingCart 的 Index，显示当前购物车中的数量，完整的代码如下：

```
@ Html. ActionLink( " Cart ( " + ViewData[ " CartCount" ] + " ) " , " Index" , " ShoppingCart" ,
        new { id = " cart-status" } )
```

在网站的任何页面中都可以包含分部视图，使用 Html. RenderAction 方法就可以。RenderAction 需要指定 Action 的名字，这里是 CartSummary，以及控制器的名字，这里是 ShoppingCart，指定方法如下：

```
@ Html. RenderAction( " CartSummary" , " ShoppingCart" )
```

2. 创建流派菜单的分部视图

通过在页面上增加一个流派的菜单，可以使用户在站点内导航的时候更加容易，如图 9-71 所示。

图 9-71 增加流派显示菜单

使用类似前面的步骤来创建流派菜单的分部视图，首先，在 StoreController 中增加 GenreMenu 的控制器方法，并设置为 childactionOnly，代码如下：

```
[ChildActionOnly]
public ActionResult GenreMenu()
{
    var genres = storeDB. Genres. ToList();
    return PartialView(genres);          //使用指定的模型创建一个实现分部视图的对象
}
```

注意：在 Action 方法上增加了［ChildActionOnly］标注，这意味着仅仅可以通过分部视图来访问这个 Action，这可以防止通过浏览 /Store/GenreMenu 来访问，对于分部视图来说，这不是必须的，但是一个很好的实践，控制器方法被以希望的方式使用，这里使用 partialview() 返回了一个分部视图而不是一个普通的视图，这用来告诉视图引擎，不需要对这个视图使用布局，它将会被包含在其他的视图中。

创建分部视图，使用强类型的 Genre 作为模型类型。使用 List 模板，如图 9-72 所示。

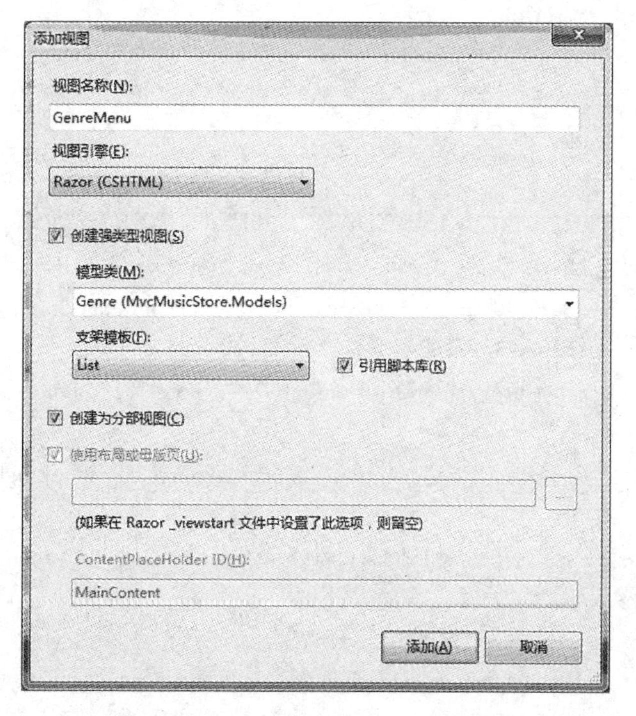

图 9-72　创建显示流派菜单的分部视图

更新生成的视图，显示一个列表。代码如下：

```
@model IEnumerable<MvcMusicStore. Models. Genre>
<ul id="categories">
    @foreach (var genre in Model)
    { <li>@Html. ActionLink(genre. Name,
        "Browse", "Store",
```

```
            new { Genre = genre. Name } , null)
        </li>
    }
</ul>
```

3. 更新站点的布局显示分部视图

现在，可以在布局中加入分部视图了，在 /Views/Shared/_Layout. cshtml 中通过调用 Html. RenaderAction( ) 方法可以调用分部视图，把两个分部视图都加入到布局中，代码如下：

```
<! DOCTYPE html>
<html>
<head>
    <title>@ViewBag. Title</title>
    <link href="@Url. Content("~/Content/Site. css")" rel="stylesheet" type="text/css" />
    <script src="@Url. Content("~/Scripts/jquery-1. 4. 4. min. js")" type="text/javas-
        cript"></script>
</head>
<body>
    <div id="header">
        <h1>
            <a href="/">ASP. NET MVC MUSIC STORE</a></h1>
        <ul id="navlist">
            <li class="first"><a href="@Url. Content("~")" id="current">
                Home</a></li>
            <li><a href="@Url. Content("~/Store/")">Store</a></li>
            <li>
                @{Html. RenderAction("CartSummary", "ShoppingCart");}
            </li>
            <li><a href="@Url. Content("~/StoreManager/")">Admin</a></li>
        </ul>
    </div>
    @{Html. RenderAction("GenreMenu", "Store");}
    <div id="main">
        @RenderBody()
    </div>
    <div id="footer">
        built with <a href="http://asp. net/mvc">ASP. NET MVC 3</a>
    </div>
</body>
</html>
```

4. 更新 Store 的 Browse 页面

更新 store 控制器的 browse 这个页面在一个更好地布局中显示专辑，代码如下：

```
@ model MvcMusicStore. Models. Genre
@ { ViewBag. Title = " Browse Albums" ; }
<div class = " genre" >
    <h3 >
        <em >@ Model. Name </em >  Albums </h3 >

    <ul id = " album-list" >
        @ foreach ( var album in Model. Albums)
        { <li > <a href = " @ Url. Action( " Details" , new { id = album. AlbumId } ) " >
                <img alt = " @ album. Title"  src = " @ album. AlbumArtUrl"  / >
                <span >@ album. Title </span >  </a > </li > }
    </ul >
</div >
```

这里，将使用 Url. Action 来代替 Html. ActionLink ，以便显示格式化信息，包括艺术家的插画。现在，当浏览流派的时候，将会看到带有封面的专辑显示在一个网格中。如图 9-73 所示。

注意：显示专辑的封面时，这些信息保存在数据中，可以通过 StoreManager 进行编辑，也欢迎加入插图。

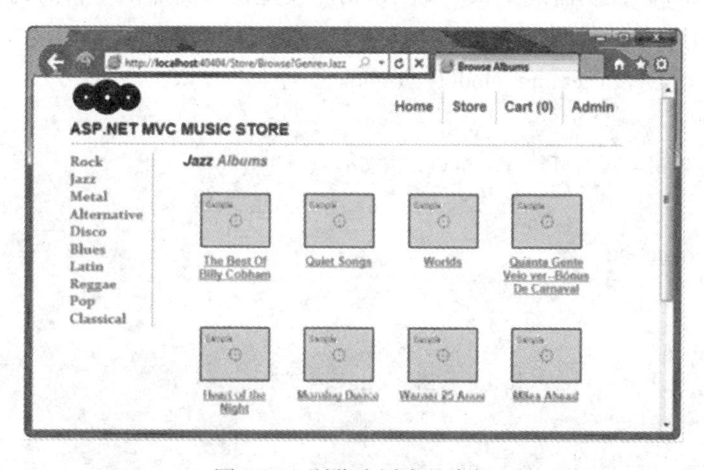

图 9-73　浏览流派内的专辑

5. 更新主页来显示畅销专辑

希望在首页上增加畅销专辑来增进销售，这可以在 HomeController 中增加一个 getToSellingAlbum action 来实现，然后增加一些额外的图片来使页面变得更好看。

首先，在专辑类中增加一个导航属性 orderDetails，代码如下：

```
public virtual Genre Genre { get; set; }
public virtual Artist Artist { get; set; }
public virtual List < OrderDetail > OrderDetails { get; set; }
```

然后在 HomeController 中增加下面的方法，来查询数据库根据 OrderDetails 找到畅销的唱片，代码如下：

```
private List < Album > GetTopSellingAlbums( int count)
{
    // 获取指定数量的畅销唱片名单
    return storeDB. Albums
    . OrderByDescending( a = > a. OrderDetails. Count( ) )
    . Take( count)
    . ToList( ) ;
}
```

然后，更新 Index action 来访问前面定义的方法，查询销售前 5 名的专辑，然后将它们传递到视图中。代码如下：

```
public ActionResult Index( )
{
    // Get most popular albums
    var albums = GetTopSellingAlbums( 5) ;
    return View( albums) ;
}
```

最后，更新 Home 控制器的 Index 视图，访问模型在后面加入专辑的列表，还要增加一个标头和一个促销的节，代码如下：

```
@ model List < MvcMusicStore. Models. Album >
@ {
    ViewBag. Title = " ASP. NET MVC Music Store" ;
}
< div id = " promotion" >
</div >
< h3 >
    < em > Fresh </em > off the grill </h3 >
< ul id = " album-list" >
    @ foreach ( var album in Model)
    {  < li > < a href = " @ Url. Action( " Details" , " Store" ,
new { id = album. AlbumId } ) " >
            < img alt = " @ album. Title" src = " @ album. AlbumArtUrl" / >
            < span > @ album. Title </span >  </a > </li >
    }
</ul >
```

现在，当运行程序的时候，将会看到更新后的主页，带有畅销的专辑和促销信息，如图 9-74 所示。

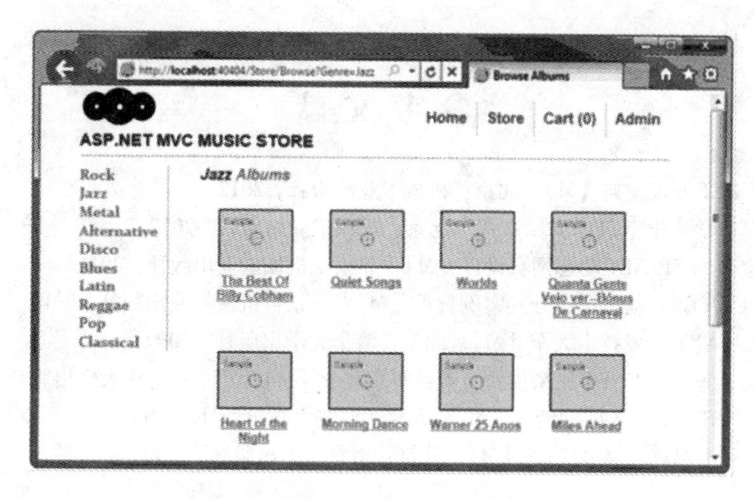
http://localhost:40404/Store/Browse?Genre=Jazz
Browse Albums
Home
Store
Cart (0)
Admin
ASP.NET MVC MUSIC STORE
Rock
Jazz
Metal
Alternative
Disco
Blues
Latin
Reggae
Pop
Classical
Jazz Albums
The Best Of Billy Cobham
Quiet Songs
Worlds
Quanta Gente Veio ver -Bônus De Carnaval
Heart of the Night
Morning Dance
Warner 25 Anos
Miles Ahead

图 9-74　更新后的主页

参考文献

[1] 赵会东 . ASP. NET 开发宝典［M］. 北京：机械工业出版社，2012.

[2] 魏汪洋 . 零基础学 ASP. NET［M］. 2 版 . 北京：机械工业出版社，2012.

[3] 马金素，何宝荣 . ASP. NET 动态网页设计［M］. 北京：机械工业出版社，2011.

[4] 李萍 . ASP. NET（C#）动态网站开发案例教程［M］. 北京：机械工业出版社，2013.

[5] 郭靖，等 . ASP. NET 开发技术大全［M］. 北京：清华大学出版社，2009.

[6] 高宏，李俊民，等 . ASP. NET 典型模块与项目实战大全［M］. 北京：清华大学出版社，2012.

[7] 张正礼 . ASP. NET 4. 0 从入门到精通［M］. 北京：清华大学出版社，2011.

[8] 加洛伟 . ASP. NET MVC 3 高级编程［M］. 北京：清华大学出版社，2012.